工业和信息化普通高等教育“十三五”规划教材立项项目

21世纪高等学校计算机规划教材

21st Century University Planned Textbooks of Computer Science

C语言程序设计与应用（第2版）

Programming and Application of the C Language (2nd Edition)

张小东 郑宏珍 主编

初佃辉 主审

人民邮电出版社

北京

图书在版编目（CIP）数据

C语言程序设计与应用 / 张小东，郑宏珍主编. -- 2版（修订本）. -- 北京 : 人民邮电出版社，2017.9（2024.1重印）
21世纪高等学校计算机规划教材
ISBN 978-7-115-46862-8

Ⅰ. ①C… Ⅱ. ①张… ②郑… Ⅲ. ①C语言－程序设计－高等学校－教材 Ⅳ. ①TP312.8

中国版本图书馆CIP数据核字(2017)第219059号

内 容 提 要

本书以 C 语言的基本知识为基础，以教育部考试中心公布的全国计算机等级考试大纲（二级 C 语言）为依据，并结合基本的工程实践编写而成。全书共分 9 章，包括：简单 C 程序设计、选择控制结构与应用、循环结构与应用、模块化设计与应用、数组及其应用、深入模块化设计与应用、构造型数据类型与应用、综合设计与应用和数据永久性存储等内容。

本书注重可读性和实用性，从计算机软件工程的角度展开讲解、探索和论述。每章开头都有关键词和难点提示，每章结尾安排本章小结，从知识层面和方法层面对本章进行总结。本书从日常生活和实际工程中所遇到的问题出发，运用多种方法对典型例题进行求解，强化对知识点、算法、编程方法与技巧的把握。同时本书还融入了程序测试、程序调试、软件的健壮性、代码风格、结构化与模块化程序设计方法等软件工程方面的知识。

本书可作为高等学校 C 语言程序设计课程的教材，也可作为全国计算机等级考试参考书及 C 语言自学教材。

◆ 主　　编　张小东　郑宏珍
主　　审　初佃辉
责任编辑　张　斌
责任印制　陈　犇

◆ 人民邮电出版社出版发行　　北京市丰台区成寿寺路 11 号
邮编　100164　　电子邮件　315@ptpress.com.cn
网址　http://www.ptpress.com.cn
固安县铭成印刷有限公司印刷

◆ 开本：787×1092　1/16
印张：18.5　　2017 年 9 月第 2 版
字数：524 千字　　2024 年 1 月河北第 16 次印刷

定价：49.80 元

读者服务热线：(010)81055256　印装质量热线：(010)81055316
反盗版热线：(010)81055315
广告经营许可证：京东市监广登字20170147号

本书编审人员

主　审　初佃辉

主　编　张小东　郑宏珍

副主编　孟凡超　张　华　李春山　周学全　喻小光　张维刚

参　编　郭长勇　闫健恩　张　华　向　曦　马　帅　刘艺姝

张壹帆　崔　杨　倪　烨　过友辉　衣景龙　张天昊

张博凯　杨　帆　刘　娟

前　言

目前市面上有关 C 语言方面的图书，内容大都按传统思路组织：从 C 语言的历史讲起，然后是数据类型、运算符、表达式、常量、变量、控制结构、数组、指针、函数、结构体、共用体及文件等。内容涵盖 C 语言中最基本的知识点：由单词到句子，再程序段等，逐渐复杂化，分步进行讲解。表面上看，这样符合人类认知的规律，把握问题的关键与语言的主体，能够使读者很快掌握 C 语言。然而，经过本书编者多年的教学之后，发现这样并没有达到预期的实践效果，多数学生学习时并不是很懂，虽然能考个不错的分数，但是学习结束后却无法上手进行工程实践，甚至不能解决很简单的命题。显然，这与我国的传统应试教育模式有很大的关系，但就事论事地讲，这与现在使用的教材也存在着一定的关系。其实，这种传统的学习方式与长久以来人类学习和掌握语言的方法大相径庭。回想父母教幼儿说话的过程，从没有人尝试过先教汉字的偏旁部首或英文的 abc，然后再教孩子单词、词法、语法，进而组成语句……如果这样，孩子恐怕一辈子也学不会说话！教幼儿说话时，先是从很具体、很简单又能跟实物相对应的单词开始，如爸爸、妈妈、苹果等，充分发挥孩子对事物的好奇心和感知力，循序渐进去认知世界，进而运用丰富的语言信息表达自己的思想。相对而言，虽然一般的 C 语言教材中开始讲解的数据类型、运算符、表达式、常量、变量等知识内容很简单，但几乎没有任何应用与它们相对应，把那么多抽象的知识点简单地堆到一起，然后让已经进入理解性记忆的读者去学习，恐怕难于接受。而后又将很多难点集中到一起，如数组、指针、函数，读者就更加难以理解这门语言了。这种目的性、应用性不强的组织方式，诱使读者进入被动的学习过程中，于是在他们的脑海里形成了一个个的信息孤岛，以至于无法完全理解语言的奥妙，更谈不上使用 C 语言去解决一些实际的命题了。

本着学以致用的原则，本书将从第 1 章开始就鼓励读者"张嘴说话"——学习编写简单应用程序，把构成 C 语言的最基本的知识点揉进去，像自然语言的"自然"学习方法一样（如妈妈教幼儿学说话般），不做单纯的知识点堆积，而是将知识点与实例相结合，具体而实用，使读者更容易接受。随后，把传统组织方式当中前几章的那些"简单的"知识点分散到用到它们的各个章节中，在充分体现它们的应用价值和使用技巧的同时，也分散了难点，避免了机械记忆。本书以应用为主线，体现出"用到了才讲，讲是为了更好地用"的编书理念，注重培养读者的工程实践能力，从问题的规范描述开始，依次进行分析问题、模型建立、程序设计描述、程序实现，直到最后的程序测试、结果分析或程序解读。从严格的科学研究与工程应用的角度出发，进行 C 语言的学习与研究，并将这种思想渗透到每一个实例中！

本书在提供丰富而有趣的经典实例的同时，还精心设计了两个相对完整的应用：计算器与学生成绩档案管理。计算器属算法研究四大类问题之一的计算类问题，包括很多经典的数值计算方法，如应用泰勒（Taylor）公式求解三角函数等；学生成绩档案管理属非数值运算处理的问题，而计算机处理的绝大部分数据是非数值信息，因此本例在实际应用中具有一定的代表性。学生成绩档案管理系统从最简单的单个学生成绩分类开始，到用多维数组存储学生基本信息与成绩信息，利用冒泡排序与选择排序按不同科目、不同成绩进行排序，再到更有聚合力的组织方式——结构体，以及"新"的数据管理方式——链表，最终能够将这些数据永久性地存储到文件中，完全贯彻实用、实践和工程应用的目的。通过这两个实例的学习，可以让读者对C语言程序设计有一个更全面的认知，能够综合运用所学知识解决较为实际的问题。

与第1版相比，第2版继承了第1版的优点：以工程实践能力为主要目标，注重C语言设计思维的培养与训练，同时，去除了第1版中的一些缺点，如知识点过于分散、两个实例在后继章节的编写中过于冗长，难以理解等。首先，微调了某些知识点，如把指针从第2章调整到第5章，与数组进行对比讲解，且在其后的每一章都有相关的比较和训练，更利于循序渐近地学习。出于同样的学习方法和目的，将第2章的位运算符调整到第7章的位段中进行对比讲解。其次，进一步强化设计思维的培养和训练，多数例题都会分为问题分析、程序设计描述、程序实现、结果展示及程序解读几个部分来进行讲解，脉络更加清晰，更容易使读者养成良好的程序设计习惯。最后，将两个大程序设计分解为灵活小巧的程序段，既能合成一个较为全面的应用系统，又可以作为学习某几个知识点的小程序而独立运行。总之，通过几年的应用实践，这本书取得了一定进步，期待它能够更好地帮助读者学习C语言程序设计。

全书由张小东、郑宏珍担任主编，第1、2、4章由张小东编写，第3章由孟凡超编写，第5章由喻小光编写，第6章由李春山编写，第7章由张华编写，第8章由周学全编写，第9章由张维刚编写。张小东、郑宏珍负责全书的统稿。

在本书的编写过程中，初佃辉教授在百忙之中审阅了全部初稿，对本书提出了很多宝贵意见。在书稿的录入、校对及例题和课后习题的调试过程中，郭长勇、闫健恩、张华、向曦、马帅、刘艺姝、张壹帆、崔杨、倪烨、过友辉、衣景龙、张天昊、张博凯、杨帆、刘娟等同志做了大量的工作，在此向他们表示衷心的感谢。

因编者水平有限，书中错误在所难免，恳请读者批评指正。欢迎读者给我们发送电子邮件，对本书提出宝贵意见。作者 E-mail 地址为 z_xiaodong7134@163.com，zhua547@163.com。

目 录

第 1 章
简单 C 程序设计

内容提示

关键词

- ❖ C 语言的基本构成
- ❖ 注释、分隔符、标识符、关键字
- ❖ 数据类型、变量、运算符
- ❖ 流程图

难点

- ❖ 绘制流程图
- ❖ 运算符的优先级与结合性
- ❖ 格式化输出函数 printf 和格式化输入函数 scanf

随着互联网的崛起，计算机对人们的生活影响越来越大，正在逐步地改变着人们的生活方式，因此学会使用计算机将成为我们谋生的重要手段之一。软件赋予计算机以“生命”，离开软件的计算机相当于一堆废铜烂铁，难以使用。然而，使用软件和设计编写软件的概念并不相同，软件的设计与编写能够让我们更好地理解、掌握和控制计算机，使之成为我们研究相关专业领域的重要工具。在众多程序设计语言中，C 语言无疑是一颗璀璨的明星！

C 语言从诞生至今，已经走过了 40 多年的辉煌历程，其以紧凑的代码、高效的运行、强大的功能和灵活的设计与使用而闻名于世，受到众多编程人员的青睐。下面就让我们步入 C 语言的殿堂，揭开它“古老”而神秘的面纱，开启我们的编程之旅。

1.1 C 程序的构成

“说”是学好语言的最佳方法之一，C 语言也不例外。下面就让我们先“说”出第一个程序，跟奇妙的 C 语言打个招呼，了解一下它的基本构成。程序清单 1-1 包含了 C 语言程序的一些基本特征。仔细阅读程序中的代码，凭借对英文单词的理解及后续运行的结果，尝试猜测程序中每一行所起的作用，总结出该程序的基本框架，然后与后续解读进行对比。

程序清单 1-1 dream.c

```
/* 一个简单的 C 程序实例 */
/* purpose: I have a dream
     author : Xiao Zhang
     created: 2017/01/01 16:46:08
```

```
    */
    #include <stdio.h>
    int main(void)
    {
         int nNumber;
         nNumber = 1;
         printf("Hello C language!\n");
         printf("I have a dream that one day I will solve the Goldbach's conjecture"
                "problem and prove that %d + %d = %d by using C!\n",
                nNumber, nNumber, 2);
         return1;
    }
```

使用 C 语言编辑软件（参见附录 2）输入程序清单 1-1 中的内容，保存成以.c 结尾的文件，如 dream.c，再进行编译、链接和运行后，该程序的输出结果如下所示。

```
    Hello C language!
    I have a dream that one day I will solve the Goldbach's conjecture problem and prove
that 1 + 1 = 2 by using C!
```

结果并不奇特，大部分内容都在程序清单中出现过。但是，程序清单中的“\n”和“%d”却消失得无影无踪，取而代之的却是换行效果和整数数值，这是怎么回事呢？

现在对上述代码作出解释。在“/*”和“*/”之间的内容，被称为注释。它不是程序代码，编译时，系统会自动删除它们，不会出现在目标程序中。读者可试着把这段内容删除，再编译运行一下，看看结果有什么变化。没有变化！那为什么还要加上所谓的注释呢？注释的最大作用就是方便阅读。也就是说，程序不光是让计算机执行任务，还有一个很重要的功能，就是让程序员之间能够通过阅读代码进行程序设计方面的交流。注释在这方面起着举足轻重的作用。书写注释是程序员一个非常好的习惯，读者应该从开始学习编程时就养成这个习惯。有些程序员为了设计与调试方便，甚至在每一行重要的代码旁边都加注释。对于行注释，C 语言还提供了另一种更为方便的方法——用“//”，这种注释只在一行内有效。例如：

```
    nNumber = 1;//对变量 nNumber 进行初始化
```

#include <stdio.h>被称为预编译指令，它的含义是把一个名为 stdio.h 的文件引入到本段程序中。在编程时，我们通常不是从零开始，而是站在“巨人”的肩膀上。也就是说，在程序设计中，可能会用到其他工程师编写的一段段功能完善且相对独立的代码，这一段段代码被封装成一个个函数，分类归放到不同的文件中，需要时，可将它们“组装”进自己的程序中。方法是先通过 include 指令把这些文件包含进来，然后按名称调用这些函数，如 printf()。

int main(){……}被称为主函数。当程序被执行时，首先找到一个名叫 main 的函数，从它的“{”开始执行，到“}”执行完毕。所以说，主函数既是程序执行的“入口”，也是程序执行的“出口”。需要注意的是，在一个可运行的软件中，无论有多少个文件、代码有多么庞大，有且只能有一个主函数。

int nNumber 是变量定义语句，nNumber=1 是给变量 nNumber 赋值的语句。

两条 printf()语句非常相似：①它们都被称为输出语句，功能是向显示器输出相应内容；②都用一个“\n”在语句输出结束后换到下一行。但也略有不同：第二个 printf()多了三个“%d”，它们被统称为格式控制符。细心的读者可能会发现前两个“%d”被 nNumber 中的值所取代，第三个“%d”被 2 取代，没错！它们就是这个功能！之所以称它们为格式控制符，是因为不同类型的变量或常量用的是不同的格式。“%d”只适合输出整数，不能输出含有小数部分的数。若想输出带有小数的数，需另外一种格式控制。最后的“return 1”为 main()函数的返回值语句。

依据上述对代码的解释，可以得到 C 语言的基本组织结构，如图 1-1 所示。

```
/* C程序标准组成结构 */
/*                                  程序功能注释块
    purpose:
    author :
    created:
*/                                  预处理命令:头文件
#include <stdio.h>
#include <stdlib.h>
declaration statement;          ←——— 其他变量声明及函数
other function;
void  main()←——— main函数头
{
    declaration statement;
    initialization statement;
    operation statement;          ←——— 函数体
    output statement;
}
declaration statement;          ←——— 其他变量声明及函数
other function;
```

图 1-1　C 程序结构

细心的读者可能会发现这个 C 程序结构比程序清单 1-1 多总结出了“其他函数及代码段”。严格地说，对于功能比较多的程序，把所有代码全部写在 main()函数中是不合理的。在程序设计中，通常会把能够执行一定功能且相对独立的代码写到其他函数（函数名不能与 main 相重复）里，然后在主函数中调用这些函数。这些知识将在第 4 章中详细介绍。至于代码段，除变量定义可能被执行外，非函数形式的代码段是不能被执行的。注意前面对 main()函数的解释，没有名字是无法在 main()中被调用的。

套用这个结构模板，可以编写很多小程序。现在，读者就可以做一些简单的替换，比如修改变量名称，替换掉 printf()中的文字等。

在做完上述解释和总结后，可能读者心中仍然会有一些问题：为什么会有变量类型？它的作用是什么？定义变量有什么规定？能不能让计算机自动执行 nNumber+nNumber 的操作而不是让程序员心算？……接下来，就让我们一起学习上述代码所涉及的知识点，回答读者心中的疑问，然后利用这些知识，对上述程序进行扩充，编出一个功能稍微强大一点儿的程序。

1.2　C 语言的入门知识

每一门语言都有独特的组织方式，如词素、词素分隔、语句、段落等，C 语言也不例外——尽管它是一种面向计算机的语言。下面介绍一些简单的 C 语言知识。

1.2.1　C 语言的常见标识符号

程序清单 1-1 中有很多带一定含义的标识符号，如 int、nNumber 等，这些符号分别代表不同的含义。C 语言的常用符号主要有以下 5 类。

1. 关键字

关键字，又称为保留字，是 C 语言构成语句的基本词汇。它们由 C 语言预先定义，具有固定的含义，如 int。程序员只能按预定含义使用它们。C 语言共有 32 个关键字，下面的章节中会陆续介绍。关键字的汇总参见附录 3。

2. 标识符

标识符分为系统预定义的标识符和用户自定义的标识符两类。系统预定义标识符，如主函数 main()、库函数 printf()等。极少量的允许程序员进行修改，如 main()；大部分不提倡修改，以免失去原有含义，造成误解。自定义标识符是允许用户根据自己的需要定义并使用的标识符，通常用作函数名、变量名等，如 nNumber。对于自定义标识符，C 语言是有严格规定的，如下所述。

- ✧ 由英文字母、数字和下划线组成，必须以英文字母或下划线开头；
- ✧ 不允许使用关键字作为标识符的名字；
- ✧ 标识符区分大小写；
- ✧ 标识符命名应做到“见名知意”。

标识符命名小常识：除了遵循上述规定外，通常还会融入“变量名=属性+类型+对象描述”的原则。属性通常指作用域，如 g 代表全局变量，l 代表局部变量，s 代表静态变量等。类型指数据类型，如整数类型为 n。对象描述要求有明确的含义，可以取对象名字全称或一部分，如数字为 Number 或 Num。那么，程序清单 1-1 中 nNumber 的含义为：局限于 main 函数内的整数类型的数字变量。这样定义容易理解，并且便于程序员之间进行交流。更多内容详见附录 4。

3. 分隔符

像写文章要有标点符号一样，写程序也必须有分隔符，否则，程序不但难于阅读理解，还会出错。在 C 程序中，空格、回车/换行、制表符（键盘上的 Tab 键）、逗号、分号等，在各自不同的场合起着分隔的作用，如下面语句所示。

```
int l_nA,l_nB,l_nC;   //定义了三个整数类型的变量 l_nA、l_nB、l_nC
```

在这个例子中，空格作为表示整数类型的关键字 int 与三个自定义变量之间的分隔，逗号作为三个变量之间的分隔，分号作为语句之间的分隔。

4. 运算符

运算符是代表 C 语言运算规则的符号。C 语言有非常丰富的运算符，可将它们分为算术运算符、关系运算符、逻辑运算符等，详见附录 7。前面已经见过一个运算符，即赋值运算符“=”。现在再推荐几个非常熟悉的数学符号，如表 1-1 所示。但要注意，不是所有的数学符号都能直接在 C 语言中应用。学好运算符，只需把握住三点即可：一是运算符的优先级，二是运算符的结合性，三是操作数个数。三者共同决定了含有多个运算符的表达式的运算次序。

表 1-1　　运算符

优先级	运算符	分类	操作数个数	结合性
3	*、/、%（求余）	算术运算符	2	自左向右
4	+、−	算术运算符	2	自左向右
14	=	赋值运算符	2	自右向左

由此可知，这六个运算符与数学中的含义及运算规则基本相同。由运算符、常量与变量可以组成 C 语言的表达式，如 a=c+2*3，其中，a、c 为变量，而 2、3 为常量。下一小节将介绍这两个概念。

5. 其他符号

除了上述符号外，C 语言中还有一些特定含义的符号。如“{}”常用于标识函数体或一个语句块，“/**/”及“//”是程序注释所需的界定符等。

1.2.2　基本数据类型

数据类型是计算机语言发展的一大进步，它规范了计算机的运算规则，提高了计算速度，节省了内存空间。它的主要贡献包括两方面：一是规定了数据的有效长度，即数据的取值范围；二是规定了数据的运算规则，如求余（%）运算只适用于整数，而不能进行浮点型运算。接下来对 C 语言的基本数据类型分别进行介绍。

1. 字符类型

形如“a”“b”“c”……的数据被称为字符，用字符类型 char 表示。然而，计算机只能存储二进制数据，无法直接存入字符，因而必须将字符编制成二进制数。英文采用的编码方式是美国标准信息交换代码（American Standard Code for Information Interchange，ASCII），如字符“a”的二进制编码为 01100001。但是二进制不便于人类记忆，所以，我们也常常看到它的十进制、八进制或十六进制的表达，如“a”为 97、0141（0 开头表示八进制）、x61（x 开头表示十六进制）。在 C 语言中，英文字母的表示是区分大小写的，因此一共有 52 个（大写 26 个、小写 26 个）英文字母，加上数字型字符及一些特殊字符（如“*”和“$”等），一共不超过 128 个，所以用一个字节（一个 8 位二进制数）即可全部表示。

把字符放在一对单引号里的做法，适用于多数可打印字符，但某些控制字符（如回车符、换行符等）无法通过键盘输入将其放到字符串里。因此，C 语言还引入了另外一种特殊形式的字符常量——转义字符。它是以反斜线“\”开头的字符序列，使用时同样要放在一对单引号里。它有特定的含义，用于描述特定的控制字符，如程序清单 1-1 中出现的“\n”表示换行，更多的转义字符的表达见附录 5。

定义字符变量的关键字是 char，声明字符变量的方式为

```
字符类型关键字 变量名;
```

例如：

```
char cFirst;
```

字符类型与整数类型：因为计算机存储字符的方式是二进制，它是一种数字，这就使得字符类型的数据具有一定的整数特征。实际上，C 语言中是允许字符类型作为只有一个字节长度的整数类型进行运算的，所有适用于整数类型的运算都适用于字符类型。我们知道，整数是有正负的，那么在 C 语言里，字符也有正负。

2. 整数类型

整数类型与数学中的定义基本相同，只是计算机不能表达无穷大（小），所以，整数类型是有长度限制的。按照长短的不同，依次为字符型（char）、短整型（short int）、整型（int）、长整型（long int）。另外，整数类型在存储和运算时，分有符号（signed）和无符号（unsigned）。这两个关键字可被用作类型修饰符。整数类型的家族可汇总为表 1-2。

表 1-2　整数类型家族

修饰符	类型	组合结果	中文名称	简写	字节数	取值范围	举例
signed	char	signed char	有符号字符型	char	1	−128～127	signed char cFirst; char cSec;
	short	signed short	有符号短整型	short	2	$-2^{15}\sim2^{15}-1$	signed short sThr; short sFour;
	int	signed int	有符号整型	int/signed	4	$-2^{31}\sim2^{31}-1$	signed nFive; int nSix;
	long	signed long	有符号长整型	long	4	$-2^{31}\sim2^{31}-1$	signed long lSeven; long lEig;

续表

修饰符	类型	组合结果	中文名称	简写	字节数	取值范围	举例
unsigned	char	unsigned char	无符号字符型	无	1	0～255	unsigned char cFirst;
	short	unsigned short	无符号短整型	无	2	0～2^{16}–1	unsigned short sThr;
	int	unsigned int	无符号整型	unsigned	4	0～2^{32}–1	unsigned nFive;
	long	unsigned long	无符号长整型	无	4	0～2^{32}–1	unsigned long lSeven;

由表 1-2 容易看出几个特点：

✧ 有符号的数据类型可省掉类型修饰符 signed。

✧ int 与 long 长度相同，这是 C 语言设计时的规划预留。在后来的发展中，long 的长度视操作系统和编译器的不同而有所区别，读者可用 sizeof（long）对其进行测试。

✧ 有符号与无符号取值范围不同。

有符号的数据类型，最高位用于表示符号，0 表示正数，1 表示负数。无符号的全部表示值。以 short 型为例来看一下整数在内存中的存储形式。

最高位→ 0 111 1111 1111 1111　　十进制数为 32 767，有符号，最高位为符号位

最高位→ 1 111 1111 1111 1111　　十进制数为 65 535，无符号，最高位也是值，运算方式为 $1\times2^0+1\times2^1+1\times2^2+1\times2^3+1\times2^4+1\times2^5+1\times2^6+1\times2^7+1\times2^8+1\times2^9+1\times2^{10}+1\times2^{11}+1\times2^{12}+1\times2^{13}+1\times2^{14}+1\times2^{15}$ = 65 535。

数值在计算机中均是以补码形式存储的。正数的补码与原码相同，而负数的补码=原码除符号位外全部取反+1。以 short 型-1 为例，其转换过程如下。

符号位→1 000 0000 0000 0001　　原码

符号位→1 111 1111 1111 1110　　反码

符号位→1 111 1111 1111 1111　　补码

注意

补码：使用补码有三方面的好处：一是可以将减法运算变为加法运算，即加负数；二是可避免出现+0 与-0 的错误表达，即确保数字 0 表达的唯一性；三是如果两个数相加后产生溢出（结果超出类型所约束的范围），结果仍然是正确的。

定义整数类型变量的关键字和例子如表 1-2 所示，声明整数类型变量的方式为

```
[修饰符] 整数类型关键字 变量名;
```

3. 浮点类型

计算机中的实数类型被称为浮点类型，又称实型。顾名思义，这种数据类型的小数点是“浮动”的。何为浮动呢？举个最简单的例子：假设有一个字节的数据，如 0100 1111，若把小数点放到最右端 0100 1111.，则表示整数；若把小数点放到最左端.0100 1111，则表示一个纯小数。当小数点从右往左移动时，数的取值范围不断缩小，而精度不断提高。由此可见，精度要求不同的数据，小数点位置是不同的，称之为“浮动”。浮点型小数点的设置，对于初学者来说比较复杂，此处不做详解。

在 C 语言中，按不同的精度要求将浮点类型的数据分为单精度（float）和双精度（double）两种。float 型占 4 个字节，取值范围为-3.4×10^{38}～3.4×10^{38}，有效位数是 7～8 位。double 型占 8 个字节，取值范围为-1.7×10^{308}～1.7×10^{308}，有效位数是 15 位。有效位数与小数点的设置位置有关。

定义浮点类型变量的关键字为 float 和 double，声明浮点类型变量的方式为

```
浮点类型关键字 变量名;
```

例如：

```
float fNum;  double dNum;
```

依据上面的讲解，可以总结出变量的一般定义方式：

```
[修饰符]数据类型 变量名 1,变量名 2,…, 变量名 n;
```

上面反复提到了变量，那么，究竟什么是变量？有没有常量呢？

变量就是在程序运行时，可以根据需要不断被改变的量。它必遵循先定义后使用的原则，例如：

```
char cFirst='a', cSec='z';//定义字符并进行初始化，即赋值
float fNum=1.0f;
cFirst='c';
……
cFirst='x';
fNum=3.0f;
```

cFirst、fNum 在程序执行过程中，其值均发生了改变，称之为变量。

在上述代码段中，赋值符号“=”右边的被称为常量，如“a”“c”“x”。更准确地说，“a”“c”“x”叫字符常量，1.0f，3.0f 被称为单精度浮点型常量。当然，还有双精度浮点型常量、整型常量以及后面将要学习的枚举常量、符号常量等。

常量标识：由于整数类型和浮点类型有不同子类，C 语言表示时也做了相应的区分。如长整型会在常量值后面加 L 或 l，如-129l，1288L 等。无符号整型常量后面加 U 或 u，如 25u、44U，但是不能有-15u。无符号长整型则为两者的结合，如 25lu 等。单精度浮点型在常量值后跟 f 或 F，如 23.69f 等。双精度则什么也不用跟，如 25.88 等。

1.2.3　格式化输出输入函数

为了使程序员能够快速有效开发出程序，C 语言提供了丰富的库函数，其中就包括格式化输出/输入函数，即 printf()函数和 scanf()函数。

1. 格式化输出函数

printf()函数的作用是按指定格式向标准化输出设备（通常指屏幕）输出数据，其调用形式可以简单表示为

```
printf("<格式化字符串>", <参量表>);
```

格式化字符串是放在两个双引号之间，以%开头的合法的格式字符，如"%c"表示输出一个字符，"%d"表示输出有符号整型，"%f"表示输出单精度浮点型。"%"后的 c、d、f 称为格式控制符，在其前面还可以加上格式修饰符，如"%lf"表示输出双精度浮点型数据，"%ld"表示输出长整型数据。每个格式符必须对应参量表中的一个变量，而且必须与参量表里的变量类型相符，否则得不到正确的输出结果。例如：

```
char cValue='c';
int nNum=5;
float fNum=6.8f;
double dNum=7.55;
printf("字符:%c;整数:%d;单精度浮点型:%f;双精度浮点型:%lf \n", cValue, nNum, fNum, dNum);
```

由上述代码段可知，不受格式控制的字符串将原样输出，如%前面的字符串“字符”“整数”等和非格式控制符与修饰符“;”等。

2. 格式化输入函数

scanf()函数的作用是按指定格式从标准化输入设备（通常指键盘）读入数据，其调用形式可以简单表示为

```
scanf("<格式化字符串>", <参量表>);
```

scanf()函数的要求与 printf()函数相似，输入字符使用"%c"，输入有符号的整型数据使用"%d"，输入单精度浮点型数据使用"%f"等。不过，参量表中的变量前面需要加上一个符号"&"。"&"被称为取地址运算符，运算级别为 2，它的含义为把由键盘输入的数据存入参量表中指定地址的内存

中，并以回车作为输入结束。例如：

```
int nNum1,nNum2;
float fNum1, fNum2;
scanf("%d",&nNum1);//&nNum 表示取出 nNum 在内存中的地址，把从键盘输入的数据存入该地址
scanf("%f",&fNum1);
scanf("%d%f",&nNum2,&fNum2)
```

初学者注意，这里没有在“%”前面加任何字符，也没有在最后一个 scanf 中的"%d"与"%f"之间加空格或其他字符，请大家也不要加。关于这两个函数更为详尽的解释参见附录 8。

1.2.4 C 语言的书写规则

（1）C 语句都是以分号作为结束标志的，分号与特定内容结合可以形成不同的句式，如表达式加分号成为表达式语句：nNumber=1；函数调用加分号形成函数调用语句：printf("Hello C language");。

（2）C 程序的书写格式比较自由，既可以在一行上写多条语句，也可以把一条语句写在多行上。但是为提高程序的可读性和可测试性，建议读者一行只写一条语句。

（3）为了更加明确地表明一段代码的独立功能，可以对 C 语言代码划分段落。“段”是以“{}”进行划分的，每个段里可包含 0 条或多条语句。函数是“段”最常见的表达形式，“{}”也可以独立使用，如本书第 8 章中的例子。

（4）为了对程序进行必要的说明，可以添加注释，它有两种方式：/**/和//。

1.3 简单 C 程序的扩展

尽管程序清单 1-1 所展示的代码非常简单，但其所涉及的知识点对于初学者来说并不少。随后，我们对这些知识点进行了较为详细的讲解及适当的扩展。从程序清单 1-1 到讲解 C 语言入门知识的 1.2 节，显示出一条非常重要的信息：在没有特殊语法控制的前提下，C 语言的语句是按顺序执行的。顺序控制结构是 C 语言三种基本控制结构之一，其他两种结构——选择控制和循环控制将分别在第 2 章和第 3 章中陆续介绍。

下面将运用这些知识点及顺序控制结构，对程序清单 1-1 中的代码进行完善，把它扩展为一个可以进行代数运算的计算器。

1.3.1 基本功能设计

对于编程者来说，最重要的其实并不是语言学习，而是程序设计，它的本质是一种计算思维的培养。所以，先不要急于编写程序，在此之前应该先想好需要做什么，并用适当的方式表达出来，这就是所谓的程序设计。就目前我们所学习的知识来说，可以做以下三方面的功能规划。

✧ 字符定义及输出。

✧ 整数的加、减、乘、除、取余。

✧ 实数/浮点数的加、减、乘、除。

下面的例子中将只给出整数的加减、取余及浮点数的乘除，其余功能留给读者自行实现。

1.3.2 程序设计描述的方法

程序描述的方法不仅仅局限于代码编写。实际上，编写代码就好像建造一幢大厦过程中的现场施工阶段，在此之前，通常还要进行市场调研、建筑物的设计（绘制蓝图）等很多工作。这里

把程序描述看作“蓝图绘制”，程序描述的过程就是程序设计的过程。最终要用比较专业的程序设计图纸来表达程序设计思想，它有别于类似“现场施工”的代码编写。程序设计描述是计算思维培养的重要内容之一。

程序设计描述的方法有很多种，如自然语言、流程图（Flow Chart）、盒图（N-S Chart）、问题分析图（Problem Analysis Diagram，PAD）、伪代码及程序设计语言。无论用哪一种方法表达程序设计思想，所使用的描述符号都应该是确定的、唯一的，不应该引发理解上的二义性（在相同上下文中的同一符号表达出两种含义）。本书使用流程图作为程序设计的描述方法。

流程图的全称为程序流程图，是一种传统的程序设计表示法，是人们对解决问题的方法、思路或算法的一种描述。它利用图形化的符号框来表示各种不同性质的操作，并用流程线将这些操作连接起来。在程序的设计（编码之前）阶段，画流程图，可以帮助我们理清程序的设计思路。流程图包含一套标准框图符号。绘制时，通常按照从上到下、从左到右的顺序来画。除判断框和改进的 for 循环外，其他程序框图只有一个进入点和一个退出点。本小节先引入 4 种图形符号来完成第 1 章的程序设计工作，如表 1-3 所示。

表 1-3　流程图的基本符号

图形	名称	意义
（圆角矩形）	起止框	程序开始或结束
（平行四边形）	输入输出框	数据的输入输出
（矩形）	处理框	对数据进行处理
→ ↓	流程线	表示程序执行的顺序

用上述流程图组件表达 1.3.1 小节中所述功能，如图 1-2 所示。

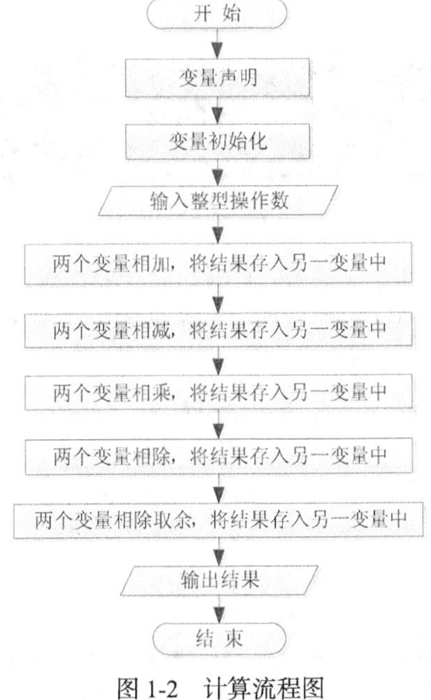

图 1-2　计算流程图

1.3.3 程序实现及常见错误分析

1. 程序实现

程序清单 1-2 hitcalc.c

```
/* purpose: Arithmetical Operation by HIT
   author : Xiaodong Zhang
   created: 2017/01/21 16:28:08
 */
#include <stdio.h>
int main(void)
{
    int l_nLNum, l_nRNum, l_nPlus, l_nSubtract, l_nMod;  //声明变量
    float l_fLNum, l_fRNum, l_fMultiply, l_fDivide;
    l_fLNum= l_fRNum=3.0f;                     //变量初始化
    printf("请输入整型左操作数: ");             //提示
    scanf("%d", &l_nLNum);                     //从键盘输入数据
    printf("请输入整型右操作数: ");
    scanf("%d", &l_nRNum);
    l_nPlus     =  l_nLNum + l_nRNum;          //相加
    l_nSubtract=  l_nLNum - l_nRNum;           //相减
    l_fMultiply=  l_fLNum* l_fRNum;            //相乘
    l_fDivide   =  l_fLNum/ l_fRNum;           //相除
    l_nMod      =  l_nLNum % l_nRNum;          //求余
    printf("Result of  Arithmetic Runing\n");
    printf("Plus: %d; Subtract: %d; Multiply: %f; Divide: %f; Mod: %d\n",
            l_nPlus, l_nSubtract, l_fMultiply, l_fDivide, l_nMod);
    return 1;
}
```

运行上述程序，结果如图 1-3 所示。运行时，系统会暂时停留在“请输入整型左操作数”处，等待用户输入，当用户输入完毕并按回车键后，程序将继续往下执行，直到输入完毕并运算出图 1-3 所示的结果为止。

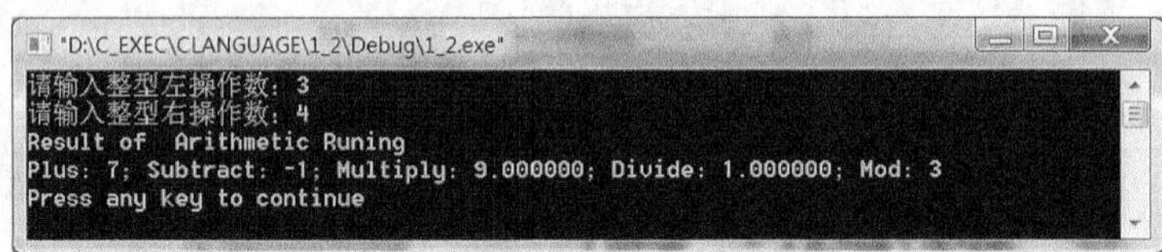

图 1-3 程序清单 1-2 运行结果

细心的读者会发现，在程序清单 1-2 中，变量初始化时出现了 l_fLNum= l_fRNum=3.0f; 这样的句式，它表明 C 语言的表达方式非常灵活。把变量初始化写到声明语句中也是一个不错的选择，即 int l_nLNum=2;，但要注意以下三点。

✧ 变量声明、使用、输出必须保证语法的一致性，例如：

```
int l_nLNum, l_nRNum, ……;                   //声明为整数类型
……
scanf("%d", &l_nLNum);                      //输入为整数类型
……
l_nMod=  l_nLNum % l_nRNum;                 //求余——符合整数运算的算法
……
printf("……Mod: %d\n",……, l_nMod);  //以整数类型输出，即%d
```

✧ 声明时不能出现连续赋值，即 int l_nLNum=l_nRNum=2。

✧　未初始化的变量不代表 0 或空，而代表未知！运行时，会出现一些很大的值或很小的负数。读者可以删除或注释掉变量初始化那行，看看运行结果。

到现在，我们所学的知识只能表达这些吗？远远不止！这里还没有用到除 int 外的其他整数类型，没有用到双精度浮点型，没有用到更为复杂的算术运算。热爱绘画的读者甚至只利用 printf() 函数就可以打印出圣诞树、万圣节的南瓜……编程之门打开后，限制大家发挥的不是语言，而是自己的想象力！

2. 可能出现的错误

上述程序虽然简单，但初学者仍然会犯一些错误。我们将这些错误分为两种类型：语法错误和逻辑错误。

✧　语法错误：指违反 C 语言所规定的词法、语法错误，如关键字拼写错误、未加分隔符或分隔符使用错误、标识符不符合命名规范等。这类错误通常在编译阶段系统就能检测出来。这里举出几个常见错误，请读者进行鉴别，例如：

```
sign int nNum;
int nNum double dNum;
void mian(){……}
float 8fNum, printf, void;
```

请读者依据前面所介绍的知识，将上述错误改正过来。

✧　逻辑错误：指由于设计错误或者代码实现逻辑上所存在的一些问题，程序运行后没有得到所要求的结果。这类错误通常是符合语法规范的，编译系统检查不出任何问题。它们具有一定隐秘性，如数据类型不匹配、未赋初值、缺少符号、取值或计算超出数据类型所规定的范围、使用 printf()时把变量也写到" "中等。下面举出几个常见错误，请读者进行鉴别，例如：

```
//错误 1
int nNum=2;
printf("%f",nNum);
//错误 2
short nNum =32767;
nNum = nNum+1;
printf("%d",nNum);
//错误 3
double dNum=2.3;
printf("%f",dNum);
//错误 4
int nLNum=2, nRnum=3;
printf("%f",nLNum/nRnum);
//错误 5
float fNum;
scanf("%f", fNum);
```

逻辑错误是程序设计中最大的“敌人”，无论是初出茅庐的新手，还是经验丰富的工程师，都可能会遇到。工程师与新手在处理这类错误时最大的不同点是，工程师可以在设计阶段通过对设计的逻辑检测尽早发现它们，而新手直至代码实现都有可能发现不了这样的错误。产生这种差别的原因在于工程师在解决问题时，习惯于首先进行设计思维的表达和推敲，而新手往往急于马上编程。所以，建议读者在学习程序设计时首先学好程序设计思维的表达，如学会使用流程图！

1.3.4　浅谈编程风格

计算机程序设计是一门艺术，不仅仅体现在程序本身的算法选择、结构设置以及编程技巧等方面。因为程序不仅要完成特定的功能，而且要达到给人们阅读、理解、使用甚至修改的目的，因此在编写代码时需要养成良好的编程风格。请看程序清单 1-3，能读懂吗？也许，聪明的读者会从结果看出些许端倪。作者充分利用了 C 语言程序设计的灵活性，编写出这样短小精悍的代码，而且是一段运算效率极高的程序。它只有一个缺点——难懂！如果我们的程序设计不仅仅是为了竞赛，而是为了使用、维护、学习和与别人分享成功，那就应该养成良好的编码风格。

程序清单 1-3　style.c

```
/* 一个代码风格混乱的程序实例 */
/* purpose: 代码混乱的弊端
   author : Yan Jianen
   created: 2008/07/10 16:21:23*/
#include <stdio.h>
#include <conio.h>
long b, c=2800, d, e, f[2801], g;
void  main(void){
     for(; b-c; ) f[b++] = 10000/5;
     for(; d=0, g=c*2; c-=14, printf("%.4d",e+d/10000), e=d%10000)
           for(b=c;d+=f[b]*10000,f[b]=d%--g,d/=g--,--b;d*=b);
     getch();
}
```

程序清单 1-3 运行结果如下。

```
31415926535897932384626433832795028841971693993751058209749445923078164062862089
98628034825342117067982148086513282306647093844609550582231725359408128481117450
28410270193852110555964462294895493038196442881097566593344612847564823378678316
52712019091456485669234603486104543266482133936072602491412737245870066063155881
74881520920962829254091715364367892590360011330530548820466521384146951941511609
43305727036575959195309218611738193261179310511854807446237996274956735188575272
48912279381830119491298336733624406566430860213949463952247371907021798609437027
70539217176293176752384674818467669405132000568127145263560827785771342757789609
17363717872146844090122495343014654958537105079227968925892354201995611212902196
08640344181598136297747713099605187072113499999983729780499510597317328160963185
```

所谓的编程风格包括以下内容。

✧ 非技术性风格要求：程序代码的布局，包括注释和格式控制的使用；变量和函数的命名规则与标准；代码书写习惯等内容。

✧ 技术性风格要求程序结构的选择、程序语句的使用以及编程技巧等方面内容，要求读者随着学习内容的不断深入，仔细研究 C 语言的技术特点，在实践中探索和改进。

这里只对非技术性的风格要求做一些基本介绍，希望读者养成良好的编程习惯。

（1）选择合适的名字：对函数、常量和变量的命名，要采用统一的格式或长度要求，命名的原则是易于理解含义，长度尽量短，但要表达明确，如匈牙利命名法，参见附录 4。

（2）不要把多个短语句写在一行中，即一行只写一条语句，例如：

```
i_prammax=0;i_pramsum=0;
```

改写为

```
i_prammax=0;
i_pramsum=0;
```

（3）运行缩进规则：坚持按照一定的缩进规则书写程序。即便是最短的程序，也要体现这一良好风格，这样便于代码的阅读，例如：

```
void main(void){
     int i_pram;
     printf("hello world!");
```

```
    if (…) {
        for(…){
            ……
        }
    }
    else{
        ……
    }
}
```

这样的缩进格式，可以很快地分清代码的层次和语句块的范围，提高代码的可读性。

（4）多行书写：较长的语句（>80 字符）要分成多行书写，长表达式要在低优先级操作符处划分新行，操作符要放在新行之首，划分出的新行要进行适当的缩进。例如：

```
if ((taskno < max_act_task_number)
        && (nstat_stat_item_valid (stat_item)))
{
    ……
}
```

（5）适当地使用注释：注释不参与程序的执行，但可帮助程序编写者及其他人理解程序代码的功能与作用，提高程序的可读性与可维护性。例如，程序清单 1-2 中有这样的代码：

```
int l_nLNum, l_nRNum, l_nPlus, l_nSubtract, l_nMod;    //声明变量
```

它给出这行代码的基本解释，便于其他人理解。

一定要摒弃"'大牛'是不写注释的"这种思想，尤其对一个专业的程序开发者来说。注释要做到简明扼要，能说明问题即可。在一些重要的函数、变量、判断结构、容易出错的位置等处加以注释。值得注意的是，写出差的注释要比写好的注释容易，注释有帮助，但更有破坏性。注释一定要保证准确、清晰，否则反而是画蛇添足，混淆正常的阅读理解。

以上几点是一些最基本的编程风格要求，我们没有进行特别详细的叙述，主要是担心初学者看到这些内容会认为写一个 C 语言的程序为什么这么难。有兴趣的读者，可以搜集一些资料继续学习。

1.4　本章小结

首先，通过一个简单的 C 语言程序认识了 C 语言程序的基本构成。然后，以算术运算为例，扩充了简单的 C 语言程序，从功能设计、设计描述，到代码的实现及相关的错误分析，一步一步地为读者呈现了如何通过 C 语言解决问题的过程。下面从两方面进行总结。

1. 知识层面

（1）C 语言基本构成

相当于 C 语言程序的编写模板，读者在编写代码时可以套用。

（2）C 语言的常见标识符号

关键字、标识符、分隔符、运算符及其他符号。

（3）基本数据类型

字符类型、整数类型及浮点类型。

（4）格式化输出/输入函数

标准格式输出函数，可以输出字符串及各种类型的变量。

2. 方法层面

（1）分析问题的方法

通过学习简易计算器的设计与实现，初步了解软件制作的过程：功能分析与设计，程序设计的描述（设计思维的表达），代码编写等。这样才能最大程度上确保编出来的程序是正确的、可靠的、逻辑上无遗漏的。

（2）编程风格的培养

计算机程序设计是一门艺术，不仅要完成特定的功能，还要让更多的人去阅读、理解、使用甚至修改，因此在编写代码时需要养成良好的编程风格。

（3）发现应用中的不足

在实现的简易计算器中，可以发现诸多不便，如只能完成固定的算术运算、不能根据我们的需要自由选择计算方法、程序执行一次就结束等。那么，这些缺陷能够被改善吗？当然可以！请继续学习下面的内容。精彩的计算机艺术，正缓缓地拉开它的序幕！

练习与思考 1

1. 填空题

（1）求解赋值表达式 a=(b=10)%(c=6)，表达式值 a、b、c 的值依次为______。

（2）C 语言中，要求操作数必须是整数类型的运算符是______。

2. 选择题

（1）下列不是 C 语言分隔符的是（　　）。

（A）回车　　（B）空格　　（C）制表符　　（D）双引号

（2）C 语言程序编译时，程序中的注释部分（　　）。

（A）参加编译，并会出现在目标程序中

（B）参加编译，但不会出现在目标程序中

（C）不参加编译，但会出现在目标程序中

（D）不参加编译，也不会出现在目标程序中

（3）表达式 3.6-5/2+1.2+5%2 的值是（　　）。

（A）4.3　　（B）4.8　　（C）3.3　　（D）3.8

（4）若有以下程序段（n 所赋的是八进制数）：

```
int m=32767,n=032767;
printf("%d,%o\n",m,n);
```

执行后输出结果是（　　）。

（A）32767，32767　　（B）32767，032767

（C）32767，77777　　（D）32767，077777

（5）有以下程序，其中%u 表示按无符号整数输出：

```
void main()
{  unsigned int x=0xFFFF;
   printf("%u\n",x);
}
```

程序运行后的输出结果是（　　）。

（A）-1　　（B）65535　　（C）32767　　（D）0xFFFF

（6）若以下选项中的变量已正确定义，则正确的赋值语句是（　　）。

（A）x1=26.8%3　（B）1+2=x2　（C）x3=0x12　（D）x4=1+2=3;

（7）若已定义 x 和 y 为 double 类型，则在表达式 x=1，y=x+3/2 中，y 的值是（　　）。

（A）1　（B）2　（C）2.0　（D）2.5

（8）以下是用户定义的标识符，其中合法的是（　　）。

（A）int　（B）nit　（C）123　（D）a+b

（9）若有代数式(3ae)/(bc)，则下面不正确的 C 语言表达式是（　　）。

（A）a/b/c*e*3　（B）3*a*e/b/c　（C）3*a*e/b*c　（D）a*e/c/b*3

（10）以下能正确定义变量 a、b 和 c 并为其赋值的语句是（　　）。

（A）int a=5; b=5; c=5;　（B）int a,b,c=5;

（C）a=5, b=5, c=5;　（D）int a=5, b=5, c=5;

3. 简答题

（1）Cox 已经编好了下面的 C 程序，请你与程序清单 1-1 中的 C 程序代码做个比较，并对此程序做个评定，若有错误，请修改。

```
/* 该程序可显示出一年中有多少周 */
 include studio.h
 int main(void)
 {
    int s
    s:=52;
    print(There are s weeks in a year.);
    return 0;
}
```

（2）main, int, function, char, =中哪几个是 C 语言的关键字?

（3）关于编程风格的问题，我们该注意哪些问题?

4. 编程题

（1）请参照本章例题，编写一个 C 程序，输出以下信息：

```
*******************************
           Very  Good!
*******************************
```

（2）已知三角形的底和高，编写一个 C 程序求出三角形的面积。

5. 思考题

（1）根据本章所学，画出计算圆的面积的流程图。

（2）已知有足量的水，3 ml、5 ml 的容器各一个，请给出量出 4 ml 的水的步骤。

第 2 章 选择控制结构与应用

内容提示

关键词

❖ 关系运算符、逻辑运算符

❖ if-else 结构

❖ switch 结构

难点

❖ 运算符的优先级与结合性

❖ 多条件选择结构

从 IBM 的深蓝（Deep Blue）到谷歌（Google）的阿尔法狗（AlphaGo），人类在计算机人工智能领域取得了一个又一个里程碑式的辉煌成就。然而，在这些伟大成就的背后，总是会有一些最为基本的语言结构作为它的支撑，选择结构就是其中之一。无论是国际象棋还是中国围棋，在对弈过程中，双方棋手都会有很多“如果”走这一步“那么”会怎么样的“选择”性思考，而以“如果”和“那么”所组成的语句正是 C 语言选择结构的基本语句。

2.1 选择结构的基本运算符

选择结构中的“如果”是一种判定结构，它不在于计算、撷取或最佳化，而是要做出判断，决定其中表达式的值到底是真还是假。在现实生活中，可以找到许多需要这种判定的问题，如红灯停、绿灯行，判定两个数的大小及上面提及的博弈类游戏等。组建这种结构的核心是要依据所要解决的问题建立合理的表达式，而表达式又是由运算符和操作数构成的，因此，本节先来讨论选择结构的基本运算符。

2.1.1 关系运算符及表达式

比较两个量大小的运算符称为关系运算符，它是选择结构的基本运算符之一。C 语言中有 6 种关系运算符，如表 2-1 所示。

表 2-1 关系运算符

序号	优先级别	关系运算符	关系运算符含义	操作数个数	结合性
1	6	>	大于	2	自左向右

续表

序号	优先级别	关系运算符	关系运算符含义	操作数个数	结合性
2	6	>=	大于或等于	2	自左向右
3		<	小于	2	自左向右
4		<=	小于或等于	2	自左向右
5	7	= =	等于	2	自左向右
6		!=	不等于	2	自左向右

含有关系运算符的表达式被称为关系表达式，其一般形式为

表达式 **关系运算符** 表达式

例如：

```
a+b>c-d      x>3/2      'a'+b>c      a!=(c= =d)
```

都是合法的关系表达式。在第 1 章初识运算符时，我们提到过学好运算必须把握住三个方面：优先级、结合性及操作数个数。上述 4 个表达式都包含了多个运算符，那么，在运算时，就需要按照运算符的优先级别逐次进行。前三个表达式中“+”“－”“/”的优先级都高于关系运算符，因此，最后进行关系运算。在最后一个表达式中，其所有运算符都是关系运算符且优先级别相同，应该按照从左到右的顺序进行，但是“( )”优先级别远高于“!=”，从而改变了这个表达式的运算次序。

每个表达式都有一个表达式的值，对于关系表达式来说，其值只有 1 和 0，分别用“真”和“假”描述。如表达式“5>0”永远成立，值为 1，描述为“真”。而对于表达式“(a=3)>(b=5)”，由于“3>5”不成立，故值为 0，描述为“假”。需要注意的是，表达式的值与变量的值是不同的，就如“(a=3)>(b=5)”，变量 a 的值是 3，变量 b 的值是 5，而表达式的值是 0。但有时候两个值是相等的，形如“a=5”的赋值表达式，其表达式的值与变量 a 的值相等，都是 5。

由上述实例不难看出，表达式的名称是由最后一个执行的运算符所决定的，如在“a+b > c-d”表达式中，“>”优先级别最低，最后运算，故将其称为关系运算表达式或关系表达式。

2.1.2　逻辑运算符及表达式

逻辑运算符也是选择结构的基本运算符之一。C 语言提供了 3 种逻辑运算符，如表 2-2 所示。与关系表达式类似，由逻辑运算符参与的逻辑表达式的值也只有 0 和 1。

表 2-2　逻辑运算符

序号	优先级别	逻辑运算符	逻辑运算符含义	操作数个数	结合性
1	11	&&	与运算	2	自左向右
2	12	||	或运算	2	自左向右
3	2	!	非运算	1	自右向左

逻辑表达式的一般形式为

表达式 **逻辑运算符** 表达式 或 **逻辑运算符** 表达式

如“a>b && c>d”，因为关系运算符的优先级高于逻辑运算符&&，所以，此表达式又等价于“(a>b) && (c>d)”。又如“!a”，求表达式 a 的反，即如果 a 不为 0，则表达式值为 0；如果 a 为 0，则表达式的值为 1。

若将逻辑运算符两端的表达式分别设置为 A 和 B，则其运算规则及结果如表 2-3 所示，此表又被称为真值表。由此表可知，对于“&&”运算，其两端表达式 A 和 B 中任意一个为 0，则整

个表达式的值必为 0；对于“||”运算，其两端表达式 A 和 B 中任意一个为 1，则整个表达式值必为 1。

表 2-3　　逻辑运算规则及运算结果

A 的取值	B 的取值	A&&B	A||B	!A
非 0	非 0	1	1	0
非 0	0	0	1	0
0	非 0	0	1	1
0	0	0	0	1

（1）虽然 C 编译器在判断关系或逻辑运算值时，以 1 代表“真”，0 代表“假”，但反过来在判断一个量是“真”还是“假”时，以 0 代表“假”，以非 0 的数值作为“真”。如表达式 5&&3，由于 5 和 3 均为非 0、均为“真”，则运算后的值为 1。

（2）判断是否相等的关系运算符号“==”是由两个“=”组成的，不同于赋值运算符，后者是一个“=”。

当 i=10、j=3、k=0 时，表达式 i==1&&(j==3||(k=k+1))的运算次序是怎样的？i、j、k 及表达式的值各是多少呢？若将表达式改为 i==1&&j==3||(k=k+1)，结果是怎样的？改为 i==1&&j==3||k=k+1 呢？

通过上机运行，读者会发现思考题的运行结果与我们推理的结果并不完全相同。这是因为这个表达式蕴藏了一个 C 语言中非常重要的原则——“短路”原则。它是指在有“&&”参与运算的表达式里，“&&”两端任意一个先运行结束的表达式的值若为 0，则另一表达式将不被执行！由表 2-3 可知，此时整个表达式的值肯定为 0。而在有“||”参与运算的表达式里，在“||”两端任意一个先运行完毕的表达式的值若为 1，则另一表达式将不被执行，整个表达式的值必定为 1。有了这个原则，思考题的运行结果是不是就能够理解了呢？事实上，“短路”原则大大提升了 C 语言的运算效率，读者在程序设计时应该予以认真考虑。

2.2　if-else 选择结构

if-else 选择结构是 C 语言提供的一种判定性语法结构。其语句有多种表达形式，支持嵌套使用，非常灵活。

2.2.1　if 结构

用 if 语句可以构成分支结构。它根据给定的条件进行判断，以决定执行某个分支程序段。C 语言的 if 语句有三种形式。

1. if 形式

```
if (表达式)
{
    语句块;
}
```

其语义是：如果表达式的值非 0（“真”），则执行语句块，否则跳过语句块继续执行其后语句。条件表达式必须放到“()”内。语句块中包括零条（只有“;”号的空语句）、一条或多条语句，且必须将多条语句放到“{”和“}”之间。在这种形式中，当条件表达式的值为 0（“假”）时，不执行语句块。其流程图如图 2-1 所示。

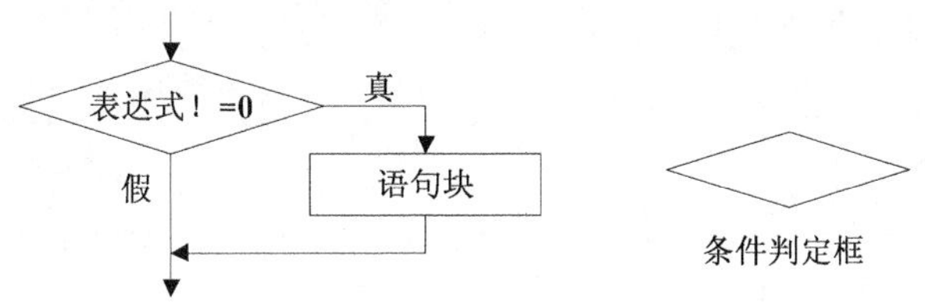

图 2-1　if 流程图及图元符号说明

【例 2-1】编程实现：任意输入两个整数，输出其中的大数。

✧　程序设计描述

按照判定结构设计方式，从键盘输入两个数存入到整型变量 nNum1、nNum2 中。先把 nNum1 赋予变量 nMax，再用 if 语句判别 nMax 和 nNum2 的大小。如 nMax 小于 nNum2，则把 nNum2 赋予 nMax。因此 nMax 中存储的总是大数，最后输出 nMax 的值。其流程图如图 2-2 所示。

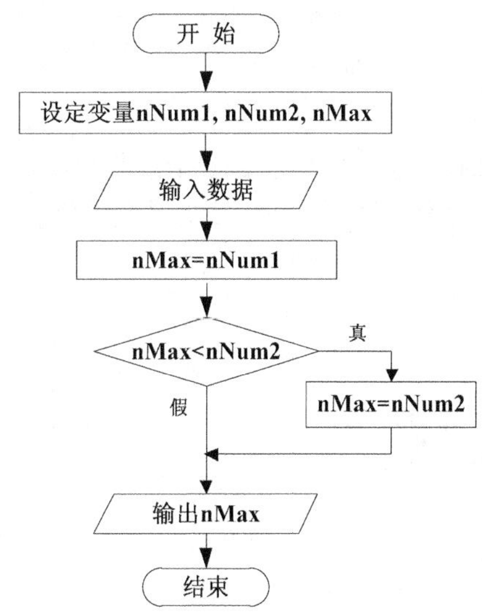

图 2-2　两数比较大小流程图

✧　程序实现

根据程序流程图的设计，编出的代码如程序清单 2-1 所示。

程序清单 2-1　CompareT.c

```
/* 一个单分支的程序实例 */
/*   purpose: 输入两个整数，输出其中的大数
     author : Xiaodong Zhang
     created: 2008/08/10 15:58:22*/
#include <stdio.h>
#include <stdlib.h>
int main(void)
{
   int nNum1,nNum2;                        /* 定义两个整型变量，用于存放两个操作数 */
   int nMax;                               /* 定义用于存放结果的变量 */
   printf("\n input two numbers: ");
   scanf("%d%d",&nNum1,&nNum2);            /* 输入两个操作数*/
   nMax= nNum1;                            /* 将第一个操作数赋值给 nMax */
```

```
    if (nMax < nNum2)
          nMax= nNum2;                    /*比较大小，将大数存入 nMax 中 */
    printf(" Max=%d\n",nMax);             /* 输出两个整数中的大数 */
    return 1;
}
```

程序运行结果如下。

```
input two numbers: 22  34
Max=34
```

如果有这样一条输入语句：scanf("a=%d,b=%d",&a,&b)，则用户应该怎样输入呢？

2. if–else 形式

```
if (表达式)
{
        语句块 1;
}
else
{
        语句块 2;
}
```

其语义是：表达式值非 0 时，执行语句块 1，然后执行后继语句；表达式值为 0 时，执行语句块 2，然后执行后继语句。在这种表达形式中，至少要有一个语句块被执行。其流程图如图 2-3 所示。

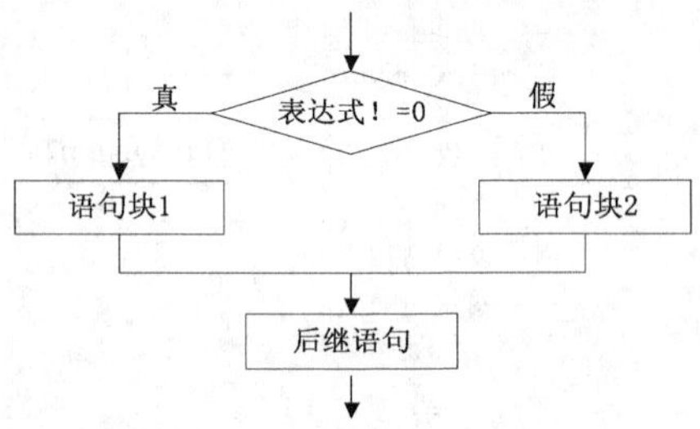

图 2-3　if-else 流程图

【例 2-2】输入两个实数，请用 if-else 语句输出其中的大数。

✧　程序设计描述

程序流程图如图 2-4 所示。

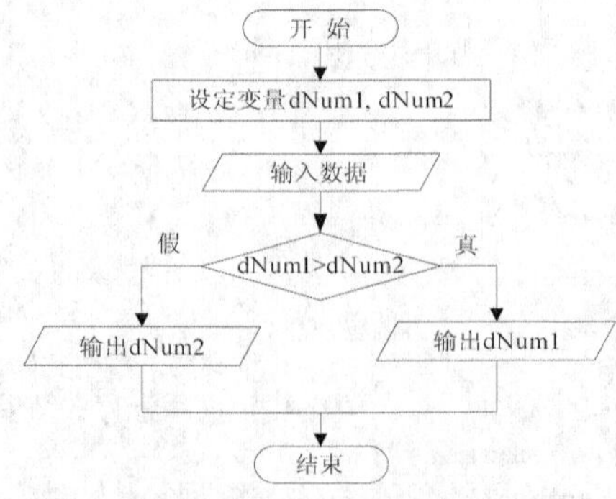

图 2-4　两数比较大小流程图

✧ 程序实现

根据程序流程图的设计，编出的代码如程序清单 2-2 所示。

程序清单 2-2　CompareS.c

```
/*  purpose: 输入两个整数，输出其中的大数
    author : Xiaodong Zhang
    created: 2008/08/10 15:58:22 */
#include <stdio.h>
#include <stdlib.h>
int main(void)
{
  double dNum1, dNum2;                /* 定义两个双精度浮点型变量，用于存放两个操作数 */
  printf("\n input two numbers: ");
  scanf("%lf%lf", &dNum1,&dNum2);     /* 输入两个操作数*/
  if(dNum1>dNum2)                     /* 将两个操作数比较大小，输出大数 */
       printf("\n Max=%5.2lf\n",dNum1);
  else
       printf("\n Max=%5.2lf\n",dNum2);
  return 1;
}
```

程序运行结果如下。

```
input two numbers: 11.2345  24.443312
Max=24.44
```

✧ 程序解读

（1）运用 if-else 结构可以省掉一个变量，使程序更加简洁。不用担心有更多的 printf()函数被调用，因为 if-else 语句保证只执行一条 printf()函数调用语句。

（2）同样都是采用“%lf”输出，比较前的结果为“11.234500”和“24.443312”，比较后的结果却是“24.44”，为什么？原因很简单，在“lf”前还有修饰“5.2”，它表示整个浮点数输出为 5 位宽度，而小数位占两位，输出时会对小数部分进行四舍五入。如果输出数的整数部分超出长度，则按实际整数位输出整数部分。例如，要输出的数为“512345.1264”，则结果为“512345.13”。更多关于 printf()函数与 scanf()的用法参见附录 8。

思考

```
double dNum=123456.789;
printf("\n%5.2lf ",dNum);
```

输出到屏幕上的结果是多少？

3. if-else-if 形式

前两种形式的 if 语句一般都用于有两个分支的情况。当有多个分支选择时，可采用 if-else-if 语句，其一般形式为

```
if (表达式 1)
{语句块 1; }
else if (表达式 2)
{语句块 2; }
......
else if (表达式 n)
{语句块 n; }
else
{语句块 n+1; }
......
```

其语义是：依次判断表达式的值，当出现某个值非 0 时，则执行其对应的语句块，然后跳到整个 if 语句之外继续执行程序；如果所有的表达式值均为 0，则执行语句块 *n*+1，然后继续执行后继

语句。这就是说，if-else-if 结构中无论包含多少个 else-if 分支，最终只执行一条语句。然而，最后的一个 else 并不是必需的，那就意味着如果所有条件均为 0，将没有一条语句被执行。其流程图如图 2-5 所示。如果没有最后一个 else，则要去掉图中最后一个执行框“语句块 *n*+1”及流程线。

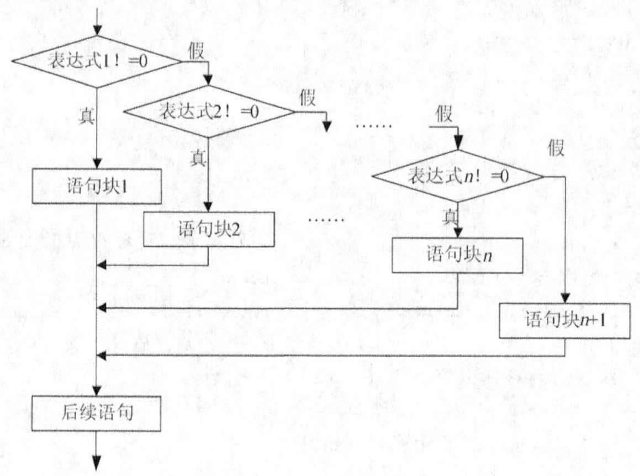

图 2-5　if-else-if 流程图

【例 2-3】按 100 分制输入学生考试分数，按 A、B、C、D、E 给出成绩的等级。90 分以上（包括 90 分）为 A 等，60 分以下（不包括 60 分）为 E 等，中间每 10 分为一个等级，画出流程图。

✧　问题分析

学生成绩可包括 1 位小数，定义为 float 型可满足精度要求。设 1 个字符型变量 cLevel，保存学生成绩等级，初始值为 1 个空格字符。按输入值的不同，给 cLevel 赋值，如'A'、'B'等。最后输出 cLevel 的值。

✧　程序设计描述

解决这个问题有很多方法。此处按顺序进行判断。设输入学生成绩为 fScore，依题意，按 100 分制录入，如果 fScore > 100.0 或 fScore < 0.0，则输入错误；因为只保留 1 位小数，所以，如果 fScore > 89.99，则 cLevel='A'；如果 fScore > 79.99，则 cLevel='B'；……最后，输出 cLevel 的值。其流程图如图 2-6 所示。

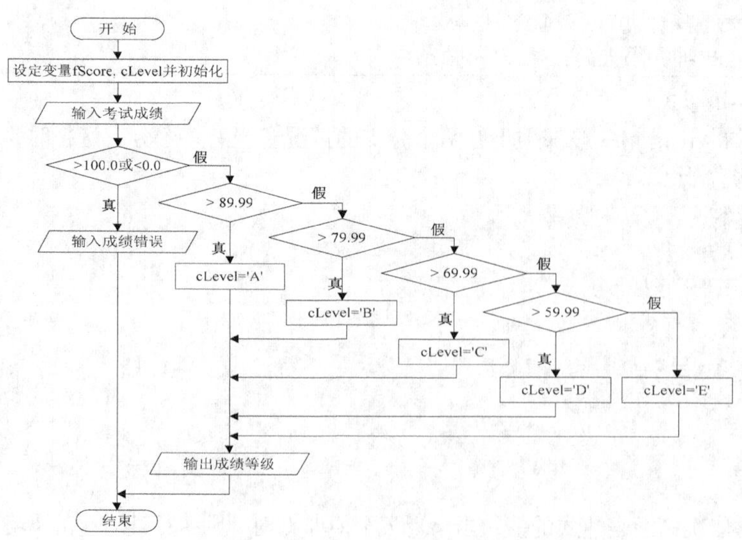

图 2-6　if-else-if 形式的考试成绩等级判断流程图

✧ 程序实现

根据程序流程图的设计，编出的代码如程序清单 2-3 所示。

程序清单 2-3 ScoreLevel.c

```
/*  purpose: 输入考试成绩，判断成绩等级
    author : Xiaodong Zhang
    created: 2008/08/10 15:58:22
*/
#include <stdio.h>
int main(void)
{
    char cLevel=0x20;                   /*赋初值，空格的 ASCII 值，以十六进制表示*/
    float fScore;
    printf("请输入成绩：");
    scanf("%f",&fScore);                /*输入考试分数*/
    if(fScore>100.0||fScore<0.0)
    {
        printf("\n 输入成绩错误！");
        return 0;                       /*成绩输入错误，则结束程序*/
    }else if (fScore > 89.99)           /*分数 fScore>=90*/
         cLevel='A';                    /*单条语句不用加“{}”*/
    else if (fScore > 79.99)            /*90>分数 fScore>=80*/
        cLevel='B';
    else if (fScore > 69.99)            /*80>分数 fScore>=70*/
        cLevel='C';
    else if (fScore > 59.99)            /*70>分数 fScore>=60*/
        cLevel='D';
    else                                /*分数 fScore<60*/
        cLevel='E';
    printf("该成绩的等级为：%c\n",cLevel);
    return 1;
}
```

程序运行结果如下所示。

```
请输入成绩：80.0
该成绩的等级为：B
```

✧ 程序解读

（1）语句“char cLevel=0x20;”的意思是给 cLevel 赋值为空格。第 1 章的 1.2.2 小节中提到每个字符都有一个 ASCII 码值。其中，转义字符如换行、制表符、回车等，只能用 ASCII 码值表示。在函数 printf()中经常使用的换行符‘\n’就是其中之一，它的 ASCII 值为‘0x0A’（参见附录 5）。试着用语句“printf("该成绩的等级为：%c\x0A",cLevel);”取代“printf("该成绩的等级为：%c\n",cLevel);”，看看效果是不是一样。ASCII 值可以是十六进制、八进制或十进制的。如“cLevel”的值还可以表达为

```
char cLevel=040;  //八进制 char cLevel=32;   //十进制
```

（2）为了防止用户输入错误，这里加了 0.00～100.0 的限制，从而提高了程序的健壮性。

（3）在使用浮点型作关系运算时，要尽量避免用“==”或“>=”，因为在计算机中，小数是以二进制方式存储的，不能达到 100%的准确，只是在一定精度下的准确。所以，成绩要求保留 1 位小数，只要大于*.99 就能准确判断。

（4）在成绩等级划分中，必须在所有判断均完成的情况下，才能确定等级，因此，打印等级的 printf()函数放到了 if-else-if 语句结束之后。也是由于这个原因，当输入值超出范围时，使用“return 0;”语句终止了程序。否则，不但会输出“输入成绩错误”的提示，还会输出“该成绩的等级为:”

的信息，显然，这是不合理的。读者可以去掉“return 0;”语句，体会一下它在此处的作用。

2.2.2 if 语句的嵌套

当 if 语句中的执行语句块又含有 if 语句时，则构成了 if 语句的嵌套形式。尽管 if 结构仅有三种形式，但可以构成形式多样的嵌套。这里仅提出如下两种形式供读者参考。

```
if(表达式)
{
    if (表达式)
    {
        语句;
    }
}
```

```
if(表达式)
{   if(表达式)
    {语句; }
}
else
{
    if(表达式)
    {语句; }
}
```

在嵌套内的 if-else 语句中可能又包含 if-else 语句，这时，将会出现多个 if 和多个 else 重叠的情况，需要特别注意 if 和 else 的配对问题。C 语言规定，else 总是与它前面最近的 if 配对。当然，通过加“{}”来明确配对，格局会更好一些。

【例 2-4】将“例 2-3”改写为 if 语句的嵌套形式。

✧ 问题分析

在例 2-3 中先排除了成绩小于 0.0 或大于 100.0 的错误输入，再进行等级划分。现在做一个逆向思考，将在 0.0 和 100.0 区间内的正确输入直接进行等级划分，用 if 语句的嵌套形式来实现它。流程图如图 2-7 所示。

程序实现见程序清单 2-4。

✧ 程序设计描述

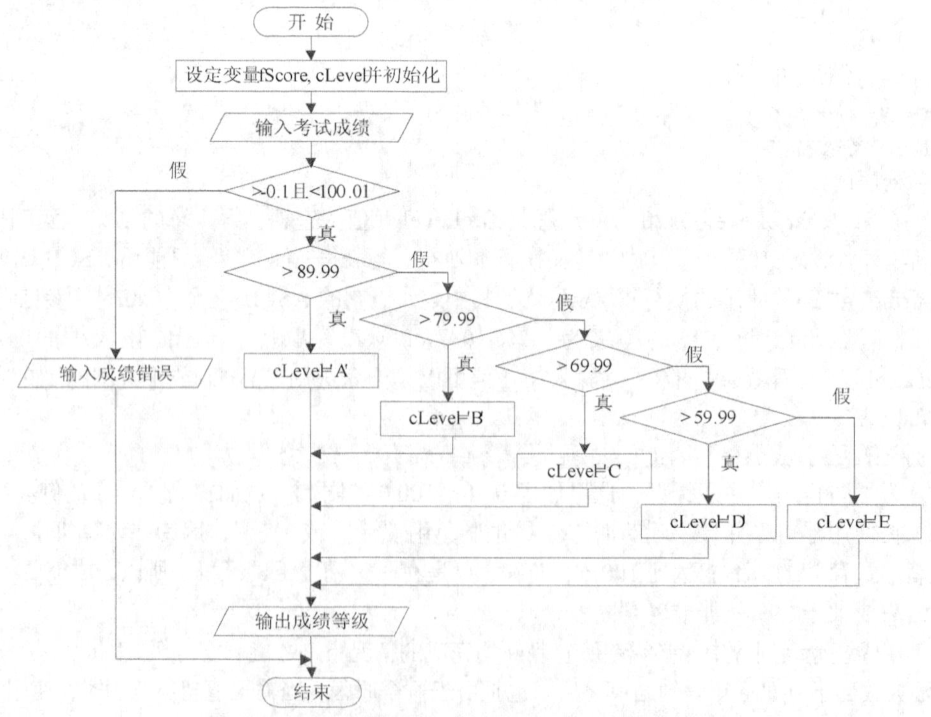

图 2-7　if 语句嵌套形式的考试成绩等级判断流程图

✧ 程序实现

程序清单 2-4 ScoreLevelN.c

```
/*  purpose: 输入考试成绩，判断成绩等级
    author : Xiaodong Zhang
    created: 2017/01/29 15:58:22
*/
#include <stdio.h>
int main(void)
{
  char cLevel=0x20;
    float fScore;
    printf("请输入成绩: ");
    scanf("%f",&fScore);                         /*输入考试分数*/
    if(fScore>-0.1&&fScore<100.01){
          if (fScore > 89.99)                    /*分数 fScore>=90*/
                cLevel='A';
          else if (fScore > 79.99)               /*90>分数 fScore>=80*/
                cLevel='B';
          else if (fScore > 69.99)               /*80>分数 fScore>=70*/
                cLevel='C';
          else if (fScore > 59.99)               /*70>分数 fScore>=60*/
                cLevel='D';
          else                                   /*分数 fScore<60*/
                cLevel='E';
          printf("该成绩的等级为: %c\n",cLevel);
    }else{
          printf("输入成绩错误! \n ");
    }
    return 1;
}
```

程序运行结果如下所示。

```
请输入成绩: 80.0
该成绩的等级为: B
```

✧ 程序解读

（1）最外层的逻辑表达式“fScore>-0.1&&fScore<100.01”表示一个 fScore 的取值范围，它与数学上的不等式“-0.01< fScore<100.01”意义相同，但表现形式不同。C 语言中不允许使用这类数学表达式，必须将这种数学上的不等式转化为 C 语言能够识别的关系表达式或逻辑表达式。

（2）例 2-3 与例 2-4 解决的问题是相同的，但在设计思想上略有不同：一个是先处理在取值范围外的输入，再进行等级划分；另一个是先对在取值范围内的成绩进行等级划分，再处理超范围的输入。这一点微小的不同在流程图和程序实现上都体现了出来，因此，保证设计与实现的一致性是对程序员的基本要求。

（3）在例 2-3 的设计与实现中利用“return 0;”终结了程序，使得下面的语句没有被执行，这对程序执行的完整性是有所“损害”的。从这个角度看，例 2-4 的设计与实现更为合理一些。但“罪魁祸首”并不是“return”，而是程序所使用的结构。如果使用 if 嵌套结构，无论使用“fScore>100.0||fScore<0.0”还是“fScore>-0.01&&fScore<100.01”，都可以巧妙避开“return”。读者可以参考例 2-4 修改例 2-3。注意修改要从流程图（设计）做起，从而保证设计与实现的一致性。

（4）两个例子存在的共同缺陷就是只能对一个值进行等级划分，而在现实中，这通常没什么

意义。在学完第 3 章后，读者可用循环来实现这个例子，它就会变得有一些现实意义了。

可以用右边的程序来实现左边的公式吗？试画出流程图来分析。

思考

$$y=\begin{cases}-1 & (x<0)\\ 0 & (x=0)\\ 1 & (x>0)\end{cases}$$

```
main(){  int x, y= -1;
         scanf("%d",&x);
         if(x!=0)
         if(x>0) y=1;
         else y=0;
         printf("y=%d\n",y);
}
```

2.2.3 表达式在 if 结构中使用的拓展

1. 表达式在 if 结构中使用的拓展

到目前为止，似乎我们所使用的条件表达式只包括关系表达式和逻辑表达式。其实，C 语言允许所有合法的表达式作为条件表达式使用。例如：

```
if(a+b){......}
if(a%b) {......}
if(a) {......}
```

无论是算术表达式，还是只有一个变量的表达式，作为条件表达式，都只能用“真”和“假”来描述。前面讲过，当表达式的值为 0 时，用“假”来描述，不执行“{}”内的语句块；当表达式的值为非 0 时，用“真”来描述，执行“{}”内的语句块。这样，通过“真”和“假”把计算中所产生的众多不同的值分成两类，便于进行选择结构的程序设计，同时，也使得选择结构的应用设计更加灵活，应用范围更加广泛。

思考

你知道下面程序的运行结果吗？

```
int main()
{  int a,b=0,c=0,d=0;
    scanf( “%d” , &a);
    if(a=1) {
        b=1;
        c=2;
    } else
        d=3;
    printf("%d,%d,%d,%d\ x0A",
            a,b,c,d);
    return 1;
}
```

```
int main()
 {  int a=0,b=0;
    if(a=0)
        b=1;
    else
    b=3;
    printf("%d \ x0A ",a,b);
    return 1;
 }
```

这道思考题使我们遭遇了程序实现时的“尴尬”，它没有编译错误，能够运行，但结果有时“对”有时错。经过调试与分析，会发现问题出在“if(a=1)”和“if(a=0)”上，因为更多时候我们是想判断变量 a 是否等于 1 或 0(“a==1”或“a==0”)，这是一种关系运算，而非赋值运算。为了避免这类问题的出现，推荐一种程序编写中常用的技巧：把常量写在运算符的左边，而变量写在右边。对于上述例子，应该写成“1==a”。根据赋值运算的运算规则，符号“=”左边必须是变量，不能是表达式或常量，而关系运算符“==”没有这一要求。这样，如果将“判等”的关系表达式错写为赋值表达式（如“1=a”），则不能通过编译器的检查，系统会报错，问题就容易被发现。

2. 条件运算符、条件表达式及条件语句

形如“? :”的运算符被称为条件运算符，它的优先级别为 13，结合性为自左向右，是 C 语言中唯一的一个三目运算符（三个操作数）。由条件运算符组成的表达式，称为条件表达式，它的一般形式为

```
表达式 1? 表达式 2: 表达式 3
```

其语义是：如果表达式 1 的值为“真”，则以表达式 2 的值作为整个条件表达式的值；否则以表达式 3 的值作为整个条件表达式的值。通常，条件表达式用于赋值语句之中，以替代简单的 if 形式的语句，不但使程序简洁，还提高了运行效率。例如：

```
if(a>b)  max=a;
else    max=b;
```

可用条件表达式写为

```
max=(a>b)?a:b;
```

该条件语句的语义与 if-else 语句的语义一样：若 a>b 为真，则把 a 的值赋予 max，否则把 b 的值赋予 max。

（1）条件运算符的运算优先级是 13，低于关系运算符和算术运算符，但高于赋值运算符。因此 max=(a>b)?a:b 可以去掉括号而写为 max=a>b?a:b。

（2）条件运算符中“? ”和“:”是一对运算符，不能分开单独使用。

请尝试总结出表达式 y=x>0?1:(x<0?-1:0)所代表的数学公式。

2.3　switch 选择结构

2.3.1　基本定义及应用

if-else-if 语句是一种多分支选择结构，但是，当用于执行判定的表达式的值为字符或整数类型，且运算关系仅为判断是否等于时，可使用一种更为简洁的多分支选择结构：switch 语句。其一般形式为

```
switch(表达式){
      case 常量表达式 1: 语句块 1; [break;]
      case 常量表达式 2: 语句块 2; [break;]
      ……
      case 常量表达式 n: 语句块 n; [break;]
      [default : 语句块 n+1;]
}
```

其语义是：计算表达式的值，然后依次与 case 后的常量表达式值相比较。当表达式的值与某个 case 后的常量表达式的值相等时，立即执行其后的语句块。每个语句块后的 break 语句不是必须有的。如果该语句块中有 break 语句，则执行到 break 后，跳出整个 switch 语句。如果没有 break 语句，则不再与后面 case 跟随的常量表达式逐次进行比较，而继续执行下面所有 case 后的语句。如果表达式的值与所有 case 后的常量表达式的值均不相同，则执行 default 后的语句。

switch 语句属于多条件分支选择结构，与 if-else-if 语句相类似，因此它的流程图描述可以套

用图 2-5。但是有一种比较简洁的描述方法，如图 2-8 所示。例 2-5 示意了一个简单的 switch 语句的用法。

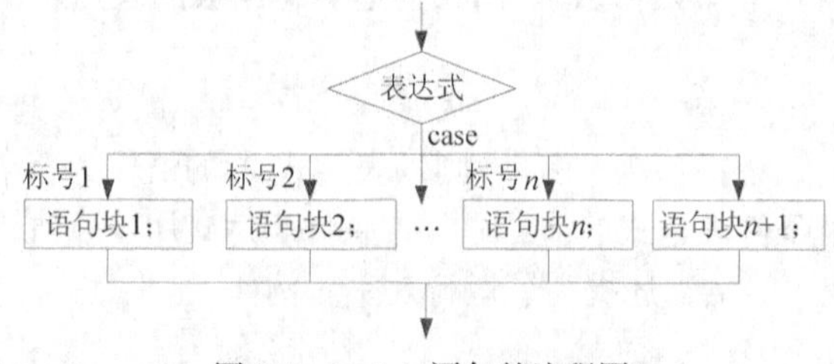

图 2-8　switch 语句的流程图

【例 2-5】输入一个 1～7 间的数字，然后将其转换成星期的英语单词，并输出。如输入 5，则输出"Friday"。

✧　程序设计描述

这是一个较为简单的应用实例，其流程图如图 2-9 所示。

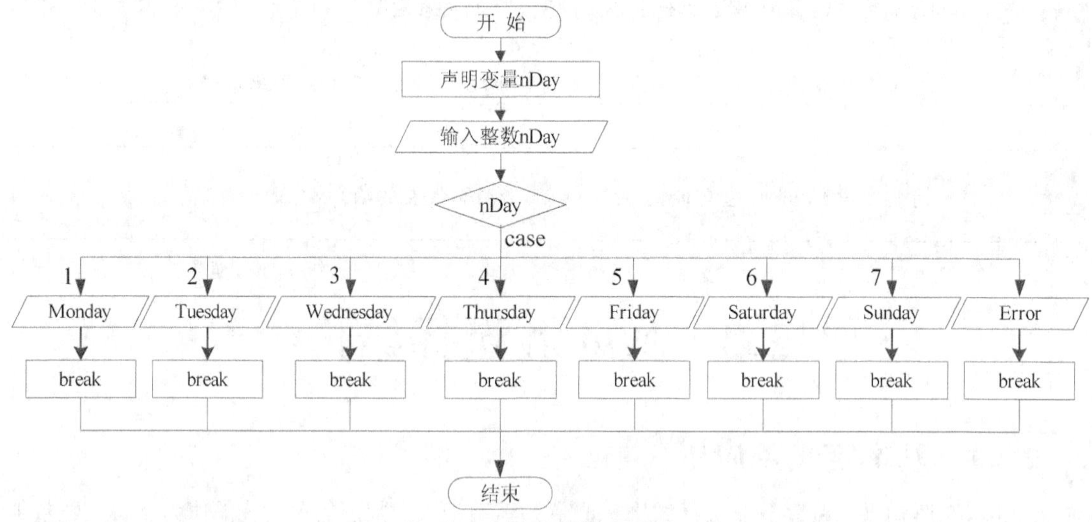

图 2-9　整数转换为星期

✧　程序实现

根据程序流程图的设计，编出的代码如程序清单 2-5 所示。

程序清单 2-5　WeekC.c

```
/* switch 应用*/
/*
     purpose: 输入一个整数，转换成星期输出
     author : Xiaodong Zhang
     created: 2008/08/10 15:58:22
*/
#include <stdio.h>
void main(void)
{
    int nDay;
    printf("input integer number: ");
    scanf("%d",&nDay);
    switch (nDay)                        /*判定表达式*/
```

```
    {
        case 1:
            printf("Monday\n");
            break;
        case 2:
            printf("Tuesday\n");
            break;
        case 3:
            printf("Wednesday\n");
            break;
        case 4:
            printf("Thursday\n");
            break;
        case 5:
            printf("Friday\n");
            break;
        case 6:
            printf("Saturday\n");
            break;
        case 7:
            printf("Sunday\n");
            break;
        default:
            printf("Error!\n");
    }
}
```

其运行结果如下所示。

```
input integer number: 5
Friday
```

（1）case 后的各常量表达式的值不能相同，否则会出现错误。

（2）case 后允许有多条语句，可以不用“{ }”括起来。

（3）各 case 和 default 子句的先后顺序可以变动，不会影响程序执行结果，但是如果 default 语句不放到 switch 语句的最后，那么也需要加 break 语句进行跳出。

（4）case 只是起到程序入口的作用，即 switch 表达式的值与某个 case 表达式的值相等，则执行该 case 后面的语句块。如果没有 break 中断执行，它将把后面所有的 case 语句全部执行完。

（5）default 子句可以省略不用。

（6）switch 后表达式的值与 case 后常量表达式的值只能是整型或字符型。

修改程序 WeekC.c，将其中的 break 全部删除，运行程序，分别输入 1，3，5，9 后查看结果，并分析原因。

2.3.2　if-else-if 语句与 switch 语句

本章介绍了两种多分支选择语句，那么，在应用时如何对它们进行选择呢？为了回答这个问题，我们从阅读与书写、运行效率、内存空间消耗、适用范围、可嵌套性、可替换性六方面对两者进行比较，如表 2-4 所示。

表 2-4 if-else-if 与 switch 比较

属性 语句	阅读与书写	运行效率	内存空间消耗	适用范围	可嵌套性	可替换性
if-else-if	较难	低	低	广	可以	替换 switch 容易
switch	容易	高	高	窄	可以	替换 if-else-if 难

下面对这六个方面逐一进行解释。

（1）阅读与书写

if-else-if 语句是一种逐级缩进的层次结构，当判断很多时，书写与阅读比较困难，容易出错。而 switch 语句是一种同级对齐结构，判断无论多少，结构都比较清晰且不容易出错。例如，输入的学生学号，最后一位代表班号，分别统计各班人数，共 4 个班。代码片段如下。

```
/* if-else-if */
scanf("%d", &nStudNo);
nClassNo=nStudNo%10; //取最低位
if(1==nClassNo)
    nClassNum1=nClassNum1+1;
else if(2==nClassNo)
    nClassNum2=nClassNum2+1;
else if(3==nClassNo)
    nClassNum3=nClassNum3+1;
else if(4==nClassNo)
    nClassNum4=nClassNum4+1;
else
    printf("输入错误\n");
```

```
/* switch*/
scanf("%d", &nStudNo);
nClassNo=nStudNo%10; //取最低位
switch(nClassNo)
{
    case 1:  nClassNum1=nClassNum1+1;
             break;
    case 2:  nClassNum2=nClassNum2+1;
             break;
    case 3:  nClassNum3=nClassNum3+1;
             break;
    case 4:  nClassNum4=nClassNum4+1;
             break;
    default: printf("输入错误\n");
}
```

（2）运行效率

if-else-if 语句是依次比较、逐步执行的，因而速度慢一些。switch 的执行原理与 if-else-if 不同，会生成一份长度（表项数）为最大 case 常量+1 的索引表，执行时首先将 switch 表达式的值与最大 case 常量比较，若大于，则跳到 default 分支处理；否则，取得索引号与 switch 表达式的值相同的索引表项的地址——程序执行地址=索引表的起始地址+表项大小×索引号，程序接着跳到此地址执行。这种直接确定地址的方法比逐条检测 if-else-if 语句的效率高很多，所以，switch 语句的运行效率比 if-else-if 语句高。

（3）内存空间消耗

程序在执行时，系统都必须给它分配内存空间。通过（2）的介绍可知，switch 在执行时需要生成一张索引表，而 if-else-if 不需要，因此，switch 执行时需要的内存空间大于 if-else-if。

（4）适用范围

适用范围主要受到语句执行规则的限制。if-else-if 语句中可以嵌入任意合法的表达式，而 switch 表达式只能与 case 中的常量表达式进行等于的关系运算，并且仅限于字符型与整数类型的判断，因而，if-else-if 语句的应用范围更广。

（5）可嵌套性

两种语句都可以嵌套使用，不但可以 if-else-if 语句嵌套 if 结构的语句、switch 语句嵌套 switch 语句，而且可以 if-else-if 语句嵌套 switch 语句、switch 语句嵌套 if 结构的语句。

（6）可替换性

这里的可替换性仅限于 if-else-if 语句和 switch 语句之间的替换。所有 switch 语句的应用都可以转换成 if-else-if 语句的应用，而能从 if-else-if 语句转换为 switch 语句的应用却很有限，尤其是有浮点数参与的表达式在转换时更加困难。

2.4　应用实例

2.4.1　计算器

本小节继续完善第 1 章中所提到的计算器程序。

【例 2-6】编写计算器程序，要求由用户选择运算功能，对任意输入的两个数进行计算，并输出结果。

✧　问题分析

在第 1 章的 1.3 节所实现的代码中，算术运算是固定在程序中的，当程序运行时，5 种运算将依次被执行，用户不能自主选择，缺少灵活性与交互性，并且在做除法运算时，没有进行除数为 0 的判断，缺少健壮性。现在，我们运用选择结构来解决这些问题。

由于本例引入了实数作为操作数，因此暂时去掉取余运算，加入了功能菜单设计技巧，使操作界面更加友好。它是一种展示行为，不是软件的功能，用 printf()函数直接输出即可。选择功能才是用户的输入，这里用整数类型的数字代表相应的功能。因为存在“加减乘除”四个功能选项，所以，需使用多分支选择结构。显然，使用 switch 语句实现更为合适。将用户输入的数字存入变量 nFun 中，然后，进入选择结构的分支中，判断 nFun 与哪个 case 常量相匹配，则执行其后的代码块。例如，用户输入“1”，则执行加法运算；输入“2”，则执行减法运算等。

✧　程序设计描述

程序设计流程图如图 2-10 所示。

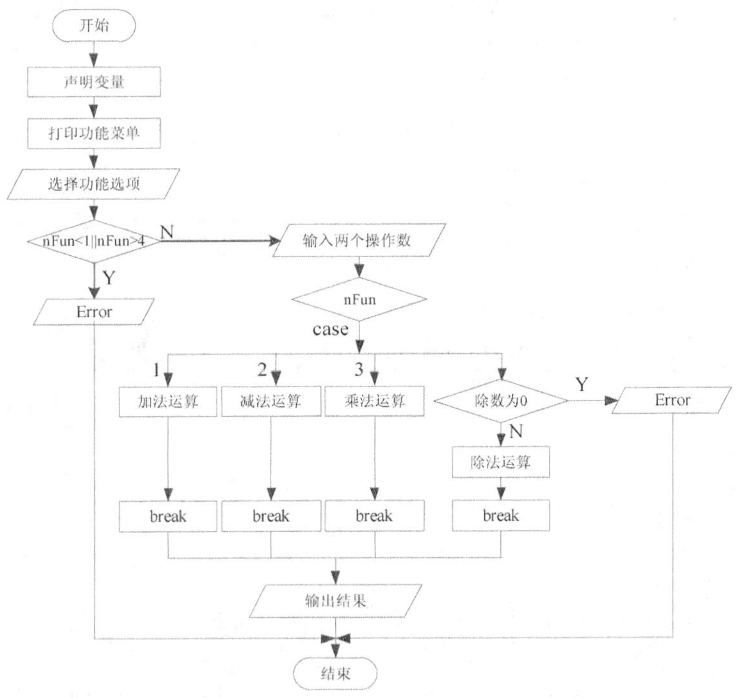

图 2-10　计算流程图

✧ 程序实现

根据程序流程图的设计，编出的代码如程序清单 2-6 所示。

程序清单 2-6 hitcalc.c

```
/*
   purpose: 选择性完成两个整数的加、减、乘、除运算
   author : Xiaodong Zhang
   created: 2017/01/31 14:31:08
*/
#include <stdio.h>
void main(void)
{
   double dLOper,dROper,dResult;       /* 定义两个double变量,用于存放左、右操作数 */
   int nFun;                           /* 定义一个字符变量，用于存放运算符 */
   printf(" -------------------------\n");              /* 构造功能菜单 */
   printf("    加法运算--------1\n");
   printf("    减法运算--------2\n");
   printf("    乘法运算--------3\n");
   printf("    除法运算--------4\n");
   printf(" -------------------------\n");
   printf(" 请输入功能选择： ");                 /* 在屏幕上显示提示信息 */
   scanf("%d",&nFun);
   if(nFun<1||nFun>4)
        printf("菜单选择错误! \n ");
   else{
        printf("  请输入两个操作数： ");        /* 在屏幕上显示提示信息 */
        scanf("%lf%lf",&dLOper,&dROper);  /* 输入左、右操作数和运算符 */
        switch(nFun){
             case 1:  dResult=dLOper+dROper; break;          /* 加法 */
             case 2:  dResult=dLOper-dROper; break;          /* 减法 */
             case 3:  dResult=dLOper*dROper; break;          /* 乘法 */
             default: if(0.0!=dROper)                        /* 除法 */
                      {
                               dResult=dLOper/dROper;
                               break;
                      } else{
                               printf("输入错误! 除数不能为 0\n ");
                               return;      /*终结主函数*/
                          }
     }
     printf("  计算结果为: %8.3lf\n",dResult);   /* 输出结果 */
   }
}
```

运行结果如下所示。

```
--------------------------
加法运算--------1
减法运算--------2
乘法运算--------3
除法运算--------4
--------------------------
请输入功能选择： 4
请输入两个操作数： 123.56 6
计算结果为：   20.593
```

✧　程序解读

（1）程序中，switch 语句外层又包裹了一层 if-else 语句，其意义是将菜单选择错误与除数为 0 错误区分开，并避免在菜单选择错误后还要让用户输入两个操作数。

（2）尽管菜单使得软件的交互性和灵活性变得更好了，但是它跟整个软件一样，运行一次只能做一次计算，看样子并不实用。

（3）除数输入错误，没有机会改正或重新输入。这两个问题在第 3 章中会找到解决的办法。

思考

尝试重新设计图 2-7 所示的流程图，并将程序 hitcalc.c 改造成 if-else-if 的判定结构。

2.4.2　学生成绩管理

【例 2-7】编写学生成绩管理程序，要求：按百分制任意输入某个学生的某科成绩，将其存储到变量 fScore 中，按优、良、中、及格或不及格的等级输出。

✧　问题分析

就目前所介绍的知识来说，想完成一个较为完善的学生成绩管理程序远远不够，如学生姓名、多人多门功课的成绩录入、修改、查询等都做不了。不过，只录入某个人某门功课的成绩并分出等级，还是可以做到的。其实这个问题的解决方案在例 2-4 中已经介绍。现在，可以转换一下思维，用 switch 来完成。2.3 小节中提到 switch 后表达式的值与 case 后常量表达式的值只能是整型或字符型，而用户输入的可以是保留 1 位的浮点型，并且这是一个取值范围的判断，不是判等。那么，如何进行处理呢？让我们先学一些关于类型转换的知识。

在 C 语言中，有一种语法现象叫强制类型转换，它可以帮助我们把 float 或 double 型强制转换成 int 型。但是 float 或 double 型的精度比 int 型高，所以，在这种转换过程中会丢失小数部分，被称作失精度。其一般形式为

```
低精度变量 =（低精度数据类型）高精度数据变量
```

例如：

```
int a;  float b=123.34;  a=(int) b;
```

则 a=123。

相对于强制类型转换，还有一种转换被称为隐式类型转换。当不同数据类型混合运算或把低精度数赋给高精度数，如把 int 型数据赋给 float 或 double 型时，系统会自动的把低精度的数转换为高精度的数再运算，以确保整个过程不会丢失精度。例如：

```
char a= 'a';  int b=12;  float c=11.23;  double d=123.12345;  double e;
e=a+b*c+d;
```

其转换过程如图 2-11 所示，最终结果为双精度类型。

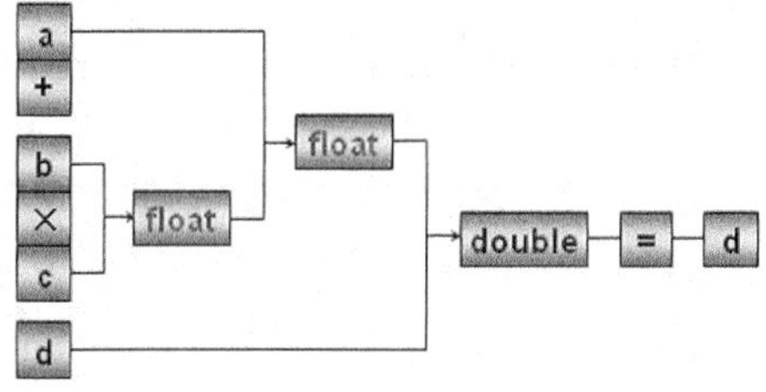

图 2-11　隐式转换 e=a+b*c+d 的过程

运用上述知识可以把浮点型转换成整数类型，但是这还不够！因为 1～100 的数太多了。而

题目只分五等，那么，再介绍一个程序设计技巧：用所输入的成绩取整后减去 50，再整除 10，凡是得到 5 或 4 的为优秀，得到 3 的为良好……依次类推。例如，95.5−50=45.5，取整后得 45，整除以 10 得 4，则为优秀；78.3−50=28.5，取整后得 28，整除以 10 得 2，则为中等。采用这种方法，就把范围判断转化为整数类型的单值判等。

✧ 程序设计描述

根据问题分析的结果，参考图 2-7 可以得到本题的程序流程图，如图 2-12 所示。该图是使用类似 if-else-if 的方式来绘制的。读者可以对比一下，看看哪种方式表达得更加简洁。

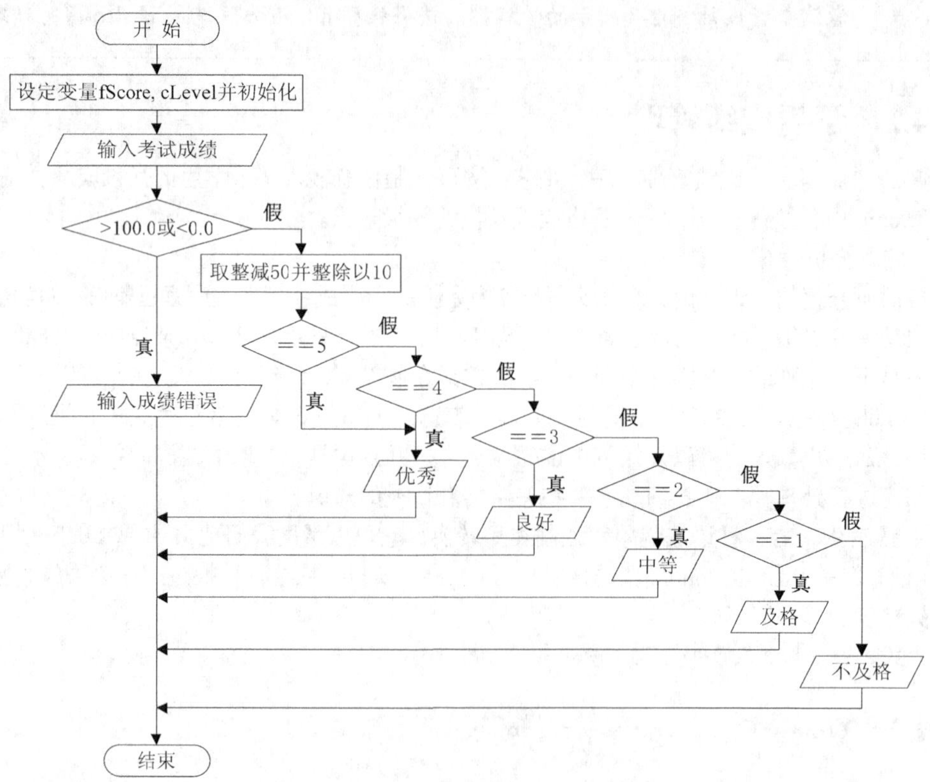

图 2-12　学生成绩管理程序流程图

✧ 程序实现

代码如程序清单 2-7 所示。

程序清单 2-7　ScoreMgrHIT.c

```
/* 考试成绩管理
   purpose: 输入考试成绩，判断成绩等级
   author : Xiaodong Zhang
   created: 2017/01/31 15:58:22*/
#include <stdio.h>
#include <stdlib.h>
void main(void)
{
   float fScore;
   int nLevel;
   printf("请输入成绩：");
   scanf("%f",&fScore);                    /*输入考试分数*/
   if(fScore>100.0||fScore<0.0)
```

```
    {
        printf("\n输入成绩错误! ");
    }else
    {
        nLevel=(int)(fScore-50.0)/10;          /*强制类型转换*/
        switch(nLevel)
        {
            case 5:
            case 4:printf("优秀\n");break;
            case 3:printf("良好\n");break;
            case 2:printf("中等\n");break;
            case 1:printf("及格\n");break;
            default:printf("不及格\n");
        }
    }
}
```

运行结果如下。

```
请输入成绩：98
优秀
```

✧　程序解读

（1）运用强制类型转换巧妙避开了浮点型变量判断相等的问题。

（2）因为成绩为 100 分和 90 分以上的均为优秀，所以 nLevel==5 和 nLevel==4 输出的结果相同。利用 case 后常量的标签作用，在 case 5 后不加 break 中断，当 nLevel==5 进入 case 5 后继续往下面执行，直到遇到 case 4 后的 break 语句而退出 switch 语句。

（3）本程序让读者再次看到了 switch 判定结构的清晰简洁，同时，也应注意编程技巧的逐步积累。正因如此，本程序无论是代码质量还是运行效率都高于例 2-3。

2.5　本章小结

本章介绍了 C 语言选择结构的几种组织方式，对数据类型转换进行了讲解，对第 1 章提出的简单计算器进行了完善，最后，对学生成绩管理的 C 语言实现做了初步的探讨。

1．知识层面

（1）关系运算符与关系表达式、逻辑运算符与逻辑表达式。

（2）if 语句的三种语法形式，无论是单分支结构还是多分支结构，if 语句只能执行其中的一个分支或一个也不执行。在 if 语句的嵌套中，一定要注意 else 与 if 的搭配。

（3）条件运算符是 C 语言中唯一的一个三目运算符，它可以代替简单的 if-else 结构，并使程序结构更加简洁高效。

（4）switch 选择结构只适用于整型或字符型的条件判定。使用时，要与 break 语句结合，否则将从其入口开始顺序执行，直至所有的语句执行完成。

2．方法层面

（1）多分支选择结构的组织方式与设计方法，包括 if-else-if 和 switch。

（2）对 switch 结构中有无 break 语句的使用与设计技巧。

（3）类型转换：隐式类型转换由系统自动进行，由低精度向高精度转换；不丢失精度；强制类型转换，由高精度向低精度转换，会丢失精度。设计时根据需要进行裁定，会收到意想不到的效果。

练习与思考 2

1. 填空题

（1）以下程序运行后的输出结果是______。

```
int main()
{   int c=35, d=0;
    printf("%d\n",c&&d);
    return 1;
}
```

（2）以下程序运行后的输出结果是______。

```
int main()
{   int a,b,c;
    a=10; b=20; c=(a%b<1)||(a/b>1);
    printf("%d %d %d\n",a,b,c);
    return 1;
}
```

（3）以下程序运行后的输出结果是______。

```
int main()
{   int a=3,b=4,c=5,t=99;
    if(b<a && a<c)
    {
     t=a;a=c;c=t;
    }
   if(a<c && b<c)
     t=b,b=a,a=t;
   printf("%d %d%d\n",a,b,c);
   return 1 ;
}
```

（4）以下程序运行后的输出结果是______。

```
int main()
{    int a=1,b=2,c=3;
     if(c=a)  printf("%d\n",c);
     else  printf("%d\n",b);
     return 1;
}
```

（5）已知字母 A 的 ASCII 码为 65。以下程序运行后的输出结果是______。

```
int main()
{    char a, b;
     a='A'+'5'-'3'; b=a+'6'-'2' ;
     printf("%d %c\n",a,b);
     return 1;
}
```

2. 选择题

（1）若在定义语句 int a,b,c;之后，接着执行以下选项中的语句，则能正确执行的语句是（　　）。

（A）scanf("%d",a,b,c);　　（B）scanf("%d%d%d",a,b,c);

（C）scanf("%d",&c);　　（D）scanf("%d",a);

（2）有以下程序：

```
int main()
```

```
{     int a,b,d=25;
      a=d/10%9;
      b=a&&(-1);
      printf("%d,%d\n",a,b);
}
```

程序运行后的输出结果是（　　）。

（A）6,1　　（B）2,1　　（C）6,0　　（D）2,0

（3）以下不能正确计算代数式值的 C 语言表达式是（　　）。

（A）1/3*sin(1/2)*sin(1/2)　　（B）sin(0.5)*sin(0.5)/3

（C）pow(sin(0.5),2)/3　　（D）1/3.0*pow(sin(1.0/2),2)

（4）设有定义：int k=1,m=2; float f=7;，则以下选项中错误的表达式是（　　）。

（A）k=k>=k　　（B）-k++　　（C）k%f　　（D）k>=f&&f>=m

（5）有以下程序段：

```
int k=0,a=1,b=2,c=3;
k=a<b?b:a;    k=k>c?c:k;
```

执行该程序段后，k 的值是（　　）。

（A）3　　（B）2　　（C）1　　（D）0

（6）设声明语句 int a=1,b=0;，则执行以下语句后输出结果为（　　）。

```
switch(a)
{  case 1:
   switch(b)
   {   case 0: printf("**0**");break;
       case 1: printf("**1**");break;
   }
       case 2: printf("**2**");break;
}
```

（A）**0**　　（B）**0****2**　　（C）**0****1****2**　　（D）有语法错误

3. 编程题

（1）鸡兔同笼问题：若干只鸡和兔关在一个笼子里，从上面数共有 35 个头，从下面数共有 94 只脚。编程求鸡、兔各有多少只。

（2）韩信点兵：韩信有一队兵，他想知道有多少人，便让士兵排队。他命令士兵 3 人一排，结果多出 2 名；接着命令士兵 5 人一排，结果多出 3 名；他又命令士兵 7 人一排，结果又多出 2 名。你知道韩信至少有多少兵吗？

第 3 章 循环结构与应用

内容提示

关键词

- ❖ for
- ❖ while
- ❖ do while
- ❖ break
- ❖ continue
- ❖ 复合赋值运算符

难点

- ❖ 各种循环语句的应用
- ❖ 循环控制变量的处理
- ❖ 无限循环
- ❖ 复合赋值运算符

在学习和工作中，有很多需要不断重复的工作，比如数学中的迭代和累加运算、财务上每月需要编写的财务报表等。如果能把这些繁杂的重复劳动交给计算机来处理，将会极大地减轻人们的负担并且提高效率。这正是计算机人工智能发展不懈追求的一个目标。

在人类计算历史的发展过程中，有很多有趣的小故事：数学家高斯在小学二年级时，有一次老师教完加法后想休息一下，便出了一道题目要求学生算算看。题目是：1+2+3+4+…+96+97+98+99+100=?本以为学生们必然会安静好一阵儿，正要找借口出去，却被高斯叫住了！原来，高斯已经算出来了。知道他是怎么算的吗？高斯告诉大家：将 1 加至 100 与 100 加至 1，排成两排相加：

```
      1   + 2 + 3 + 4 +…+ 97  + 98 + 99 +100+
     100  + 99 + 98 + 97 +…+ 4   + 3 + 2 + 1
=    101  +101+101+101+…+101  +101+101+101
```

共有一百个 101，但算式重复两次，所以把 101×100 除以 2 便得到答案，等于 5 050。这就是著名的高斯级数（等差级数）问题。

这个题目的运算过程包含很多的重复计算，还好当时老师出的题目是从 1 加到 100，如果是从 1 加到 1 000 000，高斯还能计算那么快吗？对于这样的问题，用计算机解决就方便多了。C 语言就提供了完成这项工作的语句——循环结构。

3.1　概述

循环结构是程序中一种很重要的控制结构。它会根据条件反复执行某程序段，在给定条件不成立时，循环就会停止。给定的条件称为循环条件，反复执行的程序段称为循环体。C 语言提供了多种循环语句，可以组成各种不同形式的循环结构。

（1）for 循环语句。

（2）while 循环语句。

（3）do-while 循环语句。

（4）goto 循环语句。

下面分别介绍上述各种循环语句的语法结构，并结合相关问题进行程序设计。

3.2　循环控制结构

3.2.1　for 循环

1. for 循环的基本结构

在循环结构中，for 循环的使用频率比较高。其一般形式为

```
for(设置初始值; 循环条件判断; 设置循环增减量)
{
    语句 1;
    语句 2;
    ……
    语句 n;
}
```

循环体的“语句”部分可以是一条语句，也可以是多条语句。如果循环体中只有一条语句的话，花括号“{}”可以省略。

```
for(设置初始值; 循环条件判断; 设置循环增减量)□←此处没有分号
{

}□←此处没有分号
```

for 语句括号中的内容由 3 部分构成，分别是“设置初始值”“循环条件判断”和“设置循环增减量”，这 3 部分用分号分隔。

（1）设置初始值：可以设置循环控制变量的初始值，它只在循环开始时执行一次。因此，在这里也可以设置其他变量初值，这部分一般为赋值表达式。

（2）循环条件判断：是一个表达式。每执行一次循环，都要检查该表达式的值，值为“真”时执行循环体，值为“假”时结束循环。

（3）设置循环增减量：每完成一次循环，都要修改循环控制变量的值，以使得某次循环条件判断表达式的值为“假”，从而结束循环。此处可以使用任何合法的表达式，循环每次执行的最后都要执行这部分的内容。

括号内是 3 个表达式，不是 3 条语句。括号中的分号是表达式值之间的分隔符，不是语句结

束的标志，因此，第 3 个表达式后无分号。

for 循环的执行过程如下：

（1）设置一些与循环相关的初始变量的值，比如循环控制变量等。

（2）对循环条件进行判断，如果循环条件表达式为“真”（值为非 0），则执行 for 语句中指定的内嵌语句，然后执行第（3）步；若为“假”（值为 0），则结束循环，转到第（5）步。

（3）对循环执行的递增步进行控制，即执行设置循环增减量。

（4）转回第（2）步执行。

（5）循环结束，执行 for 语句下面的语句。

for 语句的执行流程有两种表达方式，如图 3-1 所示。

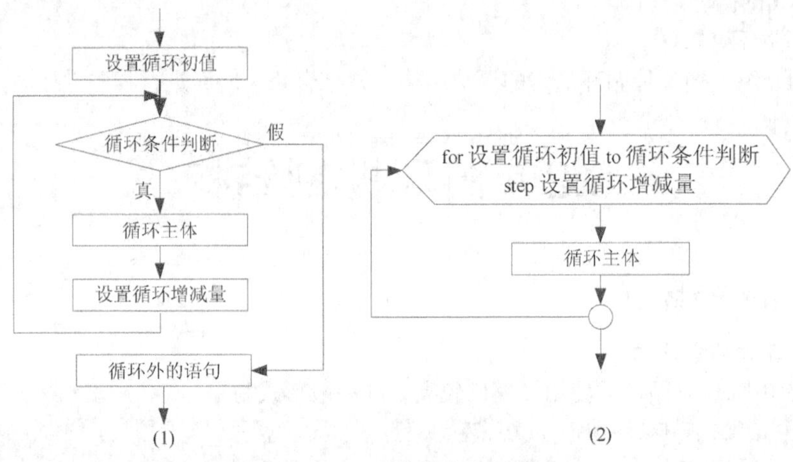

图 3-1　for 语句执行流程图

【例 3-1】使用 for 循环求整数 1 加到 100 的值。

✧　问题分析

表达式 1+2+3+4+…+96+97+98+99+100 从数学上看是一个迭代问题。思想就是把已经计算出的部分和与下一个整数相加，直到这个整数为 100。可以把这个过程抽象成这样的表达式：“部分和” + “下一个整数”。在程序中设置一个变量来保存已经计算出的“部分和”，并且将它作为下次加法运算的操作数。“下一个整数”这个操作数如何处理呢？由于当这个整数为 100 的时候要结束运算，所以它既是加法运算的一个操作数，又是控制循环结束的变量。

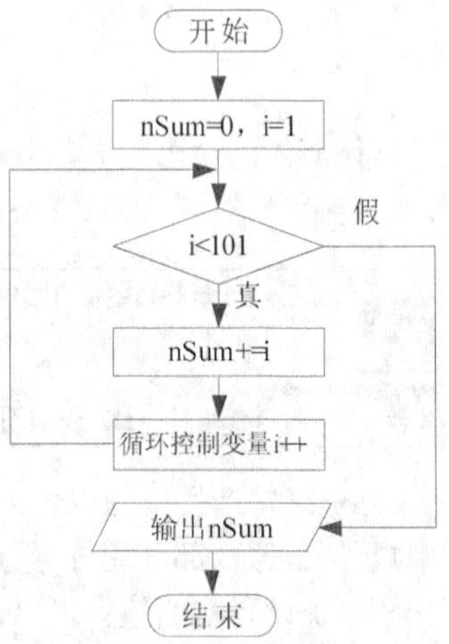

图 3-2　高斯级数运算的流程图

✧　程序设计描述

通过前面的分析，在程序中使用变量 nSum 保存已经计算出的“部分和”；设置参与运算的循环控制变量 i 为“下一个整数”，最后一次运算出的 nSum 为程序的最终结果。程序设计流程图如图 3-2 所示。

✧　程序实现

依照程序设计流程图，程序实现如程序清单 3-1 所示。

程序清单 3-1　progression.c

```
/*体验 for 循环语句的使用*/
/*   purpose: 高斯级数计算问题
     author : yan jianen
```

```
    created: 2017/02/12 21:08:43
*/
#include <stdio.h>
int main(void)
{
    int nSum;/* 用于保存计算和*/
    int i; /* 循环控制变量，也是参与运算的操作数*/
    nSum=0;
    for(i=1;i<101;i++){
        nSum+=i;
    }
    printf("1+2+3+......+99+100=%d\n",nSum);
    return 1;
}
```

程序运行结果如下。

```
1+2+3+......+99+100=5050
```

程序在第一次循环时，将控制变量 i 初始化为 1；然后判断循环体的执行条件是否满足 i<101，如果满足条件，则执行 nSum+=i；最后将循环控制变量 i 加 1。当循环执行完第 100 次的时候，i 的值已经是 101，再次进行循环条件判断时，不满足条件，故退出循环，执行输出语句。

程序清单 3-1 中出现了两个新的表达式：求和表达式 nSum+=i 和循环控制变量增加表达式 i++。这两个表达式中出现了新的运算符号：+=和++，它们同属于 C 语言中的复合赋值运算符。表达式 nSum+=i 等价于 nSum=nSum+i。为了简化语言的描述，C 语言中定义了复合赋值运算符。

在赋值符“=”之前加上某些运算符，就可以构成复合赋值运算符。C 语言中可以参与构成复合运算符的双目运算符有+、−、*、/、%、&、^、|、<<和>>，如表 3-1 所示。

表 3-1 双目复合赋值运算符

序号	优先级别	复合运算符	复合运算符的含义	操作数个数	结合性
1	2	++	自增运算符	1	自右向左
2		--	自减运算符		
3	14	+=	相加并赋值	2	
4		−=	相减并赋值		
5		*=	相乘并赋值		
6		/=	相除并赋值		
7		%=	求模并赋值		
8		&=	按位 AND 并赋值		
9		|=	按位 OR 并赋值		
10		^=	按位 XOR 并赋值		
11		<<=	左移并赋值		
12		>>=	右移并赋值		

复合赋值表达式的一般形式为

```
表达式 1  Op= 表达式 2
```

Op 表示参与构成复合赋值运算符的双目运算符，它和下面的赋值表达式等价：

```
表达式 1  = （表达式 1）Op（表达式 2）
```

例如，x+=y−3 等价于 x=x+(y−3)，而不是 x=x+y−3。

运算符“++”和“−−”都是单目运算符，只允许有一个操作数，且只能用于整型变量的运算，不能用于常量和表达式，表达形式与上述不同。如 i++、−−i 都是正确的，而++5、(x−−)++都是错误的。i++等价于 i=i+1，但是运行效率比后者高，因为后者是加法运算与赋值运算的组合。同理，i--等价于 i=i-1。

运算符“++”和“--”既可以在操作数左边，也可以在操作数右边，意义各不相同，尤其是在参与其他运算的时候。++i 是首先对 i 进行自增 1 的运算，再参与其他运算，而 i++是先用 i 原有的值参与其他运算，再对 i 进行自增 1 的运算。例如，运行以下程序段：

```
int x=0, i=1,y=0;
x=i++;
i=1;
y=++i;
printf("x=%d,y=%d,i=%d\n",x,y,i);
```

其结果为

```
x=1,y=2,i=2
```

思考　设 i 和 k 都是整型变量，若 i=3，表达式 k=2+i++，则 k 的值是多少？

2. for 循环的深入探讨

除了 for 循环的基本结构外，C 语言中还提供了几种 for 循环的“变形”结构，可以在某些编译环境下提高执行的效率与灵活性。所谓“变形”，其实就像 if 结构一样，运用所学的运算符，让 for 的三个表达式丰富起来。

【例 3-2】使用逗号运算符在 for 循环中初始化变量。

✧　问题分析

“,”在 C 语言中也是一种运算符，优先级别为 15，结合方向为自左向右，主要功能是把多个表达式串连起来。第 2 章中提到每个表达式都有一个值，那么，逗号表达式的值是多少呢？它的值是由最后一个表达式的值所决定的。这样，逗号表达式“a+b, c+d, a<c”的值就是“a<c”的值。利用逗号表达式的功能特点，可以在 for 循环的第一个表达式中使用逗号表达式对多个变量进行初始化。按图 3-2 的设计，可得程序清单 3-2。

✧　程序实现

程序清单 3-2　progression-1.c

```
/* 高斯级数计算问题*/
/*
  purpose: 逗号运算符在 for 循环中的使用
  author : yan jianen
  created: 2008/07/25 21:13:33
*/
#include <stdio.h>
void main (void)
{
   int nSum;                     /*用于保存计算和*/
   int i;                        /*循环控制变量，也是参与运算的操作数*/
   for(i=1,nSum=0;i<101;i++)     /*在循环开始时，初始化变量 nSum*/
      nSum+=i;                   /*求和*/
   printf("1+2+3+…+99+100=%d\n",nSum);
}
```

✧　程序解读

逗号运算符的作用是将两个表达式分隔，并从左向右依次计算其值。在程序中不仅对循环控制变量进行初始化，也完成 nSum 变量的初始赋值。

在 for 语句的语法中，“循环条件判断”不只可以对循环控制变量进行检测，还可以针对任何一个合法的条件表达式。当然，这个表达式的逻辑值应当满足循环控制的要求，否则就会使循环语句失去意义。

【例 3-3】很多 Web 网站登录时需要输入密码，为防止黑客暴力破解密码，会限制用户输入密码错误的次数。如果输入密码错误次数超出限制，则拒绝登录并暂时封锁该账户。实现一个程序，模拟验证密码的过程，判断用户输入密码的次数，若 3 次输入密码错误，结束输入并报密码错误次数超限，否则显示登录成功。

✧　问题分析

目前有很多暴力破解密码的程序，通过反复试探登录，猜出密码，达到窃取用户信息、侵害用户利益的目的。同时，这样的操作也加重了网站的网络负载。网站限制登录的次数，既可以有效防止这种安全事件的发生，又减轻网络负载。

结束输入的条件有两个：密码输入错误的次数最多尝试 3 次，将这一动作放入循环体内重复 3 次，超限则结束循环；密码正确，即使循环次数小于 4 次，也结束循环。

设置变量 nPwd 存储用户输入的密码，默认密码为 87569（读者可以任意指定此值）。设置变量 nFlag 存储输入密码与默认密码对比的结果值，若其值为 0，则密码输入正确，否则密码输入错误。

✧　程序设计描述

根据上述分析，设计出的程序流程图如图 3-3 所示。

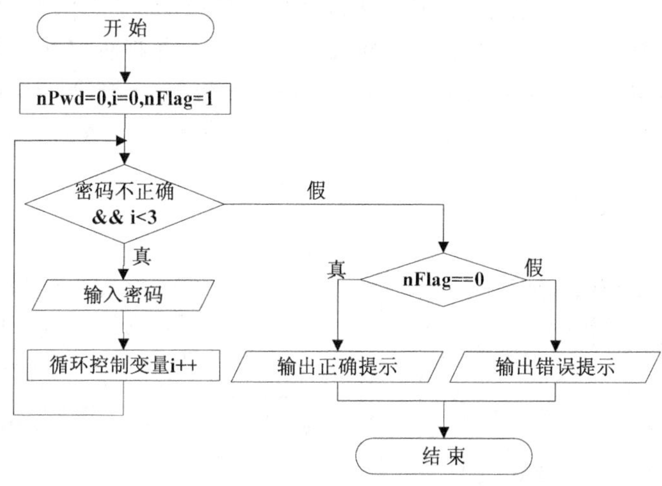

图 3-3　控制密码输入次数程序流程图

✧　程序实现

根据程序流程图的设计，编出的代码如程序清单 3-3 所示。

程序清单 3-3　checklogin.c

```
/* 登录密码三次验证程序*/
/* purpose: 表达式在 for 循环控制条件中的使用
   author : yan jianen
   created: 2008/07/25 23:40:19
*/
#include "stdio.h"
void main (void)
{
```

```
    int nPwd=0;                         /* 用于保存输入的密码*/
    int i;                              /*循环控制变量*/
        int nFlag=1;                    /*密码匹配成功的标志*/
        for(i=0;((nFlag=(87569 != nPwd)) && i<3);++i)
        {
                                    /* 默认设定密码为 87569，可以根据需要进行设定*/
                printf("please input the password:");
                scanf("%d",&nPwd);
        }
        if (nFlag==0)
            printf("the password is right!\n");
        else
            printf("over the times and the password you input is error!\n ");
    }
```

程序的执行结果如下。

```
please input the password:123
please input the password:654
please input the password:87569
the password is right!
```

✧ 程序解读

程序清单 3-3 只是模拟网站登录的密码验证过程和次数的控制。实际应用中，用户的登录密码存放在数据库里，也不仅仅是整数类型，每次验证密码时还要涉及访问数据库等操作，但实现方法的原理相同。

for 语句的“设置循环增减量”部分不只是对循环控制变量进行改变，它同样可以是任何合法的表达式，可以将每次循环最后做的一些操作放到这里。当然，不是把所有的内容都放在此处。

【例 3-4】 使用循环输出 0～9 这 10 个数字。要求：在“设置循环增减量”部分使用逗号运算符，调用 printf()函数输出。

✧ 程序实现

程序实现如程序清单 3-4 所示。

程序清单 3-4　aotherfor.c

```
/*  purpose: for 循环的变形使用
    author : yan jianen
    created: 2008/07/28 9:02:40*/
#include  <stdio.h>
void main (void){
    int i;
    for(i=0;i<10;printf("%d\t",i),i++);
    /*在“设置循环增减量”部分使用逗号运算符，调用 printf 函数输出*/
}
```

程序的执行结果如下。

```
0  1  2  3  4  5  6  7  8  9
```

其实在 for 循环语句中，这三部分内容可以是任何合法的表达式，只要认为对循环操作有必要，都可以使用，不过建议不要在这些位置把代码写得过于复杂，因为复杂的表达式会降低程序的可读性。这三部分可以根据需要省略其中的任何部分，甚至全部省略也可以。省略后要注意以下事项。

（1）表达式 1——设置初始值省略，则需要在循环之前对循环控制变量进行初始化。

（2）表达式 2——循环条件判断省略，此处的判断永远为“真”，循环可以无限进行下去，必须在循环体内以合适的方式结束循环。

（3）表达式 3——设置循环增减量省略，循环控制变量得不到改变，也会促成表达式 2 永远成立，所以，应该在循环体内合适的位置改变循环控制变量。

（1）“设置循环增减量”部分不仅可以让循环控制变量增加，也可以是减小，且增减量可以不是 1。

（2）for 是一个入口条件循环，即在执行时要先判断循环执行的条件，然后决定是否可以执行循环体语句；循环可能一次也不执行。

3.2.2　while 循环

while 语句的一般形式为

```
while（条件判断）
{
   语句 1;
   语句 2;
   ……
   语句 n;
}
```

“条件判断”可以是 C 语言任意合法的表达式，用来控制是否执行循环体。当条件判断表达式的值为“真”时，执行循环体，然后再次进行条件判断，直到条件判断表达式的值为“假”，结束执行循环。循环体的语句部分可以是一条语句，也可以是多条语句。如果循环体中只有一条语句的话，花括号“{}”可以省略。

while 循环的执行过程如下。

（1）计算条件判断表达式的值。当表达式的值为非 0 时，进入步骤（2）；当表达式的值为 0 时，进入步骤（4）。

（2）执行 while 的循环体语句。

（3）转向步骤（1）。

（4）退出 while 循环，执行 while 循环之后的语句。

while 循环执行流程图如图 3-4 所示。

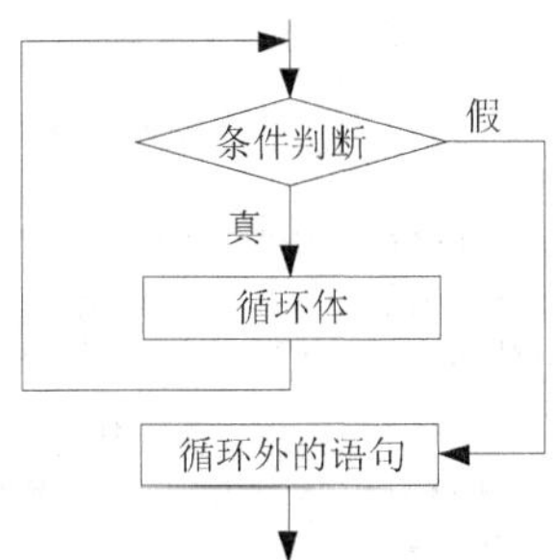

图 3-4　while 循环执行过程

while 循环的特点是：先执行条件判断中的表达式，后决定是否执行循环体语句。由于条件判断控制着循环的进行，因此一定要在循环体内包含改变条件判断表达式值的语句，使表达式的值最终能为“假”而退出循环。

```
while(条件判断)□←此处没有分号
{

}□←此处没有分号
```

【例 3-5】使用 while 循环接收键盘输入，若输入字符为 q 或者 Q，则停止循环执行。

✧ 问题分析

设置变量 cStr 存储用户输入的字符，cStr 为‘q’或者‘Q’是循环结束的条件。使用系统函数 getchar()接收键盘输入，它的功能是获取键盘上任意按下键的值，以字符型保存。

✧ 程序设计描述

程序的执行流程图如图 3-5 所示。

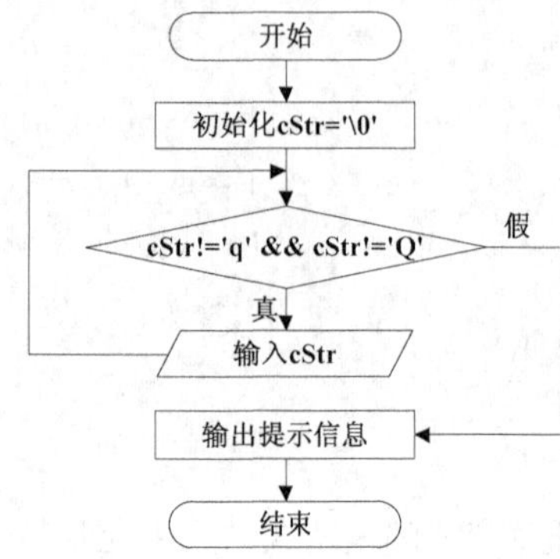

图 3-5 while 循环处理键盘输入的流程图

✧ 程序实现

根据程序流程图的设计，编出的代码如程序清单 3-5 所示。

程序清单 3-5 checkcharactor.c

```
/* while 循环的应用响应*/
/*
   purpose: 键盘输入的 while 循环简单程序
   author : yan jianen
   created: 2008/08/01 8:09:40
*/
#include <stdio.h>
void main (void)
{
        char cStr;              /* 用于保存输入的字符*/
        cStr='\0';
        while((cStr !='q') && (cStr !='Q')){       /*循环条件是字符非 q 和非 Q*/
                printf("please enter the character:\n");
                cStr=getchar();  /*换成 scanf 执行一下，看有何不同*/
                getchar();/*若去掉 getchar(),结果会是什么? 想想为什么? 参见附录 8*/
        }
        printf("Iteration is end.\n");
}
```

程序的执行结果如下。

```
please enter the character:x
please enter the character:q
Iteration is end.
```

【例 3-6】用 while 循环实现从 1 加到 100 的计算。

✧ 问题分析

问题分析请参见例 3-1 中的分析过程。不过需要注意，在 for 循环中有“设置初始值”，而 while 循环中却不存在，故在进入循环体之前要初始化 nSum 和循环控制变量 i。

✧　程序实现

程序实现如程序清单 3-6 所示。

程序清单 3-6　progression-2.c

```
/* 高斯级数计算问题*/
/* purpose: 使用 while 循环替代 for 循环
   author : yan jianen
   created: 2008/08/01 10:48:09
*/
#include <stdio.h>
void main (void)
{
        int nSum;                    /*用于保存计算和*/
        int i;                       /*循环控制变量，也是参与运算的操作数*/
        nSum=0;
        i=1;                         /*初始化循环控制变量*/
        while(i<101){
                nSum+=i;
                i++;                 /*改变循环控制变量的值*/
        }
        printf("1+2+3+…+99+100=%d\n",nSum);
}
```

程序的执行结果如下。

```
1+2+3+…+99+100=5050
```

✧　程序解读

while 循环体中，包含改变循环控制变量的程序语句 i++。注意 while 循环替换 for 循环的程序结构变化，体会 for 循环和 while 循环的异同。在实际应用中，for 循环一般情况下是可以用 while 循环替换的，因为它们控制循环执行的条件都是在开始位置进行判断。

与 for 循环类似，while 循环也是在循环的开始位置进行条件检测，进入循环体必须满足条件，因此循环体可能一次也不会被执行。需要注意的是，一定要在循环体中包含改变条件判断表达式值的语句，这样才可能终止循环，否则循环会一直执行下去（当然，也可以采用其他方式结束循环，如 break 语句等）。

3.2.3　do while 循环

for 循环与 while 循环都是在开始位置进行条件检查，所以循环体有可能一次也不会被执行，而 do while 语句的特点是先执行循环体，然后判断循环条件是否成立，以确定是否继续执行循环，从而使循环体至少执行一次。其一般形式为

```
do
{
   语句 1;
   语句 2;
   ……
   语句 n;
} while (条件判断);
```

循环体可以只包含一条语句，也可以包含多条语句。如果循环体中只有一条语句的话，花括号“{}”可以省略。

do while 语句的执行过程如下：

（1）执行循环体语句。

（2）计算 while 后面的条件判断表达式的值，若为非 0，转步骤（1）执行；若为 0，则转步骤（3）执行。

（3）退出 do while 循环，执行循环之后的语句。

do while 执行流程图如图 3-6 所示。

由于 do while 循环是先执行循环体语句，后进行条件判断，故它一般适用于先进行运算，然后判断执行结果是否满足要求的情况。

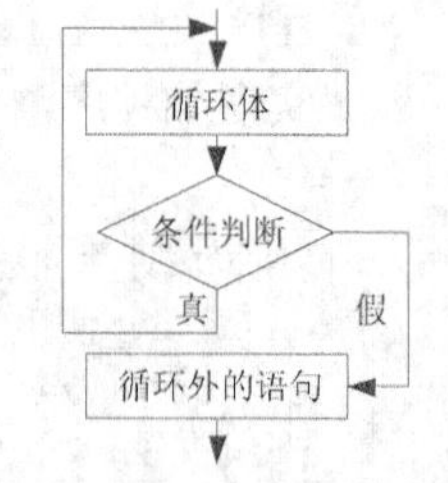

图 3-6 do while 循环执行过程

注意

（1）
```
do{
} while(条件判断) ;←此处必须有分号
```
（2）do 必须与 while 一起使用。

（3）循环体中要有改变控制循环执行条件的语句，否则循环无法结束。

【例 3-7】使用 do while 循环实现从 1 加到 100 的计算。

✧ 程序设计描述

程序的执行流程图如图 3-7 所示。

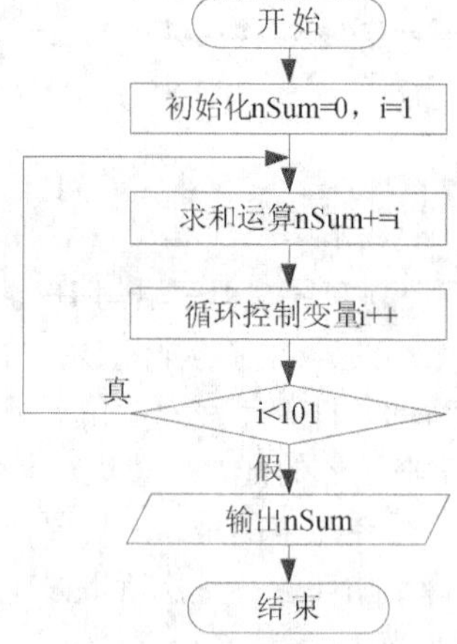

图 3-7 do while 循环实现高斯级数计算的流程图

✧ 程序实现

根据程序流程图的设计，编出的代码如程序清单 3-7 所示。

程序清单 3-7 progression-3.c

```
/* do while 循环的应用*/
/*    purpose: 高斯级数计算问题
      author : yan jianen
      created: 2008/08/01 11:08:09
*/
#include <stdio.h>
void main (void){
     int nSum;               /*用于保存计算和*/
     int i;                  /*循环控制变量，也是参与运算的操作数*/
     nSum=0;
     i=1;                    /*初始化循环控制变量*/
     do {
          nSum+=i;
```

```
            i++;                /*改变循环控制变量的值*/
        }while(i<101);
        printf("1+2+3+…+99+100=%d\n",nSum);
}
```

程序的执行结果如下。

```
1+2+3+…+99+100=5050
```

3.2.4　goto 循环

goto 语句为无条件转向语句，一般形式为

```
goto 语句标号;
```

语句标号用标识符表示，它的命名规则与变量名相同，即由字母、数字和下划线组成，且第一个字符必须为字母或下划线，不能用整数做标号。例如，“goto lable_123;”是合法的，而“goto 25;”是不合法的。语句标号加在跳转的目的语句之前，并用冒号“:”与后面的语句分隔。例如：

```
label_23:
printf( “this is a goto sentence!\n” );
goto label_23;
```

这个程序片段执行到“goto label_23”便会跳转到标签“label_23”，执行输出函数 printf()。显然，这是一个根本停不下来的循环。因此，通常把它与 if 语句结合起来使用，即满足一定条件后，再进行跳转，并在合适的时机停止。改写上述代码段如下。

```
int i=1;
label_23:
  printf( “this is a goto sentence!\n” );
if(i<3){
     i++;
     goto label_23;
}
```

【例 3-8】使用 goto 循环实现从 1 加到 100 的计算。

✧　程序设计描述

程序的执行流程图如图 3-8 所示。

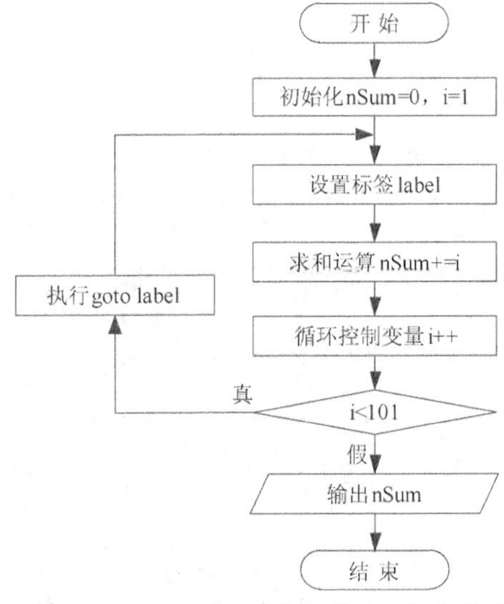

图 3-8　goto 循环实现高斯级数计算的流程图

✧ 程序实现

根据程序流程图的设计，编出的代码如程序清单 3-8 所示。

程序清单 3-8 progression-4.c

```
/* goto循环的应用*/
/*   purpose:高斯级数计算
     author : Xiaodong Zhang
     created: 2017/02/13 11:08:09
*/
#include <stdio.h>
void main (void){
     int nSum=0;                /*保存计算和，初始化为 0*/
     int i=1;                   /*循环控制变量，也是参与运算的操作数，初始化为 1*/
     label:
          nSum+=i;
          i++;                  /*改变循环控制变量的值*/
     if(i<101)
           goto label;          /*只含一条语句，不加{}*/
     printf("1+2+3+…+99+100=%d\n",nSum);
}
```

程序的执行结果如下。

```
1+2+3+…+99+100=5050
```

由于具有无限制跳转功能，goto 语句还有一个应用，就是从循环体中跳转到循环体外。但是，在 C 语言中通常使用 break 语句和 continue 语句跳出本层循环和结束本次循环。因此，使用 goto 语句的机会很少，只有需要从多层循环的内层循环跳到最外层循环外时才用到 goto 语句。但是这种用法不符合结构化设计原则，一般不采用，只有在不得已时才使用，比如使用 goto 语句能大大提高效率。滥用 goto 语句将使程序的流程变得无规律，且可读性差，因此，结构化程序设计方法主张限制使用 goto 语句。

3.3 循环控制结构的设计

3.3.1 循环的嵌套

一个循环体内又包含另一个完整的循环结构，称为循环的嵌套。内嵌的循环中还可以嵌套循环，这就是多层循环。for 循环、while 循环和 do-while 循环可以互相嵌套。例如，下面几种格式都是合法的。

```
（1） for(;;)
     {
         …
         for(;;)
         {…}
         …
     }
```

```
（2）for(;;)
     {
         …
         while()
         {…}
         …
     }
```

```
（3）while()
     {
        …
        while()
        {…}
```

```
（4）do {
         …
         do
         {…
         }while();
```

```
        …
    }
（5）while()
    {
        …
        do
        {…
        }while();
        …
    }
```

```
        …
        }while();
（6）do
    {
        …
        for(;;)
        {…}
        …
    }while();
```

处于外层的循环一般称为外循环，而处于内层的循环一般称为内循环。外循环的循环变量增加一次，则内循环要执行完自己所有的循环。循环的嵌套应用还是比较多的。下面通过九九乘法表的实现，理解循环嵌套的应用。

【例 3-9】在屏幕上输出九九乘法表。

✧　问题分析

首先看九九乘法表的内容，如下所示。

```
1*1=1
2*1=2  2*2=4
3*1=3  3*2=6  3*3=9
……  ……  ……  ……  ……  ……  ……
8*1=8  8*2=16  8*3=24  8*4=32  8*5=40  8*6=48  8*7=56  8*8=64
9*1=9  9*2=18  9*3=27  9*4=36  9*5=45  9*6=54  9*7=63  9*8=72  9*9=81
```

它是一个二维表格形式，一共有 9 行和 9 列。输出所有行数，共需要循环 9 次。每一行的表达式（列）个数随着行号的增加而增加，如第 1 行 1 个表达式，第 2 行 2 个表达式……由于每行的表达式个数大于或等于 1，所以每行表达式的输出需要一个循环来控制，这样就形成了循环的嵌套。那么，可以设计为外层循环完成所有行的输出，内层循环完成每行所有列的输出，且内循环的次数由当前外层循环的循环控制变量决定。

✧　程序设计描述

设置两个变量 nRow 和 nCol，nRow 是外层循环的控制变量，nCol 是内层循环的控制变量。程序的流程图如图 3-9 所示。

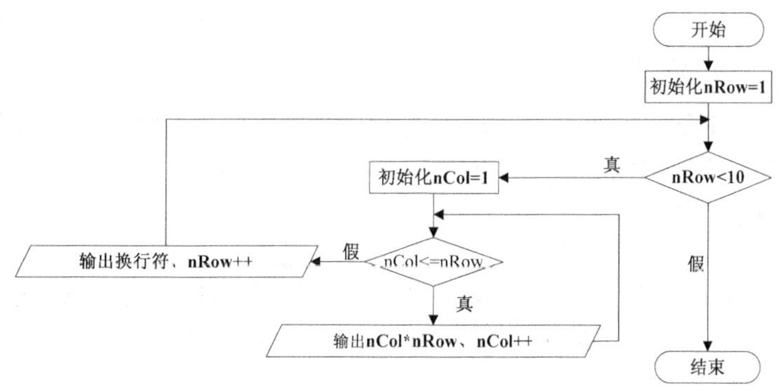

图 3-9　九九乘法表的程序流程图

✧　程序实现

根据程序流程图的设计，编出的代码如程序清单 3-9 所示。

程序清单 3-9　multiplication-table.c

```
/*嵌套循环的应用*/
/*  purpose: 九九乘法表的实现
    author : yan jianen
```

```
    created: 2008/08/01 11:08:09
*/
#include <stdio.h>
void main (void){
     int nRow;                              /*行数的循环控制变量*/
     int nCol;                              /*列数的循环控制变量*/
     for(nRow=1;nRow<10;nRow++)             /*外层循环控制行数*/
     {
          for(nCol=1;nCol<=nRow;nCol++)     /*内层循环控制列数*/
          {
             printf("%d*%d=%d   ",nRow,nCol,nRow*nCol);
          }
          printf("\n");                     /*输出一行后换行*/
     }
}
```

程序的执行结果如下。

```
1*1=1
2*1=2   2*2=4
3*1=3   3*2=6   3*3=9
4*1=4   4*2=8   4*3=12  4*4=16
5*1=5   5*2=10  5*3=15  5*4=20  5*5=25
6*1=6   6*2=12  6*3=18  6*4=24  6*5=30  6*6=36
7*1=7   7*2=14  7*3=21  7*4=28  7*5=35  7*6=42  7*7=49
8*1=8   8*2=16  8*3=24  8*4=32  8*5=40  8*6=48  8*7=56  8*8=64
9*1=9   9*2=18  9*3=27  9*4=36  9*5=45  9*6=54  9*7=63  9*8=72  9*9=81
```

✧ 程序解读

（1）由于内层循环的表达式个数不会大于所在行编号的值，这是典型的下三角矩阵，因此有“nCol<=nRow”。

（2）在输出九九乘法表时，有两个地方使用了格式控制技巧：一个是在内层循环中，用于表达式之间的间隔，使用了空格，从输出中可以看出表达式对得并不齐整，读者可以试用一个制表符“\t”（参见附录 5）；另一个是换行，在外层循环中，用了换行符“\n”。

思考

循环嵌套的格式有多种，请读者尝试使用其他循环语句的嵌套，实现例 3-9 的程序。

3.3.2 循环的控制

正常情况下，循环会在不满足循环条件时退出循环的执行。但是，某些应用需要程序在执行的过程中，如果满足某种条件，则立即结束循环的执行。C 语言提供了 break 语句、continue 语句与 goto 语句来处理这样的需求。

1. beak 语句

在第 2 章的 2.3 节中已经介绍过 break 语句，它可以使程序流程跳出 switch 结构。break 语句的另一个用途是用来从循环体内跳出，提前结束本层循环，接着执行本层循环体后面的程序语句。

break 语句的一般形式为

```
break;
```

学习下面的例子，掌握 break 语句在循环中的用法。

【例 3-10】输入多名学生有效的成绩，如果数据输入非法，包括输入字符、数值大于 100 或者小于 0，则结束接收过程，输出总成绩和平均分。

✧ 问题分析

由于是多名学生成绩的输入，因此需要采用循环控制结构实现，三种类型均能实现。但是考虑到没有具体的学生数量，并且依据题目，只要有非法输入就立即结束接收，故使用 while 循环更合适。剔除不满足输入范围要求的数据相对比较容易，将表示取值范围的关系表达式置入 if 结构中，加上 break 语句跳出循环即可实现。可是字符型数据与浮点型数据如何区别？有两种办法：一种是使用 C 语言的库函数（参见附 10）；另一种办法更为简单，即使用 scanf()函数。请大家阅读程序清单 3-10，观察 scanf 是如何区分出字符型数据与浮点型数据的。

✧　程序设计描述

程序实现中涉及的变量及作用如下。

（1）fScore 存放输入的成绩数据。

（2）fTotal 存放总成绩数据。

（3）nCount 存放统计输入成绩的个数，用于求平均分。

（4）使用 scanf()函数的返回值作为循环执行的条件，返回值为 1 表示输入数据合法，为 0 表示数据非法。scanf()函数会依据格式控制符及用户的输入来判断输入数据是否合法。如本例中“scanf(“%f”,&fScore)”，要求输入必须为须浮点数，输入“85.5”或“80”都被认为是合法的，scanf()函数返回 1；但是，如果输入字符'q'，则被系统认为是非法的，scanf()函数返回 0。

依据问题分析及上述变量设置，程序的流程图设计如图 3-10 所示。

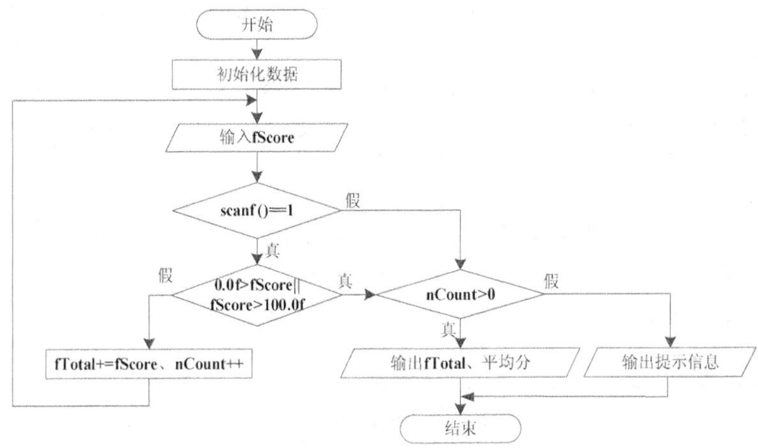

图 3-10　例 3-10 程序实现的流程图

✧　程序实现

根据程序流程图的设计，编出的代码如程序清单 3-10 所示。

程序清单 3-10　break.c

```
/*  purpose: break 语句的使用
    author : Xiaodong Zhang
    created: 2017/02/14 08:43:26*/
#include <stdio.h>
void main (void){
     float fScore;                     /*用于保存输入的成绩*/
     float fTotal=0.0f;                /*保存总成绩*/
     int nCount=0;                     /*对输入的成绩个数进行计数*/
     printf("input score of a student:");
     while(scanf("%f",&fScore)==1){    /*如果输入的不是浮点数，则结束循环*/
           if (fScore >100.0f|| fScore <0.0f){
               printf("%0.1f is a invalid value. \n",fScore);
               break;                  /*如果输入的成绩不在合法区间，则结束循环*/
           }else{
```

```
                printf("input score of a student:");
                fTotal+=fScore;         /*计算输入成绩的总分*/
                nCount++;
            }
        }
        if(nCount>0)
            printf("Total score is %0.1f;\t Average of %d score is %0.1f\n ",
                fTotal,nCount,fTotal/nCount);
        else
            printf("No valid scroe was Input!");
}
```

程序的执行结果如下。

```
input score of a student:80
input score of a student:96
input score of a student:78
input score of a student:-1
-1.0 is a invalid value.
Total score is 254.0;   Average of 3  score is 84.7
```

✧ 程序解读

本例中 break 语句的作用就是结束循环的执行，强制退出循环，继续执行循环后的程序语句。

（1）break 语句不能用于循环语句和 switch 语句之外的其他语句中。

（2）在嵌套循环中，break 语句只能终止它所在的层循环的执行。

2. continue 语句

continue 的作用与 break 语句相似，也有结束循环的作用，但是 continue 语句是结束本次循环，即跳过循环体中尚未执行的语句，接着进行下一次是否执行循环的判定。

continue 语句的一般形式为

```
continue;
```

学习下面的例子，掌握 continue 语句在循环中的用法。

【例 3-11】输入多名学生的有效成绩，当输入数据大于 100 或者小于 0 时，允许用户重新录入；当数据输入字符时，则结束接收过程，输出总成绩和平均分。

✧ 问题分析

与例 3-10 相比，本例的题目要求更加合理，分工更加明确。当输入有误（超出成绩有效范围）时，允许更正，即重新输入。

✧ 程序设计描述

变量设置与例 3-10 相同。流程图需要修改的地方为："0.0f>fScore||fScore>100.0f" 时，不退出循环，而是跃过 "fTotal+=fScore、nCount++"，回到 "输入 fScore" 继续循环。

✧ 程序实现

根据程序设计描述中的修改，编出的代码如程序清单 3-11 所示。

程序清单 3-11　continue.c

```
/*  purpose: continue 语句的使用
    author : Xiaodong Zhang
    created: 2017/02/14 08:43:26
*/
#include <stdio.h>
void main (void){
    float fScore;                 /*用于保存输入的成绩*/
```

```
    float fTotal=0.0f;              /*保存总成绩*/
    int nCount=0;                   /*对输入的成绩个数进行计数*/
    printf("input score of a student:");
    while(scanf("%f",&fScore)==1){ /*使用 scanf()函数的返回值作为循环执行的条件*/
      if (fScore >100.0f||fScore <0.0f){
        printf("%0.1f is a invalid value. Try again! \n",fScore);
        continue;                   /*如果输入的成绩不是合法数字，则结束本次循环*/
      }
      printf("input score of a student:");
      fTotal+=fScore;               /*计算输入成绩的总分*/
      nCount++;
   } //结束 while
   if(nCount>0){
      printf("Total score is %0.1f\n",fTotal);
      printf("Average of %d  score is %0.1f\n",nCount,fTotal/nCount);
   }
   else{
     printf("No valid scroe was Input!");
   }
}
```

程序的执行结果如下。

```
input score of a student:80
input score of a student:96
input score of a student:-56
-56.0 is a invalid value. Try again!
78
input score of a student:q
Total score is 254.0
Average of 3  score is 84.7
```

✧　程序解读

从输出结果中可以看到，当输入字符 q 后，程序将总成绩和平均成绩输出。为何会如此呢？原因是当输入 q 时，scanf("%f",&fScore)的返回值不是 1，因此循环的判断条件为假，结束输入成绩数据的循环。

程序中把 break 语句替换为 continue 语句后，如果输入的成绩不是 0 到 100 之间的数字，则程序会继续执行，让用户输入下一个成绩，而不是结束接收输入的循环语句，强制退出循环。

（1）break 语句是结束整个循环过程，不再判断执行循环的条件是否成立。

（2）continue 语句只结束本次循环，而不是终止整个循环的执行。

3. 无限循环

在前面学习过的几种循环语句中可以发现，循环总是在不满足循环条件时，就终止执行。因此，条件判断约束了循环不能无限地执行下去。一旦约束循环的条件出现问题的话，会出现什么情况呢？

程序清单 3-12 的功能是过滤掉输入的空格字符、制表符（\t）和换行符（\n）。运行它，看看有什么结果。

程序清单 3-12　endless.c

```
/*过滤掉输入的空格、制表符和换行符*/
/* purpose: 无限循环的示例
   author : yan jianen
```

```
   created: 2008/08/03 20:31:05
*/
#include <stdio.h>
void main ()
{
    char  cStr=' ';             /*存放每次输入的字符*/
    /*当输入空格、制表符（\t）和换行符（\n）时，继续执行循环，接受输入*/
    while(cStr=' ' || cStr== '\t' || cStr== '\n' )
        cStr=getchar();
}
```

运行后发现程序无法结束。而 endless.c 的编译过程没有报告任何错误。那么问题出在哪里？仔细检查程序的代码，发现“while(cStr=' ' || cStr== ' \t' || cStr== ' \n')”，即循环的条件判断，就是问题之所在！endless.c 的作用是过滤掉输入的空格字符、制表符“\t”和换行符“\n”，但是过滤空格的条件“cStr=' '”写错了，应该是关系表达“cStr==' '”。由于空格的 ASCII 值为 32，此赋值表达式的值永远为“真”。依据第 2 章 2.1.2 小节中介绍的“短路”原则可知，此循环条件表达式的值永远为“真”。程序进入无限循环状态，也称为“死”循环。在实际应用中，这样的问题经常出现，因此，读者一定要认真编写程序代码，以避免因失误而出现类似的情况。但是，不是所有的无限循环都具有破坏性或不能使用。反而在一些情况下，无限循环可以满足不少应用的需要。请看例 3-12。

【例 3-12】实现从 1 加到任意一个输入的正整数的计算，且这一功能可以反复使用，直到用户同意停止。

✧　问题分析

（1）获取输入的正整数，它决定了加法运算的次数。整数累加的方法已在例 3-1 中讲过。累加的上限 100 用输入的正整数替代。

（2）需要在整数累加外层再加套一层循环来实现累加功能的重复使用。可以使用无限循环来实现，但是，要设定一个让用户决定结束循环的条件。使用场景：输入正整数，执行求和运算，直到超过输入的数，累加完毕，提示是否结束运行，如果选择“是”，就结束程序，否则继续执行，等待用户输入下一个正整数。

✧　程序设计描述

设置用于接收用户输入的正整数的变量 nEndnum 和决定是否继续循环字符 cStr。使用库函数 getchar()接受用户选择输入的字符。使用库函数 flushall()清除输入缓冲区中的数据。依据分析场景，程序的执行流程图如图 3-11 所示。

✧　程序实现

根据程序流程图的设计，编出的代码如程序清单 3-13 所示。

程序清单 3-13　infinite.c

```
/*  purpose: 无限循环的应用
    author : Xiaodong Zhang
    created: 2017/02/14 10:53:09
*/
#include <stdio.h>
void main (void){
        int nEndnum;        /* 用于保存结束的正整数*/
        int nSum;           /* 用于保存计算和*/
        int i;              /* 循环控制变量，也是参与运算的操作数*/
        char cStr='y';      /*存放用户是否执行的输入字符*/
        for(;;){            /*无限循环*/
            if ((cStr=='y') || (cStr=='Y')){
```

```
                printf("--------------------------\n");
                printf("Please enter the number you want to calculate:\n");
                scanf("%d",&nEndnum);
                    nSum=0;
                for(i=1;i<nEndnum+1;i++)    /*这个 for 循环进行求和运算*/
                    nSum+=i;
                printf("1+......+%d=%d\n",nEndnum,nSum);
            } else
                break;                      /*跳出循环的执行*/
            flushall();
            printf("input y for continue or another character for exit: ");
            cStr=getchar();
        }                                   /*无限循环*/
}
```

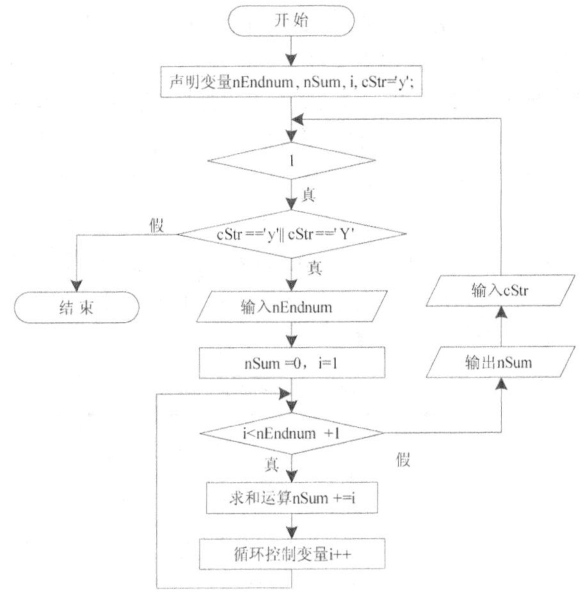

图 3-11　使用无限循环实现程序控制的流程图

程序的执行结果如下。

```
--------------------------
Please enter the number you want to calculate:
10
1+......+10=55
input y for continue or another character for exit: y
--------------------------
Please enter the number you want to calculate:
22
1+......+22=253
input y for continue or another character for exit: n
```

✧　程序解读

（1）观察流程图中第一个条件判断框，里面的表达式是常量“1”，即永远为“真”，在程序实现中使用了“for(; ;)”结构。国际标准 ISO/IEC 9899:1999(E)Programming languages —C 中定义：如果把 for 语句的“循环条件判断”部分省略，则该位置被认为是一个非 0 的常量，因此循环执行的条件永远为“真”。

（2）按照流程图的设计，对应的程序实现中用“while(1)”取代“for(; ;)”，会让程序看起来更“好看”一些。

（3）在流程图的设计中，对条件判断框的要求通常是一进两出，那么，图 3-11 中的设计让人看起来就非常“不舒服”！其实，这种“不舒服”是设计不严谨造成的，这个程序完全可以不用无限循环。去掉第一个条件判断框，用“(cStr=='y') || (cStr=='Y')”作为最外层循环控制条件，程序可读性会更好！

思考

按程序解读中提供的思路，分别把程序中的循环用 while、do-while 替换，并用非无限循环实现它。

3.3.3 循环语句的选择

程序设计时，如何选择循环结构，取决于问题的特性及解决问题所建立的模型。通常四种循环可以相互替换，但是由于 goto 语句对结构化程序设计有一定“伤害”，我们不提倡使用它。对程序员来说，首先要确定是先进行条件判断后执行循环，还是先执行循环后判断条件。大多数的时候都是先判断条件后执行循环，因为在入口发现问题，总比进去之后才发现要好。在开始的位置进行条件检查，程序的可读性更强，同时，如果发现不满足条件，则可以跳过循环。

另外，在 for 循环和 while 循环的选择上，如果涉及初始化一些变量或者更新一些操作，那么使用 for 循环比较合适。如果循环次数不能预先知道，则使用 while 循环更合适。表 3-2 将三种循环的特性进行了整理，可以作为使用的参考。

表 3-2　　三种循环特性列表

循环特性	循环种类			
	for 循环	while 循环	do while 循环	goto 循环
前置条件检查	是	是	否	否
后置条件检查	否	否	是	是
循环体中更改循环控制变量的值	否	是	是	是
循环重复的次数	一般已知	未知	未知	未知
最少执行循环体次数	0 次	0 次	1 次	1 次
何时重复执行循环	循环条件成立	循环条件成立	循环条件成立	循环条件成立

3.4 应用实例

实践是检验真理的唯一标准。检验程序设计语言掌握和使用能力的最好标准就是运用所学的知识，设计和编写出能够解决实际问题的程序。在实践中不断得到锻炼，才能成为优秀程序设计者。下面运用本章所学的语法知识和设计方法来设计和实现两个综合应用实例。

3.4.1 计算器

前面的小型计算程序已经具备了初步的计算功能，并有了一定的交互功能。但它仍然有一些缺陷，第 2 章 2.4.1 小节提出了它的两个缺陷：一是菜单只能使用一次；二是如果除数输入错误，没有机会改正或重新输入。关于输入数据错误而重新输入的问题可参见例 3-10 和例 3-11 中所介绍的方法。另外，对比 Windows 系统自带的计算器程序，计算器 HITCalc 的功能差了很多，这里将予以补强。当然，在本书中，追求软件丰富而全面的功能不是编者的目的，编者的目的是使用所讲授的知识来实现实际的应用，从而达到学以致用的目的。综上所述，我们对计算器 HITCalc 做如下功能扩充：

- ✧ 增加菜单循环执行的功能；
- ✧ 实现正弦函数（sin 函数）的功能。

1. 循环菜单

✧ 问题分析

循环菜单自然要用循环结构来实现。由于循环次数不确定，因此采用 while 循环语句更合理。

✧ 程序设计描述

设置一个整型变量 nFun 存储用户输入的菜单选项编号，根据判断 nFun 所满足的条件，决定执行的分支。用数字“9”作为退出系统的菜单编号，因此用它作为判断循环终止的条件。程序的执行流程图如图 3-12 所示。

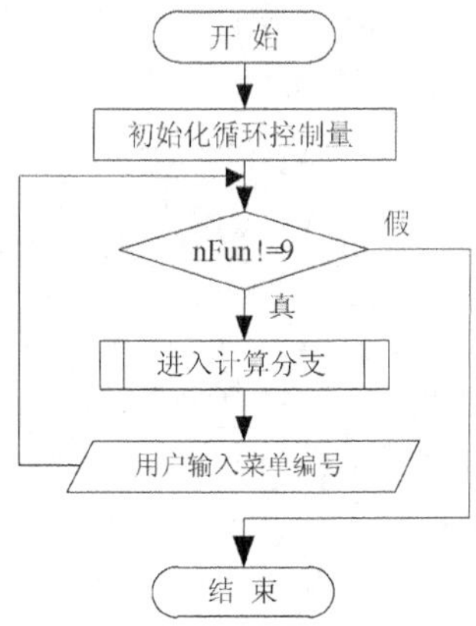

图 3-12　循环菜单的设计流程图

✧ 程序实现

根据程序流程图的设计，编出的代码如程序清单 3-14 所示。

程序清单 3-14　HITCalc.c

```
/* 计算器 HITCalc */
/*  purpose: 菜单的反复执行
    author : Xiaodong Zhang
    created: 2017/02/15 09:23:03
*/
#include <stdio.h>
#include <stdlib.h>
#include <math.h>
#include <conio.h>
void main() {
     int nFun=1;
     while(nFun!=9){
          system("cls");                               //清除屏幕
          printf("  --------------------------\n");    /* 构造功能菜单 */
          printf("    加法运算--------1\n");
          printf("    减法运算--------2\n");
          printf("    乘法运算--------3\n");
```

```
            printf("    除法运算--------4\n");
            printf("    sinx 运算--------5\n");
            printf("    退出------------9\n");
            printf("  --------------------------\n");
            printf("  请输入功能选择：  ");          /* 在屏幕上显示提示信息 */
            scanf("%d",&nFun);

            switch(nFun){
                case 1:
                    /*加法运算，在此处添加代码 */
                    break;
                case 2:
                    /*减法运算，在此处添加代码 */
                    break;
                case 3:
                    /*乘法运算，在此处添加代码 */
                    break;
                case 4:
                    /*除法运算，在此处添加代码 */
                    break;
                case 5:
                    /*求正弦运算，在此处添加代码 */
                    break;
                case 9:
                    break;
                default :
                    printf("输入的选项编码错误!按任意键返回菜单.\n");
                    getch();
            }
        }
}
```

程序的执行结果如下所示。

```
--------------------------
  加法运算--------1
  减法运算--------2
  乘法运算--------3
  除法运算--------4
  sinx 运算--------5
  退出------------9
--------------------------
请输入功能选择： 9
```

2. 三角函数 sin 函数

✧ 问题分析

用泰勒（Taylor）公式将 $\sin x$ 展开，其形式如下：

$$\sin x = x - \frac{x^3}{3!} + \frac{x^5}{5!} - \cdots + (-1)^{k-1}\frac{x^{2k-1}}{(2k-1)!} + \cdots$$

设

$$a_1 = x，a_2 = (-1)^1\frac{x^3}{3!}，a_3 = (-1)^2\frac{x^5}{5!}，\cdots，a_{k-1} = (-1)^{k-2}\frac{x^{2k-3}}{(2k-3)!}，a_k = (-1)^{k-1}\frac{x^{2k-1}}{(2k-1)!}，$$

$k = 1,2,\cdots，n$

那么，$\sin x = a_1 + a_2 + \cdots + a_{k-1} + a_k + \cdots$，并且有如下关系：

$$a_2 = a_1 \times (-1)\ \frac{x^2}{2\times 3},\ a_3 = a_2 \times (-1)\ \frac{x^2}{4\times 5},\ \cdots,\ a_k = a_{k-1} \times (-1)\frac{x^2}{2(k-2)\times(2k-1)},\ k = 1,2,\cdots,n$$

根据上面各项之间的关系，可以看出，前一项的运算结果可以参与下一项的运算，从而减少计算的次数，提高效率。由于 $\sin x$ 是周期函数，故可将 $x\in(-\infty, +\infty)$ 化为 $x\in[0, 2\pi]$来处理，即使用角度作为运算的度量。

✧　程序设计描述

设置三个变量 dSin、dDegree 和 dTemp，分别存放 sinx 的值、用户输入的弧度和泰勒展开式中一个项的值。运算时，由于程序不能做无限制运算，因此，需要考虑展开多少项才能够满足计算的需求。为此，设置变量 dMin 来控制计算精度，当展开式的某项值小于它的时候，结束展开式的运算。用户可通过改变它的值来改变泰勒展开式的项数，从而达到控制精度的目的。另外，依据泰勒公式可知，用户输入的数据是弧度，运算的时候要转化为角度进行计算。由此，根据 a_k 与 a_{k-1} 的关系，以迭代的方式，可以计算出泰勒公式中的每一项的值，经过累加就可以得出 $\sin x$ 的值。程序流程的设计如图 3-13 所示。

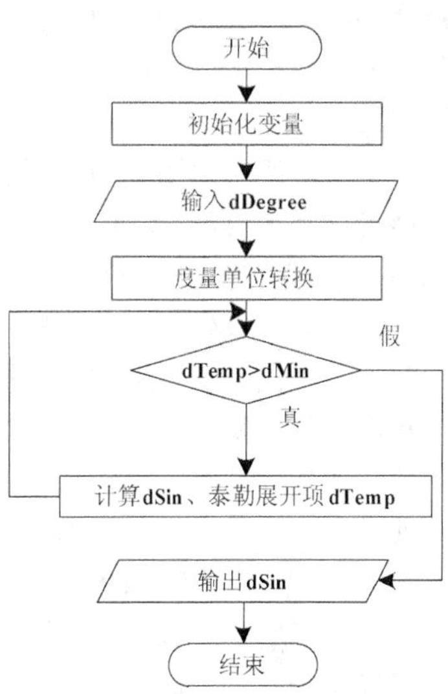

图 3-13　sin 函数的实现流程图

✧　程序实现

根据程序流程图的设计，编出的代码如程序清单 3-15 所示。

程序清单 3-15　HITCalc.c

```
/*计算器实例 */
/*  purpose: sin 函数的实现
    author : Xiaodong Zhang
    created: 2017/02/15 09:23:03
*/
#include <stdio.h>
#include <stdlib.h>
#include <math.h>
#include <conio.h>
void main(void){
    double dSin=0.0, dTemp=1.0, dArc=0.0;          /*变量声明初始化*/
    double pi=3.1415926,dMin=0.000001,dDegree=0.0; /*pi, 精度，角度中间变量*/
    int k=1;
    dSin=0.0;
    printf(" 请输入角度: ");
    scanf("%lf",&dDegree);
    dArc=dDegree*pi/180;          /*进行角度度量转换*/
    dTemp= dArc;                  /*初始化中间变量*/
    while ( fabs(dTemp) >dMin){  /*泰勒公式展开项是否达到精度*/
        dSin += dTemp;            /*sin 函数累加计算*/
        /*通过 k=k+2 的操作，将分母由 2*(k-1)*(2*k-1)转为 k*(k+1)*/
        k+=2;
        /*计算泰勒公式展开项 ak= ak-1(-1)*x^2/(k*(k-1))*/
        dTemp = (-1) * dTemp*dArc*dArc/(k*(k-1));
    }
    printf("sin(%f) = %lf \n",dDegree,dSin);
    getch();//让程序暂停，查看结果
}
```

程序的执行结果如下所示。

```
请输入弧度: 60
```

```
sin(60.000000) = 0.866025
```

✧ 程序解读

（1）精度控制变量 dMin 被固定在程序中，值设置为 0.000001。程序员通过修改这个值来改变 sin *x* 的精度，也可以通过 scanf()函数让用户来控制。但是要注意两点：一是数据类型本身取值范围的限制；二是超过 10^{-6} 后，精确度提高不大，而运算速度会明显下降，这是泰勒公式本身的限制所致。在精度和运算速度上要想有更大的提高，从数学模型改变做起是根本，语言往往不是决定因素！

（2）本例中使用了两个库函数：fabs()和 getch()。fabs()函数的作用是取绝对值，因为泰勒公式展开项有正有负，因此，需要对其取绝对值才能比较精度，这个函数声明所在头文件为 math.h。getchar()函数的作用是接收一个字符的输入，在这里是让程序停一下，以便用户可以看清运行结果，本身并没有什么意义。这一技巧以后会经常用到。

（3）本例中所使用的迭代技术是读者要重点学习的程序设计技巧，它展示了从数学公式转化为程序设计与实现的技术。累加技术在高斯级数中已经反复使用过了，相信读者已经很熟悉了。通项式的迭代计算是比较新颖的，这里用“k+=2”将分母的计算由 2*(k−1)*(2*k−1)转为 k*(k+1)，从而减少了乘法的运算次数，提高了程序运行效率。在程序设计中，大家要遵从加法效率>减法效率>乘法效率>除法效率的设计原则，如奇数在数学上表示为 2*k−1 或 2*k+1。但是，设 k=1，k=k+2 是不是也可以表达奇数呢？而其效率要远高于 2*k+1。读者要学会使用这些技巧，使自己的程序运行效率更高。

（4）把程序清单 3-15 中函数 main()里的代码段移植到程序清单 3-14 的“case 5”下面，就能够看到可以循环计算 sin *x* 值的计算器了。移植时，要注意用“{}”把程序清单 3-15 中的代码包裹起来，因为这里有变量定义。用同样的方法，可以把第 2 章的代码移植过来，这样 HITCalc 功能就比较强大了。

思考

对 sin 函数求导就能得到 cos 函数，进而可以推导出它的通项公式和累加求值的方法。cos 函数的实现原理与 sin 函数的原理相同，读者可依照本例进行设计与实现。

3.4.2 学生成绩档案管理系统

在第 2 章中，学生成绩档案管理系统已经具备了数据输入和成绩分类的功能。不过，它只能进行一个学生的一次数据处理。学习循环结构以后，结合本章的知识点，可以增加系统重复处理数据的功能。这里对学生成绩档案管理系统做如下功能的扩充：

（1）实现错误数据的纠正功能，即用户录入错误后，允许其重新录入；

（2）实现对三门功课成绩（如 C 语言、英语和高数）的多次输入，并分别求出平均成绩。

✧ 问题分析

循环语句具有反复执行的能力，能够实现题目中的要求。可采用累加方式求出每门功课的总成绩。由于系统无法预知学生人数，可采用与求总成绩相同的处理方式来统计，每录入一名同学的有效成绩，人数加 1。依据 3.3.3 小节的介绍可知，使用 while 语句更为合适。另外，还需要注意，如果在某次输入成绩数据时发现数据不在有效范围内，那么需要及时结束当前数据的输入，重新接受新数据，此时，不能进行总成绩和人数的统计，即需要略过下面所有代码。参考 3.3 节的内容和例 3-11 可知，可用 continue 语句来处理。

✧ 程序设计描述

程序的执行流程图如图 3-14 所示。

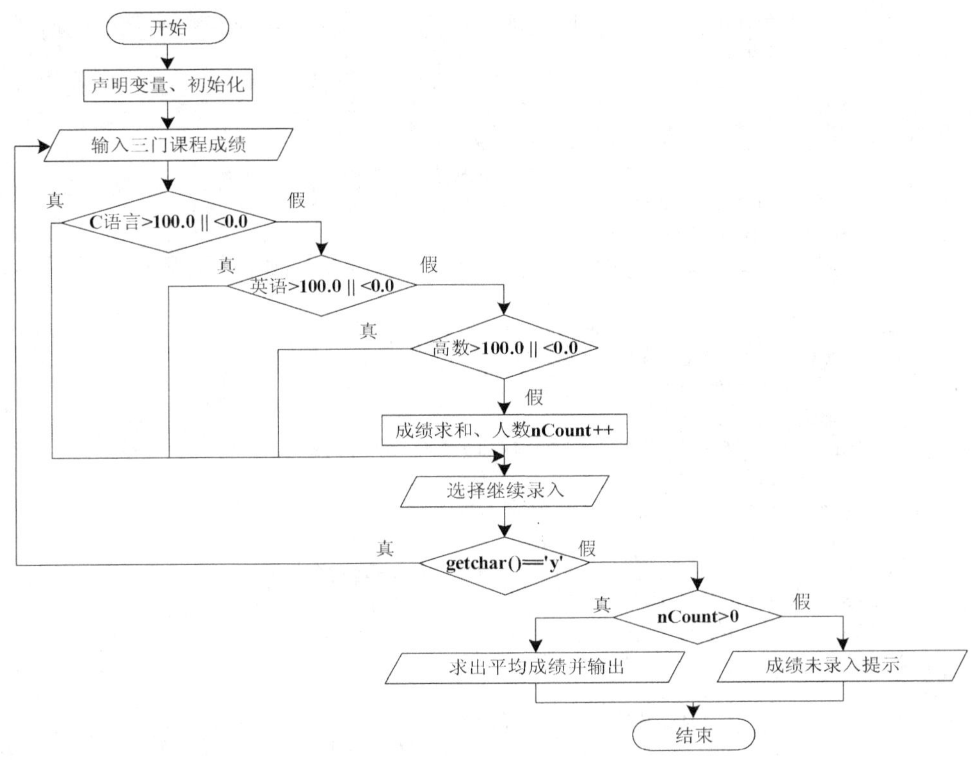

图 3-14　循环统计学生总成绩的流程图

✧　程序实现

根据程序流程图的设计，编出的代码如程序清单 3-16 所示。

程序清单 3-16　AppStud.c

```
/*  purpose: 统计学生成绩总分
    author : yanjianen
    created: 2008/08/29 12:23:03*/
#include <stdio.h>
void main(void){
     float fMin=0.0f, fMax=100.0f;
     float fTotalc=0.0f,fTotale=0.0f,fTotalm=0.0f;      /* 保存总成绩*/
     float fClanguege=0.0,fEnglish=0.0,fMath=0.0;
     int nCount=0;                                /*对输入的成绩个数进行计数*/
     do {
         printf("-----------------------------------\n");
         fClanguege=0.0;
         fEnglish=0.0;
         fMath=0.0;
         printf(" 请输入 C 语言、英语和高数成绩，用逗号分隔：");
         scanf("%f,%f,%f",&fClanguege,&fEnglish,&fMath);
         if (fClanguege >fMax || fClanguege <fMin){
              printf(" %0.1f 不是合法的 C 语言成绩数据!\n",fClanguege);
              printf(" 继续输入下一位同学的成绩吗? y or n:\n ");
              flushall();
              continue;  /* 若输入的成绩不是合法数字，则结束本次循环*/
         }
         if (fEnglish >fMax || fEnglish <fMin){
              printf(" %0.1f  不是合法的英语成绩数据!\n",fEnglish);
```

```
                printf(" 继续输入下一位同学的成绩吗? y or n:\n ");
                flushall();
                continue;     /* 若输入的成绩不是合法数字，则结束本次循环*/
            }
            if (fMath > fMax || fMath <fMin){
                printf(" %0.1f  不是合法的高数成绩数据!\n",fMath);
                printf(" 继续输入下一位同学的成绩吗? y or n:\n ");
                flushall();
                continue;     /* 若输入的成绩不是合法数字，则结束本次循环*/
            }
            fTotalc += fClanguege;
            fTotale +=fEnglish;
            fTotalm +=fMath;
            nCount++;
            printf(" 继续输入下一位同学的成绩吗? y or n:\n ");
            flushall();
    }while(getchar()=='y');
    if(nCount>0){
       printf(" C 语言的平均成绩为 %0.1f\n",fTotalc/nCount);
       printf(" 英语的平均成绩为 %0.1f\n",fTotale/nCount);
       printf(" 高数的平均成绩为 %0.1f\n",fTotalm/nCount);
    }
    else{
        printf(" 无效的成绩数据输入\n!");
    }
}
```

程序的执行结果如下。

```
-----------------------------------
请输入 C 语言、英语和高数成绩，用逗号分隔：85,75,95
继续输入下一位同学的成绩吗？ y or n:
 y
-----------------------------------
请输入 C 语言、英语和高数成绩，用逗号分隔：75,65,75
继续输入下一位同学的成绩吗？ y or n:
n
C 语言的平均成绩为 80.0
英语的平均成绩为 70.0
高数的平均成绩为 85.0
```

✧ 程序解读

（1）scanf()中使用了自定义输入结束符“,”，表达为“scanf("%f,%f,%f",……)”（默认输入结束符每个格式符之间什么也不加，即“scanf("%f%f%f",……)”，输入时以空格、制表符或回车为一个变量输入的结束），则在输入时，变量之间需要“,”分隔，如程序执行结果所示。更详细内容参见附录 8。

（2）本例中使用了 flushall()函数，它的功能是把所有的输入输出缓存都清空。在这里，它和 getchar()函数配套使用。getchar()函数的返回值为用户输入的第一个字符的 ASCII 码，若出错则返回-1，且将用户输入的字符回显到屏幕。如果用户在按回车键之前输入了不止一个字符，其他字符会保留在键盘缓冲区中，等待后续 getchar()调用读取。也就是说，后续的 getchar()调用不会等待用户按键，而是直接读取缓冲区中的字符，直到缓冲区的字符读取完毕后，才等待用户按键。鉴于 getchar()函数的这一功能，程序调用 flushall()函数清理输入缓存。

（3）这个程序看起来并不太像一个学生成绩档案管理系统，因为它不能让用户选择课程进行成绩录入，不能随时进行成绩的统计与分析，没有一个友好的菜单，也没有把第 2 章的内容集成进来。这几项不足可以利用本章所介绍的知识点来实现，请读者参照 3.4.1 小节。

（4）同一问题的程序实现方法可以有多种，程序清单 3-16 中使用的是 do while 循环完成成绩的输入，还可以使用其他循环方式实现，请参考 3.2 节内容。

思考

如果将程序中的 continue 语句换成 break 语句，会产生何种效果呢？

3.5　本章小结

1. 知识层面

本章主要讲述了程序的循环控制及其使用方法。

（1）4 种循环语句的基本语法：C 语言提供了 for 语句、while 语句、do while 语句及 goto 语句实现循环操作的功能。由于 goto 语句对结构化程序设计有一定"危害"，因此不提倡使用。其余三种循环基本上可相互替代，可以根据问题本身的特性择优选择。在设置控制循环执行的判断条件时，需要谨慎和仔细，否则程序会陷入无限循环。

（2）复合赋值运算符：让程序书写更简洁，表达更丰富，但它也会加大程序的理解难度。一个复杂的复合赋值表达式常常会让人摸不着头脑。掌握它们各自的含义、结合性以及运算的优先级，并且建议读者不要过于追求简洁，把简单的问题复杂化。

（3）循环控制语句：break 语句、continue 语句和 goto 语句可对循环结构进行控制。它们都有结束循环的能力。break 语句是结束本层循环；continue 语句是结束本次循环；goto 语句是绝对跳转——可以跳到程序的任意地方，但不建议使用！

2. 方法层面

（1）如何跳离循环结构：根据程序流程的需要，在分析和设计阶段，采用不同的方式离开循环结构。C 语言提供的这类语句包括 break 语句、continue 语句和 goto 语句，尤其要注意 break 语句和 continue 语句的异同，比较其不同的特点与作用。虽然这些语句可以中断循环的执行，但程序的流程随之发生改变。因此，如果不必要，最好不要使用，因为它会增加程序阅读和理解的难度。

（2）无限循环的用途：不要把无限循环看得那么可怕，只要把握住跳出循环的方法，就可以轻松发挥它的特点。

（3）循环语句的选择：选择一种合适的循环语句解决问题，是建立在对各种循环深刻理解之上的。只有掌握它们各自的特点，才能信手拈来。for 循环和 while 循环都是在循环的开始位置进行循环条件的判断，即进行入口条件检查；而 do while 循环是进行出口条件检查。for 循环特别适合那些包含初始化和更新的循环。for 循环中可以使用逗号运算符来完成更多的初始化或者更新操作，给操作带来方便，而且通过变形可以充分体现它的灵活性。

（4）本章从第一个例子就开始使用循环迭代法进行累积式运算，直到最后两个应用实例，不断地使用这种方法提高解决问题的程序设计技巧。它是处理计算性问题的一种常用方法，也是计算思维培养的一项重要程序设计训练，建议读者反复练习。可以从对 3.4 节的两个实例进行功能扩展开始，比如给计算器增加求余弦、正切和余切的功能，给学生成绩档案管理系统增加菜单、成绩分类管理、统计等功能。

练习与思考 3

1. 填空题

（1）以下程序段的输出结果是__________。

```
int k,n,m;
n=10; m=1; k=1;
while(k<=n)  m*=2;
printf(" %d\n",m);
```

（2）以下程序段的输出结果是__________。

```
main()
{  int y=10;
   for(;y>0;y--)
      if(y%3==0)
      {printf(" %d",--y);continue;}
}
```

（3）以下程序的功能是从键盘上输入若干学生的成绩，统计并输出最高成绩和最低成绩，当输入负数时结束输入。请在下列程序中填空。

```
main()
{  float  x, fMax,fMin;
   scanf(" %f",&x);
   fMax =x;fMin =x;
   while(__________ )
   {  if(x>fMax) fMax =x;
      if(_______ )  fMin =x;
      scanf("%f",&x);
   }
   printf(" \n fMax =%f\n fMin =%f\n",fMax,fMin);
}
```

2. 选择题

（1）若 x 是整型变量，以下程序段的输出结果是（　　）。

```
for(x=3;x<6;x++)
printf((x%2)?("**%d"): ("##%d\n"),x);
```

（A）**3
##4
##5　　（B）##3
**4
##5　　（C）##3
4##5　　（D）3##4
**5

（2）执行以下程序后，输出的结果是（　　）。

```
main()
{    int y=10;
     do{y--;}while(--y);
     printf("%d\n",y--);
}
```

（A）-1　　（B）1　　（C）8　　（D）0

（3）以下程序段的输出结果是（　　）。

```
int k,j,s;
 for(k=2;  k<6;  k++,k++)
 {     s=1;
       for(j=k;  j<6;  j++)  s+=j;
```

```
    }
    printf("%d\n",s);
```

（A）9　　（B）1　　（C）10　　（D）11

（4）以下程序段的输出结果是（　　）。

```
main()
{    int x=2;
     while(x-- );
     printf(" %d\n",x);
}
```

（A）0　　（B）-1

（C）1　　（D）以上选项都不正确

3. 编程题

（1）编写一段程序，输出 1～100 之间能够被 5 整除的数。

（2）使用 for 循环语句，打印出以下图案。还有其他的实现方式吗？

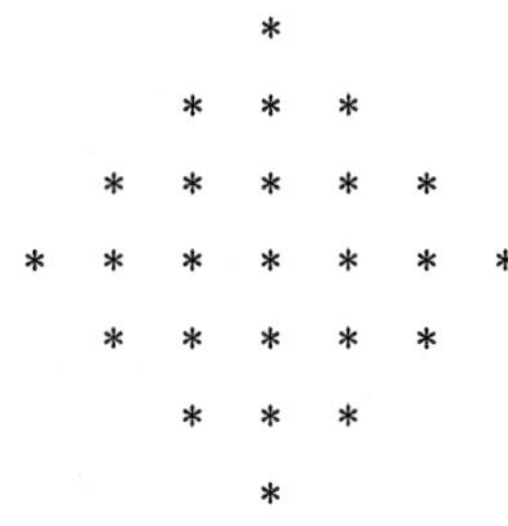

（3）打印出所有的“水仙花数”。所谓“水仙花数”，是指一个三位数，其各位数的立方和等于该数本身。例如，153 是水仙花数，因为 $153=1^3+5^3+3^3$。

（4）将一个正整数分解质因数。例如，输入 90，打印出 90=2*3*3*5。

4. 思考题

（1）查看程序清单 3-3，如果将 for 循环中的循环控制变量部分(nFlag=(87569 != nPwd))&& i<3 改写成 i<3&&(nFlag=(87569 != nPwd))，输入的过程如下操作：第一次和第二次都输入错误的密码字符串，第三次输入正确密码字符串，看看结果如何，尝试解释为何出现该情况。

（2）设计与实现余弦函数（cos 函数），并把它加到 HITCalc.c 中。余弦函数的泰勒展开式如下：

$$\cos x = 1 - \frac{x^2}{2!} + \frac{x^4}{4!} - \cdots + (-1)^k \frac{x^{2k}}{(2k)!} + \cdots$$

第 4 章
模块化设计与应用

内容提示

关键词

- ❖ 模块化程序设计
- ❖ 函数定义
- ❖ 函数调用
- ❖ 函数声明
- ❖ 函数的传递参数
- ❖ 函数的返回值
- ❖ 预处理

难点

- ❖ 函数的参数传递和返回值
- ❖ 模块划分

随着学习的不断深入，解决的问题越来越复杂，编写的代码也越来越庞大。以第 3 章 3.4.1 小节中的计算器为例，如果把前面所介绍的功能与三角函数都加起来的话，代码量会超过百行，全部写入到 main()函数中会使程序看起来非常臃肿，代码的维护也会十分困难。我们一方面要学会使用开发平台提供的调试工具，另一方面要学习本章所介绍的模块化程序设计方法。模块化程序设计方法就像切豆腐块一样，把程序划分成一段段功能相对独立的代码块，与复杂问题的切分相对应，设计、实现与调试都可以分阶段、分模块进行，运行时将它们整合在一起解决一个大问题。另外，程序设计中，有时会出现同一功能的实现代码块被多处使用，维护时，需要修改多处，增加了程序员的工作量，还容易出现修改不一致的情况。也就是说，使用 C 语言的模块化设计方法，有以下 5 方面的好处。

（1）程序员编写一段功能相对独立的代码，可以在多个地方使用，减少了编码的工作量。

（2）当功能相对独立的代码有问题时，只需修改一处，其他使用的地方自然更正，减少了代码维护的工作量。

（3）与复杂问题的切分（分治）设计方法相对应，使得用程序解决问题更加容易。

（4）可以逐个模块调试，更容易发现并解决问题。

（5）阅读方便，使程序更容易被理解。

4.1　模块化程序设计方法

用模块化方法进行程序设计的技术在 20 世纪 50 年代就初见雏形。在进行程序设计时，把一个大的程序按照功能划分为若干小的程序，每个小的程序完成一个确定的功能，在这些小的程序之间建立必要的联系，互相协作完成整个程序的功能。这些小的程序被称为模块。

通常规定模块只有一个入口和出口，使用模块的约束条件是入口参数和出口参数。用模块化的方法设计程序，其过程犹如搭积木，选择不同的积木块或采用积木块不同的组合就可以搭出不同的造型。同样，选择不同的程序块或程序模块的不同组合就可以完成不同的系统架构和功能。

将一个大的程序划分为若干不同的相对独立的小程序模块，正是体现了抽象的原则。这种方法已经被人们接受。把程序设计中的抽象结果转化成模块，不仅可以保证设计的逻辑正确性，而且更适合项目的集体开发。各个模块分别由不同的程序员编制，只要明确模块之间的接口关系，模块内部细节的具体实现可以由程序员自己设计，而模块之间不受影响。具体到程序来说，模块通常是指可以用一个名字调用的一个程序段。对于不同的程序设计语言，模块的实现和名称也不相同。BASIC、FORTRAN 语言中的模块称作子程序；PASCAL 语言中的模块称为过程；C 语言中的模块叫函数。

4.1.1　模块化程序设计思想

模块化程序设计的主要思想是将整个系统（或程序）分解成若干功能独立的，能分别设计、编程和测试的模块。通俗地说，就是将大的问题分解成若干小问题，将小问题再进一步细分为更小的问题，直至能够用较简单的方法将其解决为止。小问题被逐一解决之后，大问题也就迎刃而解了。这也是通常所说的“分而治之”，它是一种解决复杂问题的常用方法。模块化程序设计便体现了这种思想。

模块化程序设计具有以下几个特点。

（1）程序员能单独地负责一个或几个模块的开发。

（2）开发一个模块不需要知道系统其他模块的内部结构和编程细节。

（3）模块之间的接口尽可能简明，模块应尽可能彼此隔离。

（4）具有可修改性：对整个系统的一次修改只涉及少数几个模块，这种局部性的修改不仅能满足系统修改的要求，而且不会影响系统已经具有的良好质量。

（5）具有易读性：每个模块的含义和职责明确，模块之间的接口关系清楚，从而降低复杂性，使得阅读和理解更加方便。

（6）具有易验证性：只有每个模块都正确实现，才可能使整个系统正确。

4.1.2　模块规划实例

下面以简单计算器和学生成绩档案管理程序为例，利用模块化程序设计的思想和方法，给出这两个实例的模块规划，希望能起到抛砖引玉的作用。也希望读者通过分析和思考，能给出自己的方案。有志于此的读者还可以学习与“软件工程”相关的课程和书籍。

【例 4-1】简单计算器。计算器程序能够完成如下常用运算：加、减、乘、除、取余、倒数、以 e 为底的对数、以 10 为底的对数、开平方、指数运算、正弦、余弦、正切、位运算符运算、位段位运算、求 pi(π)和阶乘，以及二进制、八进制、十进制、十六进制之间的相互转换。

✧ 问题分析

（1）程序模块化的方法是自上向下，逐步分解，分而治之。通俗一点讲就是逐步把大功能分解为小功能，从上到下，各个突破，逐步求精。这里“计算器”就是“大功能”，现在把它逐步分解。

（2）把计算功能相近的运算规划成一个模块：加、减、乘、除、取余、倒数都属于代数运算，划分到六则运算模块；以 e 为底和以 10 为底的对数的运算划分到对数运算模块；开平方、指数运算划分到幂运算模块；正弦、余弦、正切划分到三角运算模块；二进制、八进制、十进制、十六进制之间的相互转换规划成进制转换模块；位运算符运算、位段位运算都和位运算相关，规划为位运算模块；求 pi(π)和阶乘这两个功能之间没关系，分别把它们划分为求 pi(π)和阶乘模块。这样把计算器规划成八大模块。

（3）为了能够使程序实现更为容易，按照模块功能尽可能单一的原则，把上一步规划的大模块进一步分解。把对数运算模块分解为以 e 为底的对数和以 10 为底的对数运算两个小模块；幂运算模块分解为开平方、指数运算两个小模块；三角函数模块分解成正弦、余弦、正切三个小模块；进制转换模块进一步分解成四个小模块：二进制转换到八进制、十进制、十六进制，八进制转换到二进制、十进制、十六进制，十进制转换到二进制、八进制、十六进制，十六进制转换到二进制、八进制、十进制；位运算模块分解为位运算符运算、位段位运算两个模块；由于六则运算模块中的六种运算相对简单，所以就不再分解了。

✧ 程序功能设计

两级划分可使功能规划更加规范，且菜单更为简洁。上述规划有着更加直观的表达方式——计算器的功能模块图，如图 4-1 所示。

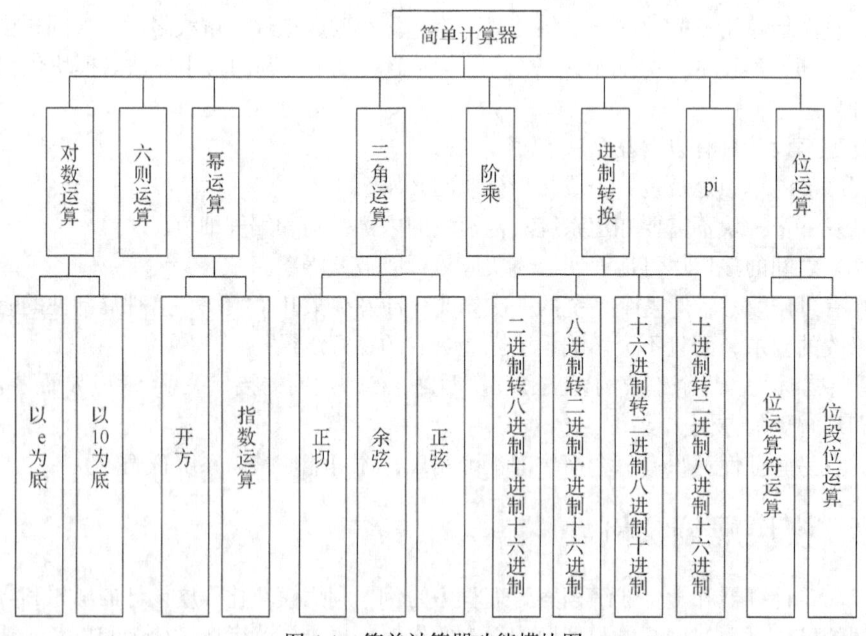

图 4-1 简单计算器功能模块图

【例 4-2】学生成绩档案管理。要求能够管理 N 个学生的 3 门功课（英语、高数和 C 语言）的成绩，功能包括读入/存储学生信息、录入/修改/删除学生基本信息、录入/修改成绩、按学号/

姓名查询、排序、浏览，以及统计每门课的优、良、中等、及格、不及格人数。

✧　问题分析

（1）根据题目要求的功能，很容易分成四大模块：管理学生信息（档案）模块、管理成绩模块、查询模块、统计模块。

（2）把四大模块继续分解。管理学生信息（档案）模块：从文件中读取学生信息、从键盘录入学生信息、将学生信息存入文件、修改学生信息、删除学生信息五个功能。管理成绩模块：从键盘录入成绩模块、修改学生成绩模块。查询模块：实现按学号查询功能、按姓名查询功能、排序功能、浏览（显示）学生的成绩单。

✧　程序功能设计

根据上面的模块规划得出学生档案成绩管理的功能模块图，如图 4-2 所示。

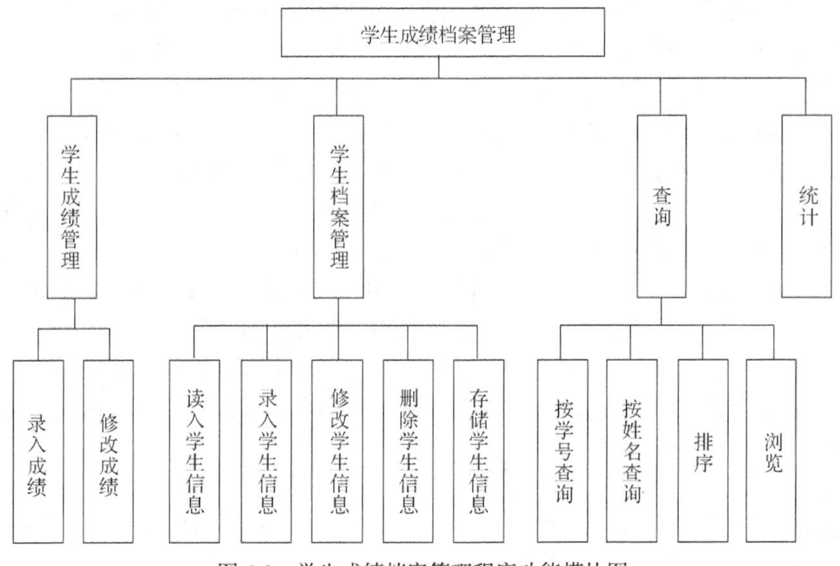

图 4-2　学生成绩档案管理程序功能模块图

模块化程序设计在 C 语言中如何体现？各功能模块又如何实现？答案是函数。函数是 C 源程序的基本模块。

4.2　函数

在 C 语言中，函数可分为两类：一类是系统定义的标准函数，又称为库函数，其函数说明或声明一般放在系统的 include 目录下以.h 为后缀的头文件中。如果程序中要用到某个库函数，只需在使用或调用该函数之前用命令#include<头文件名>将库函数信息包含到本程序中即可。在前面各章的例题中反复用到 printf、scanf 等函数就属此类。有关各类库函数及所属的头文件名请查阅附录 10，有关#include 命令将在本章 4.3 节介绍。

另一类函数是用户自定义函数，这类函数是根据用户问题的特殊要求而设计的。自定义函数可以将大问题分解为若干子问题分别实现，为架构复杂的大程序提供了方便，同时使程序的层次结构清晰，便于程序的编写、阅读和调试。下面将介绍函数的定义与使用。

4.2.1 函数的定义

与变量类似，函数也必须遵循先定义后使用的原则。函数定义的一般形式及简单的示例可表示如下。

函数的一般形式

```
函数返回值类型函数名(形式参数列表)
{    //函数体，其包含内容如下：
    变量声明;
    语句;
    return 表达式;
}
```

高斯级数累加示例

```
int GaussSum(int s, int e){
    int nSum=0,i;
    for(i=s;i<=e;i++)
        nSum+=i;
    return nSum;
}
```

对比函数的一般形式与示例，依次对表达形式中所出现的知识点进行如下说明。

（1）返回值类型指函数体执行完毕后，返回给主调函数（不是主函数 main，详细说明见 4.2.2 小节）值的类型。函数的返回值最多有一个，它的类型可以是除了数组（见第 5 章）以外的任意类型，如 int、float、char 等。如果函数无返回值，则用空类型 void 来定义函数类型。如果函数类型默认，则系统默认为 int 型。示例中的返回值类型与系统默认类型相同，是 int 型。

（2）函数名是函数的唯一标识，它的命名规则和变量名一样。但为了增强程序的可读性，建议将函数名与函数的功能建立一定的联系，达到望名知义的效果。这是一种良好的编程风格。

（3）在 ANSI C 标准中，函数名后括号里的内容称为形式参数列表（简称形参）。由示例可知，表达为"类型变量名，类型变量名，……"。形式参数在被调用之前，系统是不会为之分配内存的，它们只是作为占位说明符出现在这里，故被称为形式参数。形式参数不是函数定义所必须的，当函数设计不需要参数时，一般会加"void"表示，如 int GS(void)。C 语言构成非常灵活，不加"void"也是允许的。

（4）函数体由合法的 C 语言语句构成。

（5）return 语句：函数的返回值是通过函数中的 return 语句获得的。return 语句将函数中的一个确定值带回调用它的函数中去。"确定值"的含义包括：return 语句中表达式的类型和值都是确定的。如果函数中出现 return 语句中表达式值的类型与函数返回值类型不匹配，则以函数返回值的类型为准（强制类型转换）。在一个函数里，return 语句可以有多个，哪一个 return 语句起作用要看使用的具体环境，如下例所示。在程序设计中，有时候不需要返回值，函数开头设置"void"或没有任何类型修饰。相应地，在函数体内也没有 return 语句，也是 C 语言所允许的。

（6）函数定义不允许嵌套。这一点对于初学者来说非常重要。在 C 语言中，所有函数（包括主函数 main()在内）都是平行的。一个函数的定义，可以放在程序中的任意位置，在主函数 main()之前或之后均可。但在一个函数的函数体内，不能再定义另一个函数，即不能嵌套定义，如下例如示。

含有多个 return 语句的函数

```
/*定义一个函数 Min()*/
int Min(int nNum1,int nNum2)
{
    if(nNum1>nNum2)
        return (nNum2);
    else
        return (nNum1);
}
```

函数的嵌套定义—错误

```
int f(){
    ……
    int f1()
    {
      ……
      return 1;
    }
    return 0;
}
```

4.2.2　函数的调用

一个函数写好后，若不进行函数调用来执行它，是发挥不了任何作用的。下面通过一个示例对它的相关概念及使用方法进行说明。

函数定义

```
int GaussSum(int s, int e){
      int nSum=0,i;
      for(i=s;i<=e;i++)
            nSum+=i;
      return nSum;
}
```

函数调用

```
void fun()
{
    int start=5,end=100,nRet;
    int GaussSum(int s, int e);  //函数声明
    nRet= GaussSum(start, end);  //函数调用
    printf("result=%d",nRet);
}
```

在 main()函数中调用 fun()

```
int main()
{
      fun();   //函数调用
      return 1;
}
```

此例中，fun()函数被称为 GaussSum()的主调函数，它调用了 GaussSum()函数。GaussSum()被称为 fun()的被调函数。main()被称为 fun()的主调函数，它调用了 fun()函数。fun()被称为 main()的被调函数。若被调函数在主调函数定义之后才被定义，并且返回值类型不是整数类型，则在调用之前，先要做函数声明。当然，任何时候在调用之前进行函数声明都是对的。

1. 函数声明

函数声明的目的就是把函数的名字、函数类型以及参数的类型、个数和顺序通知编译系统，以便在调用该函数时，系统按此进行对照检查，从而可以正确编译。函数声明可以在函数调用之前的任何地方，其一般格式如下。

```
函数类型 函数名(参数列表);
```

例如：

```
int Put(int x,int y,int z,int color);          /*声明一个整型有参数的函数*/
char Name(void);                                /*声明一个字符型无参的函数*/
void Student(int n, char *str);                 /*声明一个没有返回值有参数的函数*/
float SelPi(void);                              /*声明一个浮点型无参的函数*/
```

从表达形式看，函数声明类似于函数定义，只是没函数体并且多了一个分号。函数声明不是必须的，在以下 3 种情况下，可以省去在主调函数中对被调用函数的声明。

（1）被调用函数的函数定义出现在主调函数之前。因为在调用之前，编译系统已经知道被调用函数的返回值类型、参数的类型、个数及顺序，如示例中 fun()，在主调函数 main()中没有声明，就是因为它定义在了 main()之前。

（2）在所有函数定义之前，由函数外部（如文件或程序开始处）预先对各个函数进行了声明。

（3）被调用函数的函数返回值类型为 int 型。因为在调用函数之前，没有对函数做声明，编译系统自动会把第一次遇到的该函数形式（函数定义或函数调用）作为函数声明，并将函数类型默认为 int 型。C 语言的这种灵活性反而使得初学者对于函数的声明不太理解，通常认为标准不一致。如果这样，可以在使用前一律加上声明，这样就不会犯错了。但也可以认为这是一种特例。

2. 函数调用

函数声明后，就可以调用函数了。函数调用出现在主调函数中，它的一般形式为

```
函数名(实参列表);
```

包括示例在内，调用函数有 3 种方式。

（1）函数表达式。函数作为表达式的一项，出现在表达式中，以函数返回值参与表达式的运算。这种方式要求函数是有返回值的。如示例中的语句 nRet= GaussSum(start, end);，这是一个赋值语句，函数 GaussSum()执行完毕后，把返回值赋给变量 nRet。

（2）函数语句。C 语言中的函数可以只进行某些操作而不返回函数值，这时的函数调用可作为一条独立的语句，如示例中 main()函数里的 fun();。

（3）函数实参。函数作为另一个函数调用的实际参数出现。这种情况是把该函数的返回值作为实参进行传送，因此要求该函数必须是有返回值的。参看例 4-3“程序实现—声明并调用 SelPi()”中的语句 printf("pi=%.5f\n",SelPi(dMin));把函数 SelPi(dMin)当作 printf()函数的参数。

（1）在主调函数中调用一个函数时，把函数名后面括号中的参数（可以是一个表达式）称为“实际参数”（简称“实参”）。实参的定义在主调函数中，且不在函数调用语句中，而必须在函数调用之前。当系统执行实参定义语句时，会给实参分配存储空间，参见上述示例“函数调用”部分中的“start, end”。

（2）函数调用语句包含一个“赋值”过程，如示例中 GaussSum(start, end); 语句中包含“s=start, e=end”，即 start 把值“5”赋给 s，end 把值“100”赋给 e。这时，系统给 s 和 e 分配内存空间，并用 start 和 end 分别对它们进行初始化，这一过程被称为形实结合。必须注意的是，s、start 是两个各自独立的变量，赋值完毕后，相互之间将不再有任何依赖关系；e、end 也是一样的。这一过程被称为形实分离。

（3）实参必须在类型上按顺序与形参一一对应和匹配。如果类型不匹配，C 编译程序将按赋值兼容的规则进行转换。C 语言不认为这种不兼容存在语法错误，通常并不给出错误信息，程序仍然继续执行，只是得不到正确的结果。

（4）实参可以是常量、变量或表达式，但其值必须是确定的。如果实参列表中包括多个参数表达式，需要先求出每个表达式的值，才能赋给形参。对实参的求值顺序因系统而异。有的系统按自左向右顺序求实参的值，有的系统则相反。

（5）注意主函数和主调函数是两个不同的概念。主函数是指 main 函数，在整个 C 语言工程中，有且只能有一个。主调函数包括 main()在内，可以有多个，如示例中的 main()和 fun()。

（6）函数名与函数名之间、函数名与变量名、变量名与变量名在同一函数中是不能重名的。

4.2.3 函数设计实例

【例 4-3】定义一个函数，实现用公式 $\frac{\pi}{4}=1-\frac{1}{3}+\frac{1}{5}-\frac{1}{7}+\cdots$ 求 π 的值。

✧ 问题分析

（1）这个 π 值的求取公式实际上是根据反正切三角函数 arctan x 在 x=0 处按泰勒（Taylor）公式展开得到的，即

$$\arctan x = x-\frac{x^3}{3}+\frac{x^5}{5}-\cdots+(-1)^{k-1}\frac{x^{2k-1}}{2k-1}+\cdots$$

令 $x=1$，则根据 $\arctan 1=\frac{\pi}{4}$ 可得 $\frac{\pi}{4}=1-\frac{1}{3}+\frac{1}{5}-\frac{1}{7}+\cdots$。

（2）从数学角度看，这是一个级数，但不能通过它的收敛性来表达 π 的真实值，只能利用计

算机求出近似值。通过截取所给公式的前 n 项来实现。n 的大小由截取的条件决定，此处定为取到某一项的绝对值小于 10^{-6} 为止，从而使问题转化为一个有限个数的加减运算问题。

（3）由分析可得其中的规律：正负号交替；分母依次相差为 2；可以用循环结构实现求和运算。

✧　程序设计描述

自定义函数 SelPi()，其流程图如图 4-3 所示。

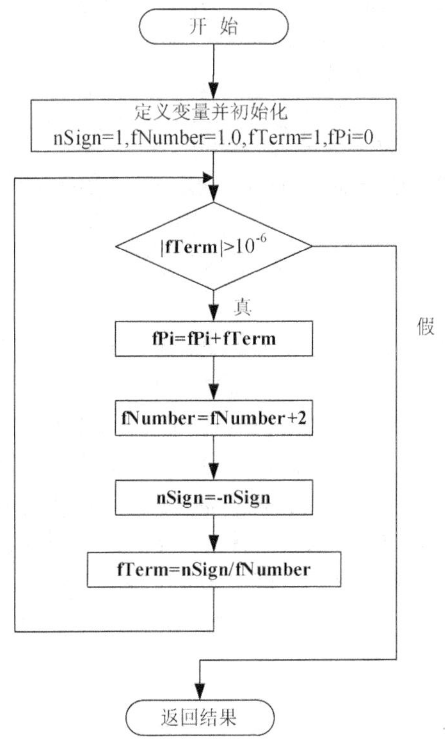

图 4-3　SelPi 函数流程图

✧　程序实现

声明并调用 SelPi()

```
/*      purpose: 调用 SelPi()，精度由主调函数控制
        author : Zhang Xiaodong
        created: 2017/05/09 14:58:22*/
#include <stdio.h>
#include <math.h>
void main()
{
        double dMin;
        printf("请输入精度要求：");
        scanf("%lf", &dMin);
        float SelPi(double dMin);//函数声明
        printf("pi=%.5f\n",SelPi(dMin));
}
```

SelPi()函数定义

```
/*   purpose: 定义一个函数,求 Pi 的近似值*/
float SelPi(double dMin) //求 pi
{    int nSign=1;
     float fNumber=1.0,fTerm=1,fPi=0;
     while(fabs(fTerm)> dMin)
     {
          fPi=fPi+fTerm;
          fNumber=fNumber+2;
          nSign=-nSign;
          fTerm=nSign/fNumber;
     }
     return(4*fPi);
}
```

程序运行结果如下。

```
pi=3.14159
```

✧　程序解读

（1）由于主调函数 main()放在被调用函数 SelPi()之前且函数 SelPi()的函数类型为 float 型，所

以这里必须进行函数声明。

（2）读者可以把此例中自定义函数 SelPi()和主调函数 main()的顺序颠倒一下，并且把 main()中的函数声明去掉，然后上机运行，观察程序是否可以运行及结果是否正确。

（3）被调用函数 SelPi()利用 return 把计算结果返回到主调函数 main()中。

（4）对于本题所采用的方法来说，10^{-6} 以下的精度对于值的精度已经没有影响了，只会拖慢速度。所以，可以采用无参无返回值的函数设计方法。修改方法是将主函数中语句全部删除，加入如下两条语句。

```
void SelPi(void);     //函数声明
SelPi();              //函数调用
```

SelPi()函数的定义中，改函数头部分为 void SelPi(void)，其中两个 void 都可以省略。将 return(4*fPi);语句改为 printf("pi=%.5f\n",4*fPi);，经过修改后的 SelPi 具有函数定义与使用的“最简”形式。

【例 4-4】用迭代公式 $x_{n+1}=(x_n+a/x_n)/2$，求 $x=\sqrt{a}$。

✧ 问题分析

（1）这个公式是根据牛顿法得出的。就非线性方程来说，一般变量 x 超过 3 次方就没有公式可以套用，超越方程（如含有三角函数）更是如此。牛顿法通过作非线性方程曲线的切线，推导出求 x 的迭代方程，逐步逼近方程的解。如图 4-4 所示，设有非线性方程 $f(x)$的曲线与 x 轴相交（若与 x 轴无交点，则 $f(x)=0$ 无解），过该曲线上任意一点$(x_0, f(x_0))$作该曲线的切线，切线与 x 轴相交于点$(x_1,0)$。过 x_1 作 x 轴的垂线，该垂线与 $f(x)$相交于点$(x_1, f(x_1))$。过$(x_1, f(x_1))$再作切线，与 x 轴相交于点（x_2,0），…，依此类推，可以得到一个关于 x 的序列$\{x_0, x_1, x_2, \cdots, x_n\}$。如果该序列收敛，则会越来越接近于 $f(x)$与 x 轴的交点，即 $f(x)=0$ 的解。那么，过点$(x_0, f(x_0))$关于 $f(x)$的切线方程可表示为：

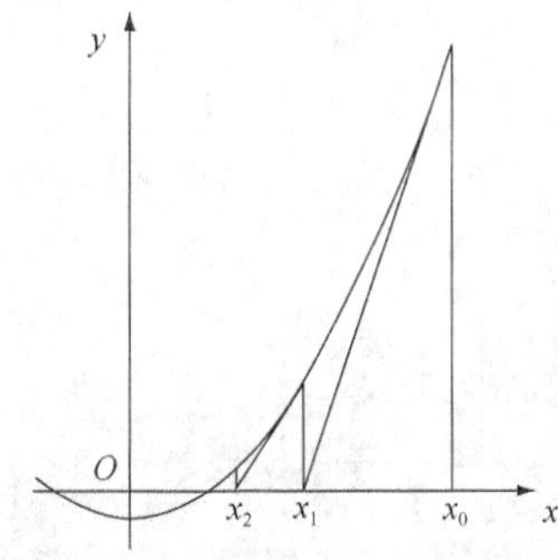

图 4-4　牛顿迭代法示意图

$$f(x_1)-f(x_0)=f'(x_0)(x_1-x_0)$$

在切线与 x 轴的交点处有 $f(x_1)=0$，则可推出：

$$x_1=x_0-f(x_0)/f'(x_0) \tag{4-1}$$

式（4-1）就是求解非线性方程解的迭代公式。下面用这个公式求解平方根。

设 $x=\sqrt{a}$，则有 $x^2=a$，$x^2-a=0$。令 $f(x)=x^2-a$，则有 $f'(x)=2*x$。代入式（4-1）有：

$$x_1=x_0-f(x_0)/f'(x_0)\rightarrow x_1=x_0-(x_0^2-a)/(2*x_0)=(x_0-a/x_0)/2 \tag{4-2}$$

式（4-2）与题目给定的迭代公式相同，只是更便于程序设计。可以证明式（4-2）对于任意初值 $x_0>0$ 都是收敛的，相关知识请参考“数值分析”或“计算方法”方面的书籍。

（2）由迭代公式（4-2）不难看出，这是一个近似解，需要一个条件限制迭代次数。这里采用前后两次求出的 x 的差的绝对值小于所给的精度 10^{-6} 作为限制条件。

（3）用循环结构实现迭代求解。流程图如图 4-5 所示。

✧　程序设计描述

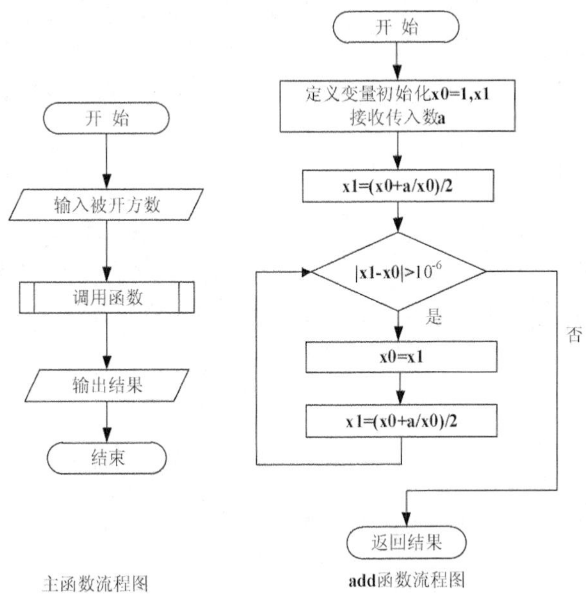

图 4-5　迭代法求平方根流程图

✧　程序实现

声明并调用开方函数 QZ()

```
/*  purpose: 调用 QZ()，输出开方结果
    author : Zhang Xiaodong
    created: 2017/05/09 14:58:22
*/
#include <stdio.h>
#include <math.h>
void main()
{     double a, dQ;
      printf("请输入一个待开方数: ");
      double QZ(double m); //函数声明
      scanf("%lf",&a);        //输入待开方数
      dQ=QZ(a);              //函数调用
      printf("%5.2lf 开方为: %8.6lf\n",a, dQ);
}
```

开方函数 QZ() 的定义

```
/*  purpose: 定义一个函数，求形参的平方根的近似值
    author : Zhang Xiaodong
    created: 2017/05/09 14:58:22
*/
double QZ(double a){     //函数类型为双精度
    double x0=1.0,x1;  //定义变量，初始化 x0
    x1=(x0+a/x0)/2;     //计算 x1
    while(fabs(x1-x0)>1e-6)  //迭代
    {
        x0=x1;
        x1=(x0+a/x0)/2;
    }
    return x1;          //返回符合精度的结果
}
```

程序运行结果如下。

```
请输入一个待开方数: 2
2.00 开方为 1.414214
```

通过上述函数的设计实例，不难看出，主调函数和被调用函数之间的数据传递是通过函数的参数及返回值实现的。通常将函数所处理的数据、影响函数功能的因素或者函数处理的结果作为函数的形式参数或返回值。C 语言规定，实参变量对形参变量的数据传递是单向传递，即只由实参传给形参，而不能由形参传回给实参。这一数据传递的过程，实际上是利用实参给形参赋值。正是因为这一原因，在函数定义时，不会为形参及其内部的变量分配内存空间。当函数被调用时，开始执行函数，需要给形参及函数内部的变量分配内存空间，然后将实参值赋给形参。在内存中，实参和形参占用不同的内存单元，无论名称是否相同，它们都是不同的变量。因此，形参在获得

值之后便与实参相脱离，此后无论形参发生怎样的改变，都不会影响实参。下面举个例子来说明函数之间数据传递的单向性。

【例 4-5】设计一个有两个整型参数的函数 Swap，在函数 Swap 内完成对这两个参数值的交换，并且输出交换后的结果。设计主调函数 main，在 main 中定义两个整数，在调用 Swap 之前输出这两个整数，调用之后再次输出它们，对输出的结果进行比对，以考察数据传递的单向性。

✧ 程序实现

Swap()函数定义

```
/*   purpose: 实参和形参之间的值传递
     author : Zhang Xiaodong
     created: 2017/05/10 16:38:08*/
#include <stdio.h>
void Swap(int nN1,int nN2)
{
     int nT;
     nT=nN1;
     nN1=nN2;
     nN2=nT;
     printf("in swap: nN1=%d, n2=%d\n",nN1,nN2);
}
```

main 函数

```
/*   purpose: 实参和形参之间的值传递
     author : Zhang Xiaodong
     created: 2017/05/10 16:38:08*/
void main()
{
     int nN1,nN2;
     nN1=4;
     nN2=7;
     printf("in main: nN1=%d, nN2=%d\n",nN1,nN2);
     Swap(nN1,nN2);
     printf("in main: nN1=%d, nN2=%d\n",nN1,nN2);
}
```

运行结果为

```
in main: nN1=4, nN2=7
in swap: nN1=7, nN2=4
in main: nN1=4, nN2=7
```

✧ 程序解读

依据结果可知，虽然在函数 Swap()中，变量 nN1 和 nN2 的值已经交换，但并没有影响到主函数中的 nN1 和 nN2 的值，输出仍然为 nN1=4,nN2=7。实践证明了函数之间数据传递的单向性及形实参数的独立性。这两个特性既确保了函数功能的透明性（对外隐藏了函数实现的细节。如果把自己做的函数封装后给其他工程师使用，则使用者不必关心函数的实现方式），又保护了数据的安全（形参的操作都在函数内部，外部无法对其进行操作，这样使用此函数的用户不能直接改变相关变量的值）。

有没有办法使最后的输出结果为 nN1=7,nN2=4 呢？请到第 6 章中找答案。

至此，关于函数调用还有最后一个疑问：函数调用究竟是如何执行的？

4.2.4 函数调用的执行过程

一个 C 语言程序经过编译链接以后生成可执行的代码，生成后缀为 exe 的文件，存放在外存储器中。当程序被启动时，首先从外存将程序代码装载到内存的代码区，然后从入口地址（main()函数的起始处）开始执行。程序在执行过程中如果遇到对其他函数的调用，则暂停当前函数的执行，保存下一条指令的地址（返回地址，作为从被调用函数返回后继续执行的入口），并保存现场（如中间变量等是现场的内容），然后转到被调用函数的入口地址，执行被调用函数。当遇到 return 语句或者被调用函数结束时，则恢复先前保存的现场，并从先前保存的返回地址开始继续执行。如图 4-6 所示，图中标号说明程序的执行顺序。

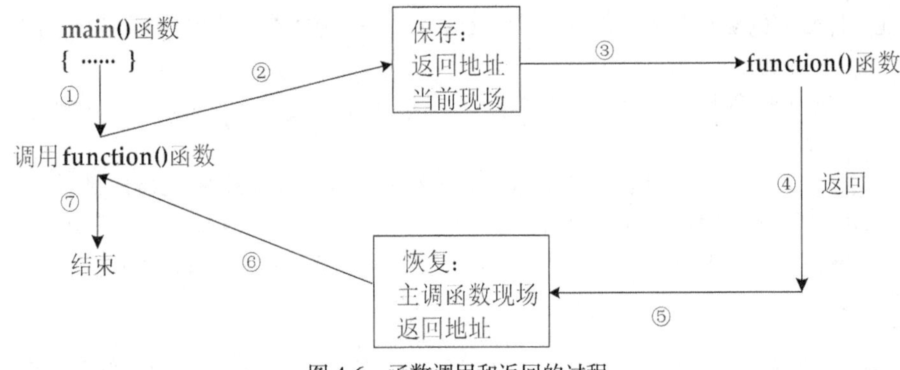

图 4-6　函数调用和返回的过程

4.3　预处理

在前面的章节中，已多次使用以“#”号开头的预处理命令，如文件包含命令#include。在源程序中，这些命令都放在函数之外，而且一般都放在源程序的前面，它们被称为预处理部分。通过预处理命令可以扩展 C 语言程序设计的环境，增强 C 语言在软件工程方面的处理能力，如多文件组织、宏定义等。

预处理命令是由 ANSI 统一规定的，但不是 C 语言本身的组成部分，不能直接对它们进行编译。根据预处理命令对程序做相应的处理，使程序不再包括预处理命令，再由编译程序对预处理后的源程序进行通常的编译处理，得到可执行的目标代码。

C 语言提供了多种预处理功能，合理地使用预处理功能够使编写的程序便于阅读、修改、移植和调试，也有利于模块化程序设计。

4.3.1　文件包含

所谓“文件包含”，是指一个源文件将另外一个或多个源文件的全部内容包含到本文件之中。它是 C 预处理程序的一个重要功能。其一般形式有两种：

```
#include"文件名"
#include<文件名>
```

其中，“#”表示这是一条预处理命令。在 C 语言中，凡是以“#”开头的均为预处理命令。“include”被称为文件包含命令，它的功能是把指定的文件插入该命令行所在位置，取代该命令行，从而把指定的文件和当前的源程序文件连成一个源文件。包含命令中的文件名可以用“”或<>括起来。这两种形式是有区别的：使用<>表示先在包含文件目录中查找（包含目录，即所谓的 home 路径，指由用户在配置环境时设置的），而不在源文件目录中查找；使用“”表示首先在当前的源文件目录中查找，若未找到才到包含目录中查找。用户编程时可根据自己文件所在的目录，选择某一种命令形式。前面已多次用此命令包含过库函数的头文件，如#include "stdio.h"、#include <math.h>。

在程序设计中，文件包含很有用。一个大的程序可以分为多个模块，由多个程序员分别编写，存入不同文件中，再由文件包含指令（include）将它们串连起来。另外，有些公用的符号常量或宏定义等可单独组成一个文件，在其他文件的开头用包含命令包含该文件即可。这样，可避免在每个文件开头都去书写那些公用量，从而节省时间，减少出错，还可以减少编程人员的重复劳动。

在使用文件包含命令时，还应该注意以下几方面。

（1）在文件头部的被包含的文件称为“头文件”或“标题文件”，常以“.h”为后缀（h 为 head 的缩写）。

（2）一个#include 命令只能指定一个被包含文件，如果要包含 *n* 个文件，必须用 *n* 个#include 命令。

（3）文件包含允许嵌套，即在一个被包含的文件中又可以包含另一个文件。例如，文件 1 包含文件 2，而文件 2 中要用到文件 3 的内容，则可在文件 1 中用两个#include 命令分别包含文件 2 和文件 3，且文件 3 应出现在文件 2 之前，即在文件 1 中定义。如在 filel.c 中定义：

```
#include "file3.h"
#include "file2.h"
```

（4）如果需要修改一些常数，不必修改在程序中出现的每一个位置，只需修改一个文件（头部文件）即可。但要注意，被包含文件修改以后，凡包含此文件的所有文件都要重新编译。

4.3.2 宏定义

C 语言的预编译指令允许在源程序中用一个标识符表示一个字符串，称为“宏”。被定义为“宏”的标识符称为“宏名”。在编译预处理时，对程序中所有出现的“宏名”，都用宏定义中的字符串去替换，这称为“宏替换”或“宏展开”。

宏定义是在源程序中用宏定义命令完成的。宏代换是由预处理程序自动完成的。在 C 语言中，“宏”分为有参数和无参数两种。下面分别讨论这两种“宏”的定义和调用。

1. 不带参数的宏定义

不带参数的宏定义的一般形式为

```
#define 标识符字符串
```

其中，“define”为宏定义命令。“标识符”为所定义的宏名。“字符串”可以是常数、表达式、格式串等。在前面介绍过的符号常量的定义就是一种不带参数的宏定义。此外，常对程序中反复使用的表达式进行宏定义。例如：

```
#define M (nNum*nNum+3*nNum)
```

用标识符 M 表示表达式(nNum*nNum+3*nNum)。在编写源程序时，所有的(nNum*nNum+3*nNum)都可由 M 代替。而对源程序做编译时，将先由预处理程序进行宏替换，即用(nNum*nNum+3*nNum)表达式替换所有的宏名 M，再进行编译。请看下列程序实例。

✧ 程序实现

```
/*  purpose: 不带参数的宏
    author : gcy
    created: 2008/08/14 08:08:08
*/
#include "stdio.h"
#define M (nNum*nNum+3*nNum)
void main()
{
    int nNum,nSum;
    printf("input a number: ");
    scanf("%d",&nNum);
    nSum=3*M+4*M+5*M;
    printf("nSum=%d\n",nSum);
}
```

运行结果为

```
input a number: 3
nSum=216
```

在预处理时经宏展开后，该语句变为

```
nSum=3*(nNum*nNum+3*nNum)+4*(nNum*nNum+3*nNum)+5*(nNum*nNum+3* nNum);
```

但要注意的是，如果把宏定义表达式(nNum*nNum+3*nNum)两边的括号去掉，同样输入 3，则程序运行结果如下。

```
input a number: 3
nSum= 135
```

思考

请读者思考为什么会出现这个结果。

对于宏定义还要说明以下几点。

（1）宏定义是用宏名表示一个字符串，在宏展开时又以该字符串取代宏名，这只是一种简单的替换。字符串可以是常数，也可以是表达式，预处理程序对它不做任何检查。如有错误，只能在编译已被宏展开后的源程序时发现。

（2）宏定义不是说明或语句，在行末不必加分号；若加上分号，则连分号也一起置换。

（3）宏定义必须写在函数之外，其作用域为定义命令之后到本源程序结束。若要终止其作用域，可使用# undef 命令，例如：

```
#define PI 3.141593
void main()
{……}
#undef PI  /*PI 的作用域*/
void Fun1(void)
{……}
```

表示 PI 只在函数 main()中有效，在函数 Fun1()中无效。

（4）源程序中若宏名在引号里，则预处理程序不对其做宏替换，而把宏名当作字符串处理。请看如下程序示例。

```
/*   purpose: 验证宏名被引号括起来后的结果
     author : gcy
     created: 2008/08/14 08:42:08
*/
#include "stdio.h"
#define OK 100
void main()
{    printf("OK");
     printf("\n");
}
```

运行结果如下所示。

```
OK
```

（5）宏定义允许嵌套，在宏定义的字符串中可以使用已经定义的宏名。在宏展开时由预处理程序层层替换。例如：

```
#define PI 3.1415926
#define S PI*y*y          /* PI 是已定义的宏名*/
```

对语句：

```
printf("%f",S);
```

在宏代换后变为

```
printf("%f",3.1415926*y*y);
```

（6）习惯上宏名用大写字母表示，以便与变量区别，但也允许用小写字母。

（7）对“输出格式”做宏定义，可以减少书写麻烦。程序示例如下。

```
/* 不带参数的宏 */
/*purpose: 对格式输出做宏定义
     author: gcy
     created: 2008/08/14 09:12:08
*/
#include "stdio.h"
#define P printf
#define D "%d\n"
#define F "%f\n"
void main()
{
  int nNum1=5,nNum2=8,nNum3=11;
  float fNum1=3.8, fNum2=9.7, fNum3=21.08;
  P(D F,nNum1,fNum1);
  P(D F,nNum2,fNum2);
  P(D F,nNum3,fNum3);
}
```

运行结果如下。

```
5
3.800000
8
9.700000
11
21.080000
Press any key to continue
```

2. 带参数的宏定义

C 语言允许宏带有参数。在宏定义中的参数称为形式参数，在宏调用中的参数称为实际参数。对带参数的宏，在调用中，不仅要宏展开，而且要用实参替换形参。

带参宏定义的一般形式为

```
#define 宏名(形参表) 字符串
```

在字符串中可包含各个形参。

带参宏调用的一般形式为

```
宏名(实参表) ;
```

例如：

```
#define M(y) y*y+3*y      /*带参数的宏定义*/
k=M(5);                   /*宏调用*/
```

在宏调用时，用实参 5 代替形参 y，经预处理宏展开后的语句为“k=5*5+3*5;”。完整程序示例如下。

```
/*  purpose: 带参数的宏定义
    author: gcy
    created: 2008/08/14 09:50:10*/
#include "stdio.h"
#define MAX(a,b) (a>b)?a:b
void main()
{
    int nNum1,nNum2,nMax;
    printf("input two numbers: ");
    scanf("%d%d",&nNum1,&nNum2);
    nMax=MAX(nNum1,nNum2); //等价于 nMax=(nNum1>nNum2) nNum1: nNum2
```

```
    printf("nMax=%d\n",nMax);
}
```

运行结果如下：

```
input two numbers: 3 5
nMax = 5
```

✧　程序解读

对于带参的宏定义有以下问题需要说明。

（1）带参宏定义中，宏名和形参表之间不能有空格出现。形参可以是一个，也可以是多个。当有多个形参时，参数间用逗号隔开。

（2）带参宏定义中，形式参数不分配内存单元，因此不必做类型定义。而宏调用中的实参有具体的值。要用它们代换形参，因此必须做类型说明。这是与函数中的情况不同的。在函数中，形参和实参是两个不同的量，各有自己的作用域，调用时要把实参值赋给形参，进行“值传递”。而在带参宏中，只是符号替换，不存在值传递的问题。

（3）宏定义中的形参是标识符，而宏调用中的实参可以是表达式。程序示例如下。

```
/*  purpose: 带参宏问题中形参和实参
    author: gcy
    created: 2008/08/14 10:20:10
*/
#include "stdio.h"
#define SQ(y) (y)*(y)
void main()
{
    int nNumber,nSq;
    printf("input a number: ");
    scanf("%d",&nNumber);
    nSq=SQ(nNumber+1);
    printf("nSq=%d\n",nSq);
}
```

运行结果为

```
input a number: 3
nSq=16
```

上例宏定义中，形参为 y，是个符号；宏调用中，实参为 nNumber+1，是一个表达式。在宏展开时，用 nNumber+1 替换 y，再用(y)*(y) 代换 SQ，得到如下语句：nSq=(nNumber+1)*(nNumber+1);。这与函数的调用是不同的，函数调用时要先把实参表达式的值求出来，再赋给形参。而宏代换中对实参表达式不做计算，而是直接照原样替换。

（4）在宏定义中，字符串内的形参通常要用括号括起来以避免出错。如果把上例中的宏定义中(y)*(y)表达式去掉括号，程序其他部分不变，同样输入 3，结果却是 nSq=7。问题出在哪里呢？这是由于替换只做符号替换而不做其他处理所造成的。宏替换后将得到以下语句：“nSq=nNumber+1*nNumber+1;”。由于 nNumber 为 3，故 nSq 的值为 7。这显然与题意相违，因此参数两边的括号是不能少的。但有时候在参数两边加括号还是不够，请看下面程序。

```
/*  purpose: 带参宏定义中形参有无括号的区别
    author: gcy
    created: 2008/08/14 10:30:10 */
#include "stdio.h"
#define SQ(y) (y)*(y)
void main()
{
    int nNumber,nSq;
```

```
    printf("input a number: ");
    scanf("%d",&nNumber);
    nSq=160/SQ(nNumber+1);
    printf("nSq=%d\n",nSq);
}
```

运行结果为

```
input a number: 3
nSq=160
```

本程序与前例相比，只把宏调用语句改为“nSq=160/SQ(nNumber+1);”。当输入值仍为 3 时，希望结果为 10。但实际运行的结果却为 160。原因在于宏代换之后的语句为：nSq=160/(nNumber+1)*(nNumber +1);。语句中“/”和“*”运算符优先级和结合性相同，则先计算 160/(3+1)得 40，再计算 40*(3+1)得 160。所以，为了使得到的结果等于 10，应该在宏定义中的整个字符串外加括号，即把宏定义中的(y)*(y)改为((y)*(y))。

若把上述两例宏定义中的(y)*(y)改为(y*y)，结果又会是什么呢？

（5）带参的宏和带参函数很相似，但有本质上的不同。除上面已谈到的各点外，把同一表达式用函数处理与用宏处理的结果也可能是不同的。程序示例如下。

<table>
<tr><td>程序</td><td><pre>
/* purpose: 弄清带参宏和带参函数的区别
    author: gcy
    created: 2008/08/14 10:40:22 */
#include "stdio.h"
int SQ(int nNumber)
{   return((nNumber)*(nNumber));}
void main()
{   int i=1;
    while(i<=5)
        printf("%5d",SQ(i++));
}
</pre></td><td><pre>
/* purpose: 弄清带参宏和带参函数的区别
    author: gcy
    created: 2008/08/14 10:50:22*/
#include "stdio.h"
#define SQ(y) ((y)*(y))
void main()
{
    int i=1;
    while(i<=5)
    printf("%5d",SQ(i++));
}
</pre></td></tr>
<tr><td>结果</td><td>1 4 9 16 25</td><td>1 9 25</td></tr>
</table>

在带参宏的示例中，用宏中字符串替换 SQ(i++)，语句变为 printf("%d\n", ((i++)*(i++));。可知，i 要做两次“++”运算。但在带参函数中，i 只做一次运算。

（6）宏定义也可用来定义多条语句，在宏调用时，把这些语句又替换到源程序内。请看下面的例子。

```
/*  purpose: 验证宏定义也可用来定义多个语句
    author: gcy
    created: 2008/08/14 11:10:02  */
#include "stdio.h"
#define SSSV(s1,s2,s3,v) s1=nN1*nN2;s2=nN1*nN3;s3=nN2*nN3;v=nN1*nN2*nN3;
void main()
{
    int nN1=4,nN2=4,nN3=6,nSa,nSb,nSc,nVv;
    SSSV(nSa,nSb,nSc,nVv);
    printf("nSa=%d\nnSb=%d\nnSc=%d\nnVv=%d\n",nSa,nSb,nSc,nVv);
}
```

运行结果为

```
nSa=16
nSb=24
nSc=24
nVv=96
```

程序中用带参数的宏 SSSV 表示 4 个赋值语句，4 个形参分别为 4 个赋值运算符左部的变量。

在宏调用时，把 4 个语句展开并用实参代替形参。

4.4　应用实例

4.4.1　计算器

在第 3 章中，计算器已经拥有了菜单、求解三角函数等计算能力，功能越来越完善。但是，这也带来了新的问题：代码量越来越大，程序维护与调试也越来越难。为了简化代码量，降低程序可维护的难度，我们采用本章介绍的模块化设计思想，使用函数对这个程序进行整理，需要做三方面的工作：按 4.1.2 小节建立两级菜单；把第 3 章中 sin *x* 改造为函数形式；在一级菜单中调用求 pi 函数，在二级菜单中调用 sin *x*。

1. 建立两级菜单

✧　主菜单代码

```
void MainMemu(void)    //主菜单，用于功能选择
{
    int nChoice=1;
    double dMin;      //Pi 的精度
    while(nChoice)
    {
        system("cls");//清屏
        printf("*******************\n");
        printf("*    简单计算器   *\n");
        printf("*******************\n");
        printf("*******************\n");
        printf("***-  操作选单 -***\n");
        printf("对数运算----------1\n");
        printf("六则运算----------2\n");
        printf("幂运算  ----------3\n");
        printf("三角函数----------4\n");
        printf("阶乘    ----------5\n");
        printf("进制转换----------6\n");
        printf("  Pi    ----------7\n");
        printf("位运算  ----------8\n");
        printf("退出系统----------9\n");
        printf("*******************\n");
        printf("请用数字键选择操作:");
        scanf("%d",&nChoice);
        switch(nChoice)
        {
         case 1:
            printf("对数运算-规划预留");
            break;
         case 2:
            printf("六则运算-规划预留");  break;
         case 3:
            printf("幂运算---规划预留");  break;
         case 4:
            void SecMemu(void); //第二级菜单声明
            SecMemu();          //第二级菜单调用
            break;
         case 5:
            printf("求阶乘---规划预留");  break;
         case 6:
            printf("进制转换-规划预留");  break;
         case 7:
            printf("请输入精度要求：");
            scanf("%lf", &dMin);
            //函数声明,见例 4-3
            float SelPi(double dMin);
            printf("pi=%.5f\n",SelPi(dMin));
            getch(); //让程序暂停,查看结果
            break;
         case 8:
            printf("位运算---规划预留");  break;
         case 9:
            printf("\n exit\n");
            nChoice =0;
            break;
         default: printf("Enter number error, "
                         "enter again!");
        }
    }
}
```

程序中调用了系统函数 system("cls")。system()函数的作用是向系统 SHELL 传递命令。执行“system("cls");”语句，相当于在命令行窗口中执行 cls 命令，作用是清屏，它可以使屏幕看起来更“干净”。

根据 4.1.2 小节中的规划，求 π(Pi)值在第一级菜单中。本章中例 4-3 定义了函数 SelPi()，在

case 7 中调用了它。拥有第二级菜单的模块有对数运算、六则运算、幂运算、三角函数、进制转换、位运算。这里只以三角函数为例讲述第二级菜单的程序设计与编写，其他模块同理。

✧ 第二级菜单代码

```
void SecMemu(void)//第二级菜单，用于功能选择
{
    int nChoice=1;
    while(nChoice)
    {
        system("cls");//清屏
        printf("*******************\n");
        printf("*    三角函数    *\n");
        printf("*******************\n");
        printf("*******************\n");
        printf("***-  操作选单 -***\n");
        printf("sin 运算 ----------1\n");
        printf("cos 运算 ----------2\n");
        printf("tan 运算 ----------3\n");
        printf("ctan 运算----------4\n");
        printf("退出系统-----------9\n");
        //printf("返回上级菜单 ------9\n");
        printf("*******************\n");
        printf("请用数字键选择操作:");
        scanf("%d",& nChoice);
        switch(nChoice)
        {
          case 1:
               void sinZ(void);//函数声明
               sinZ();//函数调用
               break;
          case 2:
               printf("cos 运算-规划预留"); break;
          case 3:
               printf("tan 运算---规划预留");  break;
          case 4:
               printf("ctan 运算-规划预留"); break;
          case 9:
               printf("\n exit\n");nChoice =0; break;
               default:
               printf("Enter number error,"
                    "enter again!\n");
        }
    }
}
```

2. 改造求正弦值程序为 sinZ 函数

```
/*  purpose: sin 函数的实现
    author : Xiaodong Zhang
    created: 2017/02/15 09:23:03 */
    void sinZ(void){
        double dSin=0.0, dTemp=1.0, dArc=0.0;         /*变量声明初始化*/
        double dMin=0.000001,dDegree=0.0;             /*pi，精度，角度中间变量*/
        int k=1;
        dSin=0.0;
        printf("  请输入角度: ");
        scanf("%lf",&dDegree);
        dArc=dDegree*Pi/180;           /*进行角度度量转换*/
        dTemp= dArc;                   /*初始化中间变量*/
        while ( fabs(dTemp) >dMin){    /*泰勒公式展开项是否达到精度*/
            dSin += dTemp;             /*sin 函数累加计算*/
            /*通过 k=k+2 的操作，将分母由 2*(k-1)*(2*k-1)转为 k*(k+1)*/
            k+= 2;
            /*计算泰勒公式展开项 a_k=a_k-1(-1)*x^2/(k*(k-1))*/
            dTemp = (-1) * dTemp*dArc*dArc/(k*(k-1));
        }
        printf("  sin(%f) = %lf \n",dDegree,dSin);
        getch(); //让程序暂停，查看结果
}
```

细心的读者会发现，将第 3 章 3.4.1 小节中的求 sin 值程序改为 sinZ()函数时，基本没什么改动，只是用 sinZ 替换了 main。

getch()函数的功能是等待用户从键盘输入一个字符，这里的作用是让程序暂停运行，让用户看清屏幕上显示的程序运行结果。因为调用了清屏命令 system("cls")，在计算完成后，系统会清理屏幕，显示在屏幕上的结果也会被清理掉，所以，在清屏之前，用 getch()让程序暂停，等待用

户输入。这是一个程序设计的小技巧。读者在调用求 π 值的函数之后也可以加入该函数。getch()函数被包含在头文件 conio.h 里。

3. 在 main()中集成

```
#include <stdio.h>
#include <stdlib.h>
#include <math.h>
#include <conio.h>
#define Pi 3.1415926
void main()
{
   void MainMemu(void);    //函数声明
   MainMemu();             //函数调用
}
//上述 copy 函数在这个后面
```

在两级菜单中都有很多“规划预留”，这些规划预留的内容在前几章中都讲过，读者只需把它们改造为函数，仿照示例中的技巧，在对应的位置声明调用这些函数就可以了。另外，也可再做一些扩展，如编写开方与指数运算的函数等。

函数间的调用关系为 main()→MainMemu()、MainMemu()→SecMemu()及其他二级菜单及相关的计算函数。使用函数后，不难发现，主调函数代码变得非常简洁。设计、编写与调试代码时可以以函数为单位进行，采用“分而治之”的策略编写程序，维护量及维护难度都会有所下降。

4.4.2 学生成绩档案管理

4.1.2 小节里，把学生成绩档案管理规划成四大功能模块，除统计模块外，其他三个模块还被进一步分解（见图 4-2）。为了实现这个规划，现在需要设计一个“主菜单”和三个“二级菜单”供用户使用。像计算器那样，定义四个函数分别实现这四个“菜单”即可。本章只实现主菜单和学生成绩管理模块的第二级菜单。

在功能上，把第三章“学生成绩档案管理”代码中的成绩录入做成函数，在“学生成绩管理”的“录入成绩”中调用。设计一个统计功能：输入 N 个学生 1 门课程的成绩，统计各级别（优、良、中、及格和不及格）人数并输出。用函数实现此功能，并在主菜单的“统计”中调用它。

对于其余的菜单及功能，有些是现在所学知识和技术还不能够完成的，如修改成绩、排序等，有些是可以作为练习的，由读者自行完成，如剩余的几个菜单。

1. 建立两级菜单

✧ 主菜单代码

```
void MainMemu(void)           //主菜单
{
    int nChoice=1;
    char cInput[10]="0";    //字符串
    while(9!=nChoice)
    {
        system("cls");      //清屏
        printf("*********************\n");
        printf("** 学生成绩档案管理 **\n");
        printf("**********************\n");
        printf("     - 操作选单 -     \n");
        printf("学生成绩管理--------1\n");
        printf("学生档案管理--------2\n");
```

✧ 学生成绩管理

```
void ScoreMenu(int nSelFlag)//学生成绩管理二级菜单
{
    int nChoice=1;
    char cInput[10]="0"; //字符串
    while(9!=nChoice)
    {
        system("cls");//清屏
        printf("************************\n");
        printf("***** 学生成绩管理 *****\n");
        printf("************************\n");
        printf("     - 操作选单 -   \n");
        printf("   录入成绩 -------1\n");
        printf("   修改成绩 -------2\n");
```

```
        printf(" 信息查询   ---------3\n");
        printf(" 统计---------4\n");
        printf(" 退出系统---------9\n");
        printf("********************\n");
        printf("请用数字键选择操作:");
        scanf("%s",cInput);
        //输入非数字值转换后均为 0
        nChoice=atoi(cInput);
        switch(nChoice)
        {
            case 1:
              void ScoreMenu(int nSelFlag);
              ScoreMenu(0); break;
            case 2:
              printf("规划预留\n"); break;
            case 3:
              printf("规划预留\n"); break;
            case 4:
              void ScoreStatis(void);
              ScoreStatis();    break;
            case 9:
              printf("\n 退出\n");
              nChoice=9;      break;
            default :
              printf("输入错误,请再次输入!");
              getch();
        }
    }
}
```

```
        printf("   返回上级菜单 ---9\n");
        printf("**********************\n");
        printf("请用数字键选择操作:");
        if(0==nSelFlag){
            scanf("%s",cInput);
            nChoice=atoi(cInput);
        }
        switch(nChoice)
        {
            case 1:
              printf("录入成绩------规划预留\n");
              getch();
              break;
            case 2:
              printf("修改成绩------规划预留\n");
              getch();
              break;
            case 9:
              printf("\n 退出\n");
              nChoice=9;
              break;
            default :
              printf("输入错误,请再次输入!");
              getch();
        }
    }
}
```

在选择菜单时，输入的数据类型是字符串，然后调用函数 atoi()将输入的字符串转化为整数类型，再与 switch 语句中的 case 常量匹配。这种输入技巧，若输入的数据为非数据类型，则转化后所得数字为 0，在菜单选项中避开 0，就可以判定用户对于菜单的选择输入是否正确。函数 atoi()的作用是将字符串类型转化为整数类型，它包含在文件<stdlib.h>中。当然不一定非要用它，读者可以尝试用例 4-5 中的菜单选择的实现方法。

2. 统计函数

✧ 程序设计描述

按照题目的要求，成绩分为 5 个等级，使用 5 个变量对得分在这 5 个等级中的人数进行统计。第 2 章 2.4.2 小节的例 2-7 中介绍了一种方法，将一个实数强制转换为整型，并将其取值范围限定在区间[1, 5]上，与 5 个等级相对应，存入 5 个变量中。转换公式为 nLevel=(int) ((nScore-50)/10)。统计执行过程的流程图如图 4-7 所示。

```
/*学生成绩分等级统计*/
void ScoreStatis(void)
{
  int nScore,i,nLevel;
  int nCount1=0,nCount2=0,nCount3=0,nCount4=0,nCount0=0;
  for(i=0;i<N;i++)
  {
       printf("请输入成绩: ");
       scanf("%d",&nScore);                          //输入考试分数
       if(nScore>100.0||nScore<0.0)
            printf("\n 输入成绩错误! ");
```

```
        else {
             nLevel=(int)((nScore-50)/10);      //强制类型转换
             switch(nLevel)
             {    case 5:
                  case 4: nCount4++;break;
                  case 3: nCount3++;break;
                  case 2: nCount2++;break;
                  case 1: nCount1++;break;
                  default: nCount0++;
             }
        }
  }
  printf("优秀人数为:   %d\n",nCount4);
  printf("良好人数为:   %d\n",nCount3);
  printf("中等人数为:   %d\n",nCount2);
  printf("及格人数为:   %d\n",nCount1);
  printf("不及格人数为: %d\n",nCount0);
  printf("Press any key to continue");
  getch();         //让程序暂停，显示统计结果
}
```

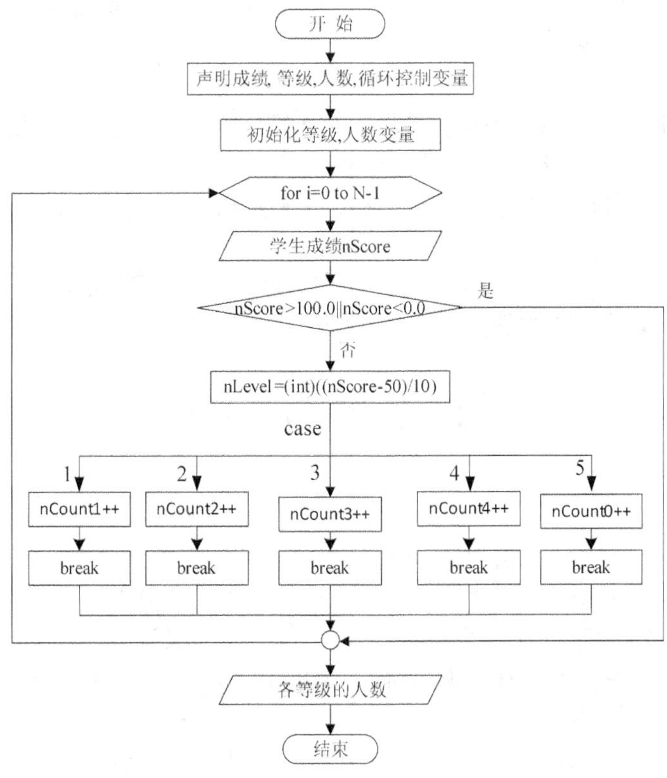

图 4-7　学生成绩分等级统计

3. 在 main()中集成

```
#include "stdio.h"
#include <stdlib.h>
#include "conio.h"
#define N 5          /*学生人数*/
void main()
{
```

```
    void MainMemu(void); //函数声明
    MainMemu();
}
```

对照 4.1.2 小节中的模块规划图（图 4-2）可知，到目前为止，学生成绩档案管理系统的大部分模块还没有实现，主要原因是这部分涉及批量数据的组织与计算，我们还没有学习。从第 5 章起，我们将陆续学习这些知识，逐步完善学生成绩档案管理系统。

4.5 本章小结

本章主要介绍了模块化程序设计方法和有关函数的知识。

1. 知识层面

（1）函数的定义。

（2）函数的调用。

（3）函数的参数和函数的返回值。定义和使用函数时一定要明确参数和返回值的类型。

（4）预处理。预处理功能是 C 语言特有的功能，它是在对源程序正式编译前由预处理程序完成的。程序员在程序中用预处理命令来调用这些功能。使用预处理功能便于程序的修改、阅读、移植和调试，也便于实现模块化程序设计。

2. 方法层面

（1）模块化程序设计方法。模块化是程序设计最重要的思想之一。C 语言通过模块和函数两种手段来支持这种思想。标准库函数和函数库带来的方便让我们体会到这一思想的神奇所在。这一章以函数为单位，对模块化编程只进行了初步探讨，在后面的章节中还会进行更深入的探讨。

（2）计算机算法可分为两大类别：数值运算算法和非数值运算算法。在上一章和本章中用于求解正弦、余弦、开方等问题的算法都属于数值运算范围。

练习与思考 4

1. 选择题

（1）C 语言规定，函数返回值的类型由（　　）所决定。

（A）return 语句中的表达式类型　　（B）调用该函数时的主调函数类型
（C）调用该函数时的形参类型　　（D）在定义该函数时所指定的函数类型

（2）C 语言规定：在一个源程序中，main 函数的位置（　　）。

（A）必须在最开始　　（B）必须在系统调用的库函数的后面
（C）可以在任意位置　　（D）必须在最后

（3）C 语言允许函数类型默认定义，此时该函数值隐含的类型是（　　）。

（A）float 型　　（B）int 型　　（C）long 型　　（D）double 型

（4）以下对 C 语言函数的描述中，不正确的是（　　）。

（A）函数可以嵌套定义
（B）在不同函数中可以使用相同名字的变量
（C）函数可以没有返回值
（D）C 语言程序由函数组成

（5）以下正确的函数定义形式是（　　）。

（A）double fun(int x,int y){……}

（B）double fun(int x；int y){……}

（C）double fun(int x int y){……}

（D）double fun(int x,y){……}

2. 阅读下面的程序，写出程序运行结果

（1）

```
#include<stdio.h>
 f(int a)
 {   int b=0;
     int c=3;
     a=c++,b++;
     return(a);
 }
 voidmain( )
 {   int a=2,i,k;
     for(i=0;i<2;i++)
          k=f(a++);
     printf("%d\n",k);
 }
```

结果为______________。

（2）

```
#include <stdio.h>
#define A 3
#define B(a)  ((A+1)*a)
void main()
{     int x;
      x=3*(A+B(7));
      printf("x=%d\n",x);
}
```

结果为________________。

（3）

```
#include <stdio.h>
#define T(x)  x%x
void main( )
{      int a=3,b=5;
       printf("%d\n",T(a+b)*T(a+b));
 }
```

结果为________________。

（4）

```
#include "stdio.h"
int func(int x,int y)
{       int z;
        z=x+y;
        return z++;
}
void main()
{    int i=3,j=3,k=1;
     do{
          k+=func(i,j);
```

```
            printf("%d\n",k);
            i++;    j++;
        } while (i<=5);
    }
```

结果为______________。

（5）

```
#include <stdio.h>
void f1(int s)
{       int i,j=3;
        for(i=1;i<10;++i,++j)
        {     s=i+j;
              if(s>100)
                   break;
        }
        printf("s=%d\n",s);
}
void main()
{     int s=10;
      f1(s);
}
```

结果为______________。

3. **编程题**

（1）（亲密数）若正整数 A 的所有因子（包括 1 但不包括自身）之和为 B，而 B 的因子（包括 1 但不包括自身）之和为 A，则称 A 和 B 为一对亲密数。编写一个函数求 n 以内的所有亲密数，其中 n 为由键盘输入的值。

（2）（回文素数）所谓回文素数，是指对一个整数 n 从左向右和从右向左读，其结果值相同且是素数。求不超过 1 000 的回文素数。要求用函数调用实现。

（3）（哥德巴赫猜想）验证：1 000 以内的正偶数都能够分解为两个素数之和（验证哥德巴赫猜想对 1 000 以内的正偶数都成立）。

（4）（抓交通肇事犯）一辆卡车违反交通规则，撞人后逃跑。现场有三人目击事件，但都没有记住车号，只记下车号的一些特征。甲说：牌照的前两位数字是相同的；乙说：牌照的后两位数字是相同的，但与前两位不同；丙是数学家，他说：四位的车号刚好是一个整数的平方。请根据以上线索定义一个函数求出车号。

（5）（海伦公式）编写程序计算下列公式中的 $area$ 的值，用带参数的宏来编程。

$$area=\sqrt{s(s-a)(s-b)(s-c)}$$

其中 $s=(a+b+c)/2$，a、b、c 为三角形的三边。

第 5 章 数组及其应用

内容提示

关键词

- ❖ 数组与数组元素、一维数组、二维数组、多维数组、字符数组
- ❖ 字符串处理函数
- ❖ 指向字符串的指针变量

难点

- ❖ 数组在内存中的存储
- ❖ 多维数组的应用

整型、实型、字符型都属于基本类型，其特点是：存放某一种类型的数据，每个变量单独存储，被称为简单变量。如 X='a' ; Y1=0 ;Y2= −2*X，各变量之间独立存放，无任何联系。在实际问题中，经常会遇到对批量数据进行处理的情况，如存储 1 000 个人的年龄、矩阵运算、表格数据处理等。在 C 语言中，通常用数组解决这类需要对类型相同的批量数据进行处理的问题。

5.1　数组与数组元素的概念

一直以来，班长小毛被一个任务苦恼着：每到学期末，老师就会给小毛一份成绩单，如表 5-1 所示，让他统计本学期班里每位同学的平均成绩，并进行排名。小毛每次都要算好半天，很是苦恼。于是，小毛想编写一个程序来解决这个问题。

表 5-1　某班期末考试成绩单

0604201 班期末考试成绩单				
学生学号	数学	英语	计算机	平均分
60420101	100	95	100	?
60420102	96	90	94	?
60420103	86	98	89	?
60420104	88	90	87	?
…	…	…	…	…

小毛的方案：每个同学的学号用一个变量表示，设为 nStu1，nStu2，nStu3，…；每一门课成

绩同样用变量 nScore1，nScore2，nScore3，…，可是好多哦，小毛开始晕了！简单地用变量去存放这些数据显然是不现实的。

观察表中的数据可以发现，表中的每一列数据都具有相同的数据类型，是否能找到一种数据结构按列存放这些数据呢? C 语言提供了一种存储方法——数组。

什么是数组呢？由若干类型相同的数据按一定顺序存储所形成的有序集合，称为数组（Array）。通常，用某个名字标识这个集合，这个名字称为数组名。构成数组的每个数据项称为数组的元素（Element），同一数组中的元素必须具有相同的数据类型。

与基本类型变量的使用方法一样，数组作为带有下标的变量，也应遵循“先定义，后使用”的原则。在使用前，要声明数组，确定数组的类型、名称、维数、元素的个数，一般形式为

```
类型标识符 数组名[常量表达式 1][常量表达式 2]……;
```

其中，类型标识符用于声明数组的类型，也就是数组中元素的类型；数组名用于标识该数组；“[ ]”被称为数组的下标，它的个数表明数组的维数，下标的个数为 1 时，称为一维数组；下标个数为 2 时，称为二维数组；依此类推，下标个数为 *n* 时，称为 *n* 维数组；“[ ]”内的数值表示数组元素的个数，又被称为数组的长度。例如下面数组定义语句：

```
int nNumber[15];
```

说明数组 nNumber 有一个下标，是一维数组，其元素的类型是整型的，该数组共有 15 个元素。再如：

```
int nList[5][10];
```

数组 nList 有两个下标，是具有 5 行 10 列的二维整型数组，共有 50 个元素。

有了数组，小毛就能够较为容易地处理他的问题了。改进方案是定义一个二维整数类型的数组 int nStud[30][4]，nStud 是数组名，第一个下标 30 表示班级的 30 名同学，第二个下标 3 表示每个学生对应的学号及 3 门课程考试成绩。例如，nStud [0][0]、nStud [0][1]、nStud [0][2]、nStud [0][3] 分别存放第 0 个学生的学号及该学生的数学、英语、计算机的考试成绩。这样，若要定义 N 个学生的M门课程，则可声明为 int nStud[N][M+1]。现在看到，用数组描述这个问题是多么简单啊！当然，要是想做一个完整的成绩管理，还需要学习很多的知识。下面，就来看一下定义和使用一个数组还需要注意哪些事项。

（1）数组的下标必须使用整型常量或整型常量表达式。C 语言中不允许用变量作为下标，对数组进行动态定义。例如，下面的数组定义语句：

```
int n=3;          /*定义一个变量*/
int nScore [n];   /*用变量做下标，不正确*/
```

而

```
#define N 10      /*N 是符号常量*/
int nScore [N];   /*正确的定义方式*/
```

因为数组的大小必须在编译时就已知，这里的 N 在开始就已经被宏定义了，是一个确定的数值 10，编译之前，10 会取代符号 N，所以这样定义是正确的。

（2）C 语言规定数组的下标都是从 0 开始的。例如：

```
int nScore [100];
```

声明的是一个具有 100 个整型元素的一维数组，第一个元素的下标为 0，最后一个元素的下标为 99。再如：

```
short sMatrix[3][4];
```

声明的是一个具有 3 行 4 列、共 12 个短整型元素的二维数组，第一个元素的下标为 sMatrix[0][0]，最后一个元素的下标为 sMatrix[2][3]。

（3）数组一经定义，系统则根据数组的数据类型为每一个元素安排相同长度的、连续的存储

单元。C 语言的数组在内存中是按行存放的，即存完第一行后存第二行，然后存第三行……依此类推。如图 5-1 所示，尽管这是一个二维数组，但 a[0][2]与 a[1][0]的物理地址是连续的。

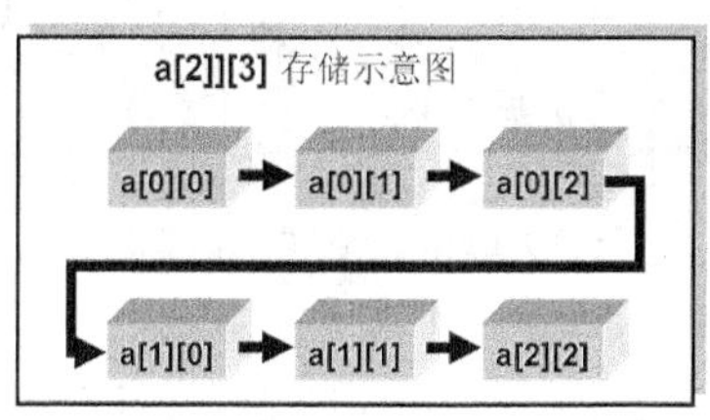

图 5-1　二维数组的存储示意图

对于 n 维数组，其所占内存的字节数= $\prod_{i=1}^{n} N_i \times \text{sizeof}$（数据类型），其中，$N_i$ 是数组第 i 维的长度，n 是数组的维数。例如，二维数组占用字节数=第一维长度×第二维长度×sizeof（数据类型）。

（4）由于在不同编译系统下，int 型所占的字节数是不同的，因此不要想当然地认为 int 型数组元素所占的字节数一定是 4，用 sizeof 计算才是最可靠的、可移植性最好的方法。

注意

在 C 语言中，数组具有以下几个特点：

（1）数组元素的个数必须在定义时确定，在程序中不可改变。

（2）在同一数组中的数组元素的类型是相同的。

（3）每一个数组元素都相当于一个简单变量。

（4）同一数组中的数组元素在内存中占据的地址空间是连续的。

5.2　一维数组

通过上面的学习，可以知道一批相同的数据类型可以用数组进行存储。换句话说，数组其实就是相同数据类型的数据集合，可以是一维的，也可以是多维的。许多重要的应用都是基于数组的。下面先从一维数组学起。

5.2.1　一维数组的定义

数组下标数量是 1 的数组，称为一维数组。声明一维数组变量的一般形式为

```
类型说明符 数组名[常量表达式];
```

例如，int a[10]; 表示数组名为 a，此数组有 10 个元素，下标编号从 0～9，即 a[0], a[1],…,a[9]。声明数组时，要注意以下几个方面：

（1）数组名命名规则和变量名相同，遵循标识符命名规则。

（2）数组名后是用方括号“[]”括起来的常量表达式，不能用圆括号，如 int a(10);是不对的。

（3）常量表达式中可以包括普通常量和符号常量，但是不能包含变量。也就是说，C 语言不允许对数组的大小做动态定义。

根据上述要点可以判断，下面 4 个定义是非法的。

```
int         nSize1, nSize2;
float       fMath[nSize1];            /*使用变量定义数组大小是错误的*/
float       fWidth[nSize1+nSize2+2]; /*使用含变量的表达式定义数组是错误的*/
int         nNumber[-8];              /*使用负数定义数组大小是错误的*/
int         m(8);                     /*数组名后面用()是错误的*/
```

而下面的数组定义是合法的，因为 STRSIZE 已经在宏定义中说明了，在程序中作为符号常量：

```
#define NSIZE1 50
#define NSIZE2 50
float   fMath[NSIZE1];
float   fWidth[NSIZE1+NSIZE2+2];
float   x[3*32+1];
```

一维数组在内存中存储时，按下标递增的次序连续存放。如有数组 int a[5]= {2, 4, 23, 6, 78}，则存放情况如图 5-2 所示。

C 编译程序为数组 int a[5]开辟如图 5-2 所示的连续存储空间，最低（FF6C）地址对应首元素，最高地址对应末尾元素。假设编译系统为 int 型分配 4 个字节的存储空间，则数组 a 有 5 个元素，将占 20 个字节的连续存储单元空间。

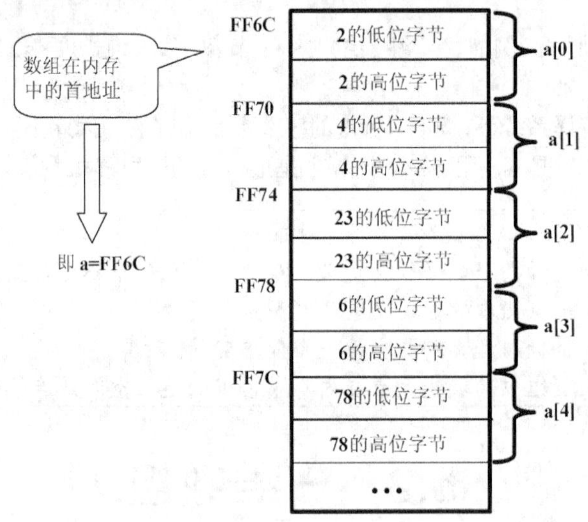

图 5-2　数组 int a[5]的物理存储结构

对于 int a[5]，数组名 a 或&a[0]是数组存储区域的首地址，即数组第一个元素存放的起始地址。其中&称为取地址运算符。&a[0]表示取 a[0]的地址。数组名是一个地址常量，不能对其进行赋值和&运算。我们通过使用取地址运算符“&”来查看数组对内存的占用情况。

【例 5-1】查看数组 nArray[10]的内存占用情况。

✧　问题分析

通过不同的输出方式，能够看到数组名（nArray）和&数组元素（&nArray[0]）等表示的含义。数组名 nArray 表示数组的首地址，与数组 nArray[0]的地址相同。不同类型的数组变量在内存中占有的字节数不同。

✧　程序实现

代码如程序清单 5-1 所示。

程序清单 5-1　Arrayprint.c

```
/*  purpose: 数组输出
    author : Guo Haoyan
    created: 2008/08/10 14:31:08*/
#include <stdio.h>
void main()
{
  int nArray[10];
  printf("nArray 的地址是%d\n",nArray);
```

```
    printf("nArray[0]的地址是%d\n",&nArray[0]);
    printf("nArray[1]的地址是%d\n",&nArray[1]);
    printf("nArray[2]的地址是%d\n",&nArray[2]);
}
```

运行结果如下所示。

```
nArray 的地址是 1245016
nArray[0]的地址是 1245016
nArray[1]的地址是 1245020
nArray[2]的地址是 1245024
```

✧　程序解读

从结果可以看出：

（1）当输出数组名时，实际上输出的是一个地址，这个地址与数组第一个元素 nArray[0]的地址是相同的。

（2）&nArray[1]-&nArray[0]=1245020-1245016=4 个字节，表示数组元素 nArray[0]占用了 4 个字节。数组元素占用内存数与其数据类型有关。若数组 nArray 是 char，则 nArray[0]占用的字节数为 1。

（3）地址是一个长整型，与其存储的值的大小和类型无关。

（4）输出地址的格式控制符通常用“%p”。读者可以尝试使用这个符号，并且将类型修改为字符型或浮点型，观察地址的变化。

5.2.2　一维数组的初始化

初始化就是第一次给数组元素赋值。给数组元素赋初值的方法有很多种，可以在声明数组时赋值，可以使用单独的赋值语句，也可用键盘输入的方式。

1. 在数组声明时初始化

这种初始化有两种表达形式：

```
（1）数据类型 数组名[数组元素个数]={值 1,值 2,…,值 n};
（2）数据类型 数组名[ ]={值 1,值 2,…,值 n};
```

其中，花括号中的值是初始值，用逗号分开。如有定义 int m[3]={0,1,2};，那么各数组元素的初始值为 m[0]=0，m[1]=1，m[2]=2。

对于形式（1）来说，数组元素的个数由下标指定，其后的赋值可以是全部元素，也可以是部分元素。但是在给部分元素赋值时，是按顺序依次赋值的，未赋值的元素若为整型，则其值为 0，例如：

```
int nNum[5]={2,4,6,8,10};      /* 初始化数组 nNum，给全部元素赋值 */
int nNum[5]={2,4};/* 初始化数组 nNum，给部分元素赋值，a[0]=2, a[1]=4, a[2]=0, a[3]=0, a[4]=0 */
short sMatrix[3]={0};          /*等价于 short sMatrix[3]={0, 0, 0};*/
```

对于形式（2）来说，由于数组下标为空，所以，系统按后面初始值个数来确定元素个数，并为它们分配内在空间。但需要注意的是，后面的初值个数不能是 0，即初始值集合不能为空。例如：

```
char cWord[ ]={'a','b','c','d'}; /* 初始化数组 cWord，共 4 个字符型元素，数组长度为 4 */
char cWord[ ]={'a','b' };        /* 初始化数组 cWord，共 2 个字符型元素，数组长度为 2 */
char cWord[ ]={};                /* 错误，初始值不为空 */
```

另外，对于静态或全局类型的整型数组，如果不在定义时初始化，则多数编译系统都将其初始化为 0，详见第 8 章。例如：

```
static short a[5]; /*等价于 short a[5]={0, 0, 0, 0, 0}; */
```

2. 用赋值语句初始化

用赋值语句初始化是在程序执行时实现的。

【例 5-2】用赋值语句初始化数组 nNum[10]，然后按逆序输出数组 nNum[10]中的元素。

✧ 问题分析

用循环控制变量 i 作数组的下标。输入数据时，i 的值从 0 取到 9，即给 nNum[0]到 nNum[9]依次赋值；输出时，i 的值从 9 取到 0，即依次将 nNum[9]到 nNum[0]值输出。

✧ 程序设计描述

代码如程序清单 5-2 所示。

程序清单 5-2　ArrayInitialize.c

```
/*  purpose: 用赋值语句初始化，然后按逆序输出
    author : Guo Haoyan
    created: 2008/08/10 14:50:08
*/
#include <stdio.h>
void main()
{
    int i,nNum[10];
    for (i=0;i<=9;i++)
        nNum[i]=i;
    for (i=9;i>=0;i--)
        printf("%d ",nNum[i]);
}
```

运行结果如下所示。

```
9 8 7 6 5 4 3 2 1 0
```

5.2.3　一维数组的使用

使用数组的方式非常简单：

```
数组名[下标]=值;
```

与数组定义时不同，这里的下标可以是整型常量或整型表达式，也可以是含有已赋值的整型变量或整型变量表达式。下标值的含义也不一样，引用数组元素时给出的下标值代表元素在数组中的排列序号，如 nScore[10]引用的是数组 nScore 中下标为 10 的元素。下标可以是整数，也可以是一个整数表达式的数组示例。例如：

```
arr[0]=10;        /*对数组元素 arr[0]赋值*/
int x=5;
int y=3;
arr[x+y]+=2;      /*数组元素 arr[8]的值增 2*/
arr[x++]=10;      /*对数组元素 arr[x]赋值，x 的值增 1*/
```

访问数组内的所有元素可以用循环语句实现。如例 5-2 中将数组 nNum 输出。

【例 5-3】求数组 nAarr[10]中各元素的和。

✧ 程序实现

代码如程序清单 5-3 所示。

程序清单 5-3　ArraySum.c

```
/*  purpose: 求数组中各元素的和
    author : Guo Haoyan
    created: 2008/08/10 15:10:08*/
#include <stdio.h>
void main()
{
    int i,nArr[10],nSum;                    /*定义变量和数组*/
    nSum=0;
    printf("请输入 10 个整数:\n");
    for(i=0;i<10;i++)                       /*输入 10 个整数，存储在数组中*/
        scanf("%d",&nArr[i]);
```

```
    for(i=0;i<10;i++)                          /*求数组中 10 个元素的和*/
        nSum+=nArr[i];
    printf("nSum is %d\n",nSum);
}
```

运行结果如下所示。

```
1 2 3 4 5 6 7 8 9 10
nSum is 55
```

✧　程序解读

（1）数组元素和普通的基本型变量一样，可出现在任何合法的 C 语言表达式中，也可作为函数参数使用。

（2）C 语言规定数组不能整体引用，每次只能引用数组的一个元素。例如，不能用赋值表达式语句对数组元素进行整体赋值，因为在 C 语言中，数组名具有特殊的含义，它代表数组的首地址。

```
nScore={1,2,3,4,5};    /*不能用赋值表达式语句对数组元素进行整体赋值*/
```

（3）由于 C 语言不对数组做边界检查，因此，要求编程者自己做必要的边界检查，保证数组有足够的长度容纳数据。

以上注意事项，对于二维数组和多维数组同样适用。

5.2.4　一维数组综合应用

【例 5-4】编写程序，每名学生有四门课考试成绩，用一维数组实现计算每个学生的平均成绩。

✧　问题分析

由于该例题只要求计算平均成绩，因此可以用 4 个整型数组存放数学、物理、英语和计算机的成绩，用一个实型数组存放每个学生的平均成绩。输入数组中每个元素时，用如下方式。

```
Scanf("%空格控制符", &数组名[i]);
```

程序可按如下步骤实现：

（1）输入数据，把数学、物理、英语、计算机成绩分别存放在数组 nMath，nPhysics，nEnglish，nComputer 中。

（2）计算平均成绩，将结果放在 dAverage 数组中。

（3）输出结果。

✧　程序设计描述

程序实现的流程图如图 5-3 所示。

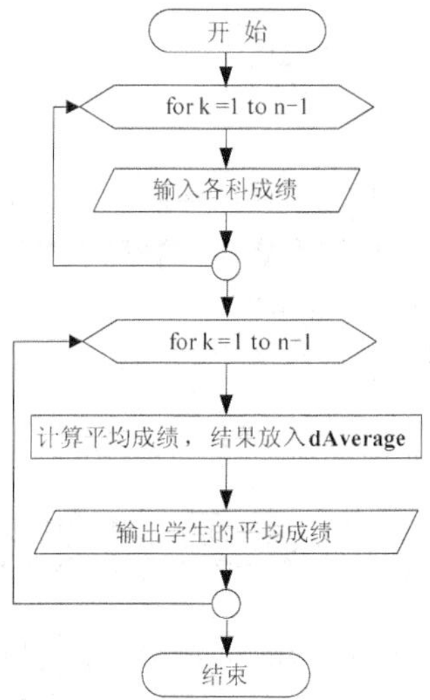

图 5-3　AverageScore.c 程序流程图

✧ 程序实现

代码如程序清单 5-4 所示。

程序清单 5-4　AverageScore.c

```
/*  purpose:用一维数组实现计算每个学生的平均成绩
    author : Guo Haoyan
    created: 2008/08/10 21:08:08
*/
#include <stdio.h>
#define  N  8
void main()
{   int nMath[N],nPhysics[N],nEnglish[N],nComputer[N];
    double dAverage[N];
    int k=1;
    for (;k<N;k++)                       /* 提示并输入数据 */
    {
    printf("input math[%d] physics[%d] english[%d] computer[%d]:",k,k,k,k);
    scanf("%d%d%d%d",&nMath[k],&nPhysics[k],&nEnglish[k],&nComputer[k]);
    }
    for (k=1;k<N;k++)
    {
    dAverage[k]=(nMath[k]+nPhysics[k]+nEnglish[k]+nComputer[k])/4.0;    /*算平均成绩*/
    printf("09041010%d 的平均成绩是 %5.1lf\n",k,dAverage[k]);       /*输出平均成绩*/
    }
}
```

运行结果如下所示。

```
input math[1] physics[1] english[1] computer[1]:89 65 78 89
input math[2] physics[2] english[2] computer[2]:85 65 75 68
input math[3] physics[3] english[3] computer[3]:86 78 68 96
input math[4] physics[4] english[4] computer[4]:86 65 64 85
input math[5] physics[5] english[5] computer[5]:83 64 68 69
input math[6] physics[6] english[6] computer[6]:60 61 68 72
input math[7] physics[7] english[7] computer[7]:65 63 78 96
090410101 的平均成绩是  80.3
090410102 的平均成绩是  73.3
090410103 的平均成绩是  82.0
090410104 的平均成绩是  75.0
090410105 的平均成绩是  71.0
090410106 的平均成绩是  65.3
090410107 的平均成绩是  75.5
```

✧ 程序解读

（1）输出时，求平均值 dAverage[k]的表达式中的 4.0 是双精度浮点数，按隐式转换规则，表达式右边的计算结果将先转换为双精度浮点数（双精度实数），再进行计算，结果不丢失精度。作为比较，读者可用 4 替代 4.0，观察所得结果。

（2）输出语句 printf 中的格式控制符“%5.1lf”，表示输出宽度为 5 位的双精度浮点数，小数位只占一位。

5.3　二维及多维存储

在实际问题中有很多量是二维的或多维的，因此 C 语言提供了多维数组的数据组织形式。多维数组元素有多个下标，以标识每个元素在数组中的位置，所以也称为多下标变量。当一个数组中的数组元素具有两个或两个以上的下标时，称为多维数组。在计算机中，多维数组其实只是一个逻辑上的概念。在内存中，多维数组只按元素的排列顺序存放，形成一个序列，就好似一维数组。下面对二维数组进行讨论。

5.3.1　二维数组的定义

二维数组的应用很广，比如平面上的一组点的集合就可用二维数组表示，每个点由代表 x 轴的横坐标和代表 y 轴的纵坐标来表示，如图 5-4 所示。

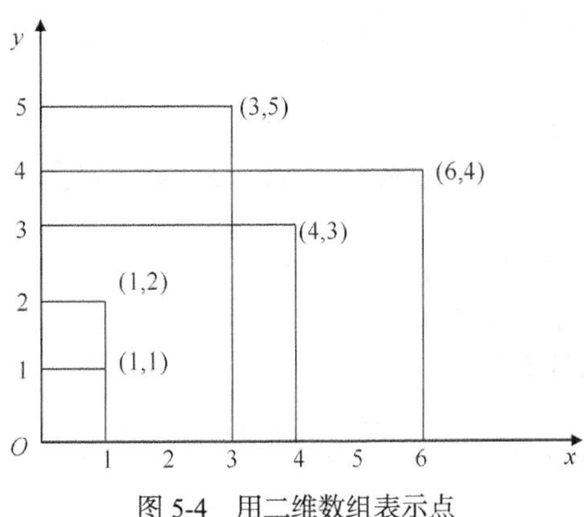

图 5-4　用二维数组表示点

平面上的点可用二维数组来表示：

$$P[X][Y]=\begin{bmatrix} a_{11} & a_{12} & \cdots & a_{1n} \\ a_{21} & a_{22} & \cdots & a_{2n} \\ \cdots & \cdots & \cdots & \cdots \\ a_{n1} & a_{n2} & \cdots & a_{nn} \end{bmatrix}$$

图 5-4 所示的 5 个点代表 5 个温度采集点。以(x,y)表示各采集点的坐标值，不同的采集点采集到的温度各不相同。以 P[x][y]代表温度采集点，假设有：

P[1][1]=28.1，P[1][2]=29.5，P[3][5]=33.8，P[4][3]=31.2，P[6][4]=32.4

则这些点的值分别代表这 5 个点的温度。

由此例可以看出，C 语言支持的二维数组声明的一般形式是：

```
类型说明符 数组名[常量表达式 1][常量表达式 2];
```

其中，常量表达式 1 表示第一维下标的长度，常量表达式 2 表示第二维下标的长度。例如，int a[3][4]; 声明一个三行四列的数组，数组名为 a，其下标变量的类型为整型。该数组的下标变量共有 3×4 个，即：

a[0][0]　a[0][1]　a[0][2]　a[0][3]

a[1][0]　a[1][1]　a[1][2]　a[1][3]

a[2][0]　a[2][1]　a[2][2]　a[2][3]

二维数组在概念上是二维的，其下标在两个方向上变化，在数组中的位置也处于一个平面之中，而不是像一维数组只是一个变量。但是，实际的硬件存储器却是连续编址的，按一维线性排列，有两种方式：一种是按行排列，即放完一行之后顺次放入第二行；另一种是按列排列，即放完一列之后再顺次放入第二列。在 C 语言中，二维数组是按行排列的。二维数组看成一维数组的扩展，如图 5-5 所示，即先存放 a[0]行，再存放 a[1]行，最后存放 a[2]行。每行中的四个元素也是依次连续存放的。由于数组 a 声明为 int 类型，该类型占四个字节的内存空间，所以每个元素均占有两个字节。

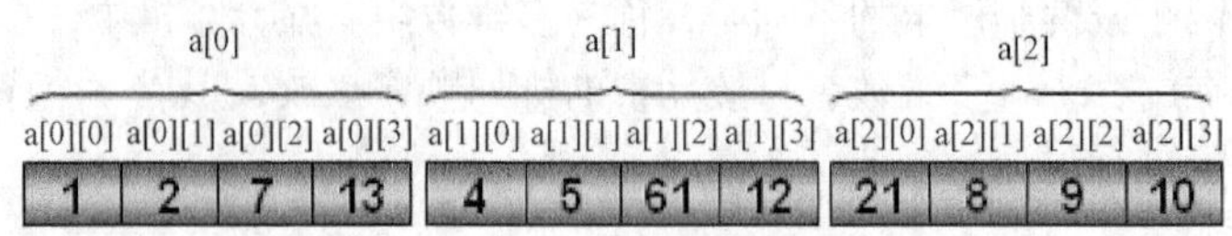

图 5-5　二维数组的存储

5.3.2　二维数组的初始化

二维数组初始化可以在声明时给出，可按行分段赋值，也可按行连续赋值。例如，对数组 a[5][3]：

（1）按行分段赋值可写为：

```
int a[5][3]={ {80,75,92},{61,65,71},{59,63,70},{85,87,90},{76,77,85} };
```

（2）按行连续赋值可写为：

```
int a[5][3]={ 80,75,92,61,65,71,59,63,70,85,87,90,76,77,85};
```

这两种赋初值的结果是完全相同的。

【例 5-5】用二维数组实现表 5-2 所示的计算学生的平均分数。

表 5-2　学习小组成绩表

	张	王	李	赵	周
Math	80	61	59	85	76
C	75	65	63	87	77
Foxpro	92	71	70	90	85

✧ 问题分析

可设一个整型二维数组 nScore[5][3]存放五个人三门课的成绩。再设一个一维数组 nAver[3]存放所求得各科平均成绩，设变量 nAverage 为全组各科总平均成绩。

✧ 程序实现

代码如程序清单 5-5 所示。

程序清单 5-5　BiArrayAverage.c 程序

```
/*  purpose:用二维数组解决求学生平均成绩问题
    author : Guo Haoyan
    created: 2008/08/10 21:28:08 */
#include <stdio.h>
#include <stdlib.h>
void main()
{
        int i,j,nSum=0,nAverage,nAver[3];
        int nScore[5][3]={{80,75,92},{61,65,71},{59,63,70},{85,87,90},{76,77,85}};
        for(i=0;i<3;i++)
        {
          for(j=0;j<5;j++)
               nSum=nSum+nScore[j][i];
          nAver[i]=nSum/5;
          nSum=0;
        }
        nAverage=(nAver[0]+nAver[1]+nAver[2])/3;
        printf("math:%d\nc languag:%d\ndFoxpro:%d\n",nAver[0],nAver[1],nAver[2]);
        printf("total:%d\n", nAverage);
}
```

运行结果如下所示。

```
math:72
c Langua: 73
dfoxpro:81
total:75
```

✧　程序解读

程序中首先用了一个双重循环。在内循环中依次读入某一门课程的各个学生的成绩，并把这些成绩累加起来，退出内循环后再把该累加成绩除以 5 赋给 nAver[i]，这就是该门课程的平均成绩。外循环共循环三次，分别求出三门课各自的平均成绩并存放在 nAver 数组之中。退出外循环之后，把 nAver[0]、nAver [1]、nAver [2]相加后除以 3 即得到总平均成绩。最后按题意输出各个成绩。

✧　二维数组的其他初始化方法

（1）可以只对部分元素赋初值，未赋初值的元素自动取 0 值。例如：

```
int a[3][3]={{1},{2},{3}};
```

是对每一行的第一列元素赋值，未赋值的元素取 0 值。赋值后各元素的值为：

int a[3][3]={{1},{2},{3}}; →

1	0	0
2	0	0
3	0	0

```
int a[3][3]={{0,1},{0,0,2},{3}};
```

赋值后的元素值为

int a[3][3]={{0,1},{0,0,2},{3}}; →

0	1	0
0	0	2
3	0	0

（2）如对全部元素赋初值，则第一维的长度可以不省略，编译系统可根据变量的赋值情况自动识别。例如：

```
int a[3][3]={1,2,3,4,5,6,7,8,9};
```

可以写为

```
int a[][3]={1,2,3,4,5,6,7,8,9};
```

数组是一种构造类型的数据。二维数组可以看作是由一维数组的扩展而构成的。设一维数组的每个元素又都是一个一维数组，就组成了二维数组。当然，前提是各元素类型必须相同。根据这样的分析，一个二维数组也可以分解为多个一维数组。C 语言允许这种分解。如二维数组 a[3][4]，可分解为三个一维数组，其数组名分别为 a[0]，a[1]，a[2]。对这三个一维数组无须另做说明即可使用。这三个一维数组都有 4 个元素，例如，一维数组 a[0]的元素为 a[0][0],a[0][1],a[0][2],a[0][3]。必须强调的是，a[0],a[1],a[2]不能当作下标变量使用，它们是数组名，不是一个单纯的下标变量。

5.3.3　二维数组元素的使用

二维数组的元素也称为双下标变量，其引用的一般形式为

```
数组名[下标 1][下标 2]=值;
```

例如，a[3][4]=5 表示给数组 a 的第三行第四列的元素赋值为 5。

声明数组同使用（访问）数组元素的形式上看起来十分相似。声明时，下标数组说明的方括号中给出的是数组某维度的长度，即取下标的最大值加 1，只能是常量或常量表达式；而使用数组元素时，其下标是该元素在数组中的位置标识，可以是常量、变量或表达式。

【例 5-6】一个电脑公司销售两种规格的磁盘：3.5 英寸和 5.25 英寸（1 英寸=2.54 厘米），每一片磁盘有以下 4 种容量：单面双密、双面双密、单面高密、双面高密。用一个二维表格可以很好的表述磁盘的价格。要求将表格存入一个二维数组，并按表格的行列格式实现表格的分行打印。

公司为磁盘定制了零售价格（单位：元），如表 5-3 所示。

表 5-3　　零售价格表

规格	单面双密	双面双密	单面高密	双面高密
3.5 英寸	2.30	2.75	3.20	3.50
5.25 英寸	1.75	2.10	2.60	2.95

✧　问题分析

历史小常识：在没有 U 盘和移动硬盘的时候，网络也不像现在一样发达。那个时候，人们在不同计算机设备之间传送数据，通常使用一种称为软盘的存储介质。它是一种移动可擦除存储介质，从尺寸上可分为两种规格：3.5 英寸软盘和 5.25 英寸软盘，如图 5-6（a）、（b）所示。每种尺寸的软盘按存储密度和单双面，又分为若干类型，如表 5-3 所示。不同类型软盘，价格不同。这些软件盘的存储容量，与现在的存储介质相比，非常有限，容量最大的 3.5 英寸软盘只有 1.44 MB。软盘读写需要特殊的读取设备，不同类型的软盘需要不同的设备，3.5 英寸软盘的读写设备如图 5-6（c）所示。尽管这些“老古董”已经被淘汰了，但它们仍然代表那个时代在存储方面的科技成就。

（a）3.5 英寸软盘

（b）5.25 英寸软盘

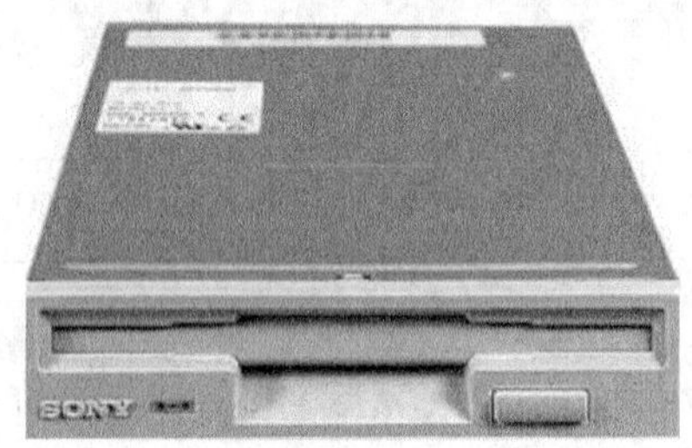

（c）3.5 英寸软盘读写驱动器

图 5-6　软盘及读写设备

现在的工作是把表 5-3 存储到计算机内存中，并可以在需要时输出到屏幕上。为了完成这一“历史性”使命，可以借助二维数组完成存储，每一行表示一种尺寸的软盘，每一列表示某种尺寸、某种存储密度软盘的价格。使用嵌套 for 循环把这些价格存入二维数组（表格）中，再用嵌套 for 循环打印输出结果。输出时用转义字符'\t'控制列对齐，行号变化时插入一个'\n'在输出时完成换行。为了在输出中增添描述性标题，可以简单地在首行数值打印之前打印一行标题，在首列数值打印前打印一列标题。

✧　程序实现

代码如程序清单 5-6 所示。

程序清单 5-6　DiskSale.c 程序

```
/*  purpose:应用多维数组输出销售单
    author : Guo Haoyan
    created: 2008/08/11 8:28:08  */
#include <stdio.h>
```

```
void main()
{     double dDisk[2][4];
      int nRow,nCol,i,j;
      for(i=0; i<2; i++)
           for(j=0; j<4; j++)
                scanf("%lf", &dDisk[i][j]);     //读入软盘规格
      printf("\tSingle.Side\tDouble-Side");     //输出行标题
      printf("\tSingle.Side\tDouble-Side\n");
      printf("\tDouble-density\tDouble-density");
      printf("\tHigh-density\tDouble-density\n");
      for(nRow=0; nRow<2;nRow ++)
      {
          if(nRow==0)                            //输出列标题
                printf("3 inch\t");
          else
                printf("5 inch\t");
          for(nCol=0; nCol<4;nCol ++)
                printf("$%.2f\t\t",dDisk[nRow][nCol]);     //输出价格
          printf("\n");
      }
}
```

运行结果如下所示。

```
2.30 2.75 3.20 3.50
1.75 2.10 2.60 2.95
          Single.Side     Double-Side     Single.Side     Double-Side
          Double-density  Double-density  High-density    Double-density
3 inch    $2.30           $2.75            $3.20           $3.50
5 inch    $1.75           $2.10            $2.60           $2.95
```

5.3.4　多维数组的初始化和引用

1. 多维数组的定义及初始化

C 语言中，二维或二维以上的数组都称为多维数组。多维数组声明的一般形式为

```
类型说明符 数组名[常量表达式 1][ 常量表达式 2]…[常量表达式 n];
```

多维数组的初始化方法与二维数组相同。下面以三维数组为例，三维以上的可以类推。如三维数组的初始化为

```
int a[2][3][4]={{{1,2,3,4},{5,6,7,8},{9,10,11,12}},{{13,14,15,16},{17,18,19,20},{21,22,23,24}}};
```

由于第一维的大小为 2，可以认为 a 数组由两个二维数组组成，每个二维数组为 3 行 4 列，如图 5-7 所示。因此初始化时，对每个二维数组按行赋初值的方法，分别用花括号把各行元素值括起来，并且将三行的初值再用花括号括起来。例如，{{1，2，3，4}，{5，6，7，8}，{9，10，11，12}}是第一组二维数组的初值，{{13，14，15，16}，{17，18，19，20}，{21，22，23，24}}是第二组数组的初值。

1	2	3	4
5	6	7	8
9	10	11	12

13	14	15	16
17	18	19	20
21	22	23	24

图 5-7　对三维数组赋初值

当然，也可以不必用这么多的花括号，而把三维数组中的全部元素连续写在一个花括号内，按元素在内存中的排列顺序依次赋初值。例如：

```
int a[2][3][4]={1,2,3,4,5,6,7,8,9,10,11,12,13,14,15,16,17,18,19,20,21,22,23,24};
```

可以省略第一维的大小，则声明可改写为

```
int a[][3][4]={1,2,3,4,5,6,7,8,9,10,11,12,13,14,15,16,17,18,19,20,21,22,23,24};
```

系统会根据初值个数，算出第一维的大小为 2。

从上面的赋值方式可以看到，采用分行赋值的方法概念清楚、含义明确，尤其在初始值比较多的情况下不易出错，也不需要一个一个地数，只需找到相应的数据即可。

2. 多维数组的使用

三维数组使用的一般形式为

```
数组名[下标 1][下标 2][下标 3]=值;
```

其中，下标 1、下标 2、下标 3 是值大于或等于 0 的整型表达式，这些表达式中可包含变量。例如，对于数组 int n[10][15][12];，这些使用方式都是合法的：n[0][1][2]，n[k+1][0][4]，n[3*k+2][j+3][11]。

在数组使用中要特别注意下标是否越界，因为系统不检查下标越界问题。例如，对于 int b[4][5];，引用 b[4][5]是错误的，因为没有声明这个数组元素，该引用下标越界。

多维数组元素在内存中的排列顺序：第一维的下标变化最慢，最右边的下标变化最快。例如 a[2][3][4]，上述三维数组的元素排列顺序如图 5-8 所示。

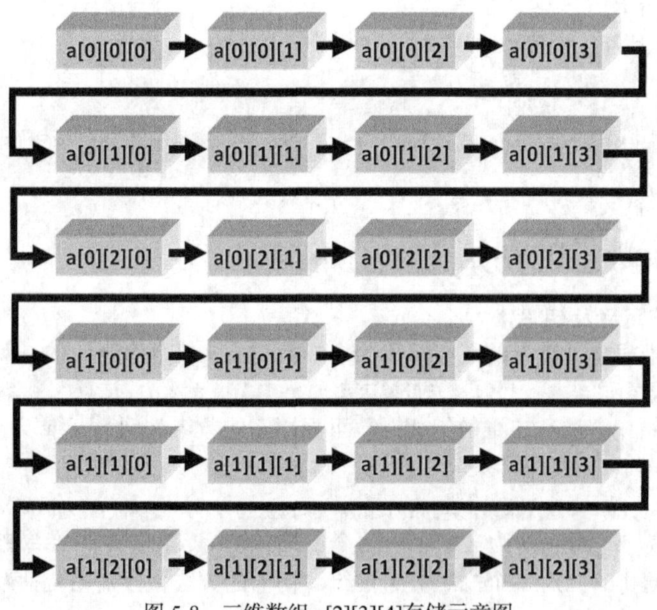

图 5-8　三维数组 a[2][3][4]存储示意图

5.3.5　数组程序综合应用

【例 5-7】有一个 3×4 的矩阵，编写程序找出值为最大的元素及其所在的行号和列号。

✧　问题分析

对于矩阵，用二维数组来描述会很方便。求矩阵中值最大的元素，可以这样实现：定义一个变量 nMax 并初始化为 nArr[0][0]，用双重循环访问矩阵中所有的元素，将每个元素和 nMax 相比较，用大于 nMax 值的元素替换 nMax 中原有的值，同时记录下该元素的行列下标。循环结束后，输出 nMax 和所记录的下标值。

✧ 程序设计描述

该问题的解决方法可以用图 5-9 所示的流程图表示：

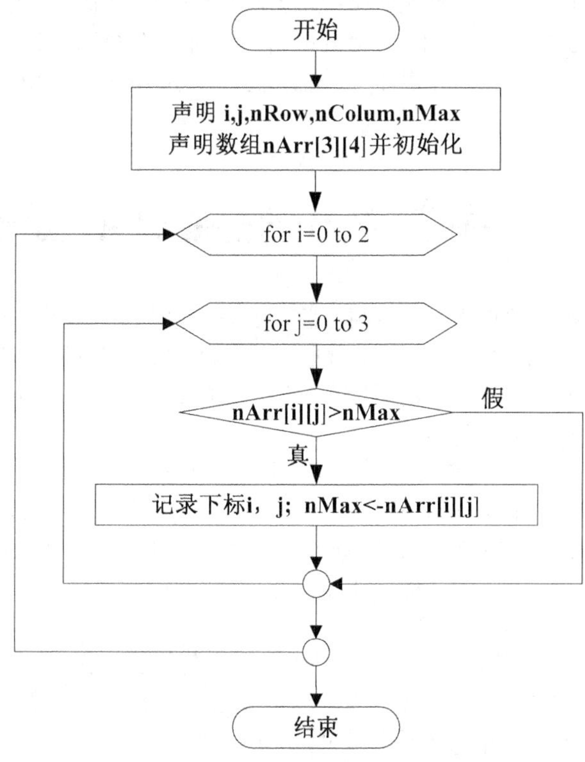

图 5-9 Matrix.c 流程图

✧ 程序实现

程序清单 5-7 Matrix.c 程序

```
/*  purpose:求矩阵最大值的操作
    author : Guo Haoyan
    created: 2008/08/11 9:07:08 */
#include <stdio.h>
void main()
{   int i,j,nRow=0,nColum=0,nMax;
    int nArr[3][4]={{1,2,3,4},{9,8,7,6},{-10,10,-5,2}};
    nMax=nArr[0][0];
    for (i=0; i<=2; i++)
        for (j=0;j<=3;j++)
            if(nMax<nArr[i][j])
            {
                nMax=nArr[i][j];
                nRow=i;
                nColum=j;
            }
   printf(" max=%d,row=%d,colum=%d\n",nMax,nRow,nColum);
}
```

运行结果如下所示。

```
max=10,row=2,colum=1
```

✧ 程序解读

程序中 nRrow 和 nColum 分别代表最大值所在元素的行号和列号。nMax 中存放数组元素中的最大值，程序利用双重循环查找最大值所在的元素位置。进入循环之前先把 nArr[0][0]的值赋给 nMax，即假设 nArr[0][0]为最大值，因此 nRrow 与 nColum 都被赋 0 值。在执行循环过程中，只要找到比 nMax 的值大的元素，就要更新 nMax、nRrow、nColum 中的内容，以确保它们总是记录最大值的信息。

5.4 字符类型数组及字符串

用来存放字符元素的数组称为字符数组。前几节关于数组概念及相关的使用方法，均适用于字符数组。如 char c[10];，由于字符型和整型通用，也可以定义为 int c[10];，但这时每个数组元素占 4 个字节的内存单元。字符数组也可以是二维或多维数组，如 char c[5][10];，字符数组也允许在类型说明时做初始化赋值。例如：

```
char c[10]= {'c', ' ','p','r','o','g','r','a','m'};
```

由于在初始化过程中有 9 个值（包括' '在内），所以 c[0]～c[8]分别被赋值，而 c[9]未赋值。此时，由系统自动将 0 赋予 c[9]。当对全体元素赋初值时，可以省去长度说明。例如：

```
char c[]={'c', ' ','p','r','o','g','r','a','m'};
```

这时 c 数组的长度自动定为 9。

字符数组元素是按一个字节来存储的，这对于英文来说是够用的。但对于非英语语系的语言来说就不一定了，如中文、日文等。C 语言为了能够提供对多国语言的支持，提出字符串（Character String）的概念，但却没有字符串这种数据类型。它是在字符数组有效值末端加上一个特殊的字符'\0'作为标志，比如将字符数组 c 变为字符串声明如下：

```
char c[15]= {'c', ' ','p','r','o','g','r','a','m','\0'};
```

数组 c 共申请了 15 个元素的内存空间，但它只用 9 个空间存储初始值（有效值），此时，在有效值末尾加'\0'，则称字符数组 c 为字符串。显然，这种形式仍然无法将汉字存入，因为每个汉字都是一个整体，无法将其劈成两半，然后，按照字符形式来存储。在这个基础上，C 语言又做了一步飞跃式拓展——把字符串看成一个整体来使用，其声明方式形例如：

```
char 数组名[常量]={"值"};
char 数组名[常量]="值";
```

这里必须强调，初始化数组的值是用双引号括起来的，例如：

```
char c[10]= {"C program"};
```

在这个声明里没有加'\0'，系统会自动将'\0'补充至末尾，它也将占用一个字节，即数组 c 在内存中的实际存放情况为：C program\0。不难发现它与 char c[10]= {'c', ' ','p','r','o','g','r','a','m'};的不同，后者被称为字符型数组。有了字符串这样一种定义方式，就不必受单个字符长度的限制了，它实际上是以'\0'为结束符的非固定长度的变量。由此可知，char c=**'a'**与 char c=**"a"**在概念和存储长度上是不同的。

在采用字符串方式后，字符数组的输入输出将变得简单方便。除了上述用字符串赋初值的办法外，还可用 printf 函数和 scanf 函数一次性输出输入一个字符数组中的字符串，而不必使用循环语句逐个输入输出每个字符，其格式控制符是“%s”。输出字符串时，输出项是字符数组名，输出时遇到'\0'结束，所输出的字符中不包括'\0'，如下例所示。

程序清单 5-8　OutPut1.c 程序

```
#include <stdio.h>
```

```
void main()
{   static char c[]="BASIC\ndBASE";
    printf("%s\n",c);
}
```

运行结果如下。

```
BASIC
dBASE
```

在本例的 printf 函数中，使用的格式字符串为“%s”，表示输出的是一个字符串。在输出表列中给出数组首地址，即数组名，不能写为：**printf("%s",c[]);**。

输入多个字符串时，以空格分隔；输入单个字符串时，其中不能有空格。例如：

	程序 1	程序 2

代码段	`#include <stdio.h>`
	`void main()`
	`{`
	`  char st[15];`
	`  printf("input string:\n");`
	`  scanf("%s",st);`
	`  printf("%s\n",st);`
	`}`
		`#include <stdio.h>`
		`void main()`
		`{`
		`  char st1[6],st2[6],st3[6],st4[6];`
		`  printf("input string:\n");`
		`  scanf("%s%s%s%s",st1,st2,st3,st4);`
		`  printf("%s %s %s %s\n",st1,st2,st3,st4);`
		`}`

输入及输出	input string: this is a book this	input string: this is a book this is a book
解读	本例中由于定义数组长度为 15，因此输入的字符串长度必须小于 15，以留出一个字节用于存放字符串结束标志'\0'。但是，当用 scanf 函数输入字符串时，空格是字符串的结束符	输入的每一行字符串以空格结束，分别装入四个数组中。因此，有 st1="this"，st2="is"，st3="a"，st4="book"。除空格外，回车和 TAB 都可以作字符串结束的标识符

前面介绍过，scanf 的各输入项必须以地址方式出现，如&a,&b 等。但在本例中却是以数组名方式出现的，这是为什么呢？这是由于数组名就代表该数组的首地址。因此在数组名前面就不能再加地址运算符&。如写作 scanf("%s",&st);则是错误的。在执行函数 printf("%s\n", st) 时，按数组名 st 找到首地址，然后逐个输出数组中各个字符，直到遇到字符串终止标志'\0'为止。

【例 5-8】字符数组和字符串的的初始化和输出。

✧　程序实现

程序清单 5-9　String.c 程序

```
/*  purpose:对字符数组进行初始化，用循环通过数组名对数组输出
    author : Guo Haoyan
    created: 2008/08/11 10:28:08 */
#include <stdio.h>
void main()
{      int i;
       char cStr1[8]={112,114,111,103,114,97,109,0};
       char cStr2[8]={'P','r','o','g','r','a','m','\0'};
       char cStr3[8]="program";
       char cStr4[]="program";
       for(i=0;i<7;i++)
              printf("%c ",cStr1[i]);
       printf("\n%s\n",cStr2);
       printf("%s\n",cStr3);
```

```
        printf("%s\n",cStr4);
}
```

运行结果如下。

```
program
Program
program
program
```

这个例子里没有演示由键盘输入的内容，有两方面的原因：一是以单个字符对数组 cStr2 进行输入，转义字符'\0'难以输入；二是字符的连续输入是有问题的，它是 C 语言的一个 Bug。请看下面的例子。

```
/*  purpose:见证 C 语言中的"垃圾"
    author : Xiaodong Zhang
    created: 2017/06/20 10:28:08 */
#include <stdio.h>
void main()
{
        int i;
        char cStr [4];
        for(i=0;i<3;i++)
            scanf("%c",&cStr[i]);        //逐个字符输入
        for(i=0;i<3;i++)
            printf("%6d",cStr[i]);       //逐个字符输出
        cStr[i]= '\0';                   //形成字符串
        printf("\n%s\n",cStr);           //按字符串输出
}
```

运行结果如下。

```
a
b
    97    10    98
a
b
```

程序的循环部分设置了三次输入，但是，表面上我们只输入两个字母就结束了。然而，我们以单个字符、按十进制整数输出时，确实有三个字符：97('a')、10(?)、98('b')，那么，这个 10 是哪个字母的 ASCII 值呢？聪明的读者可能已经猜到是转义字符——换行符（回车），通过查询附录 5 可以证实这一点。没错！系统把结束控制符“换行”做为字符读入内存中。在程序设计中，我们会经常遇到需要连续输入字符的情况，比如程序运行过程中暂停，等待用户决定是否继续会有这样的提示：“to be continued? 'Y' or 'N' ”，然后，下一个输入变量也可能是字符。这时，如何避免把一些转义字符当输入呢？只有一个原则：消耗掉这个转义字符。按 scanf 对输入的要求，消耗的方式有很多种：格式控制符后跟空格、用抑制符、字符输入函数(getchar())等，程序代码表示如下：

（1）空格 scanf("%c ",&cStr[i]);　　　　//%c 后面有个空格

（2）抑制符 scanf("%c%*c",&cStr[i]);　//使用抑制符

（3）字符输入函数{scanf("%c",&cStr[i]); getchar();} //使用字符输入函数

函数 scanf 的功能非常强大，不但有默认的输入结束符，还允许用户自定义结束，并且有一定容错功能。

（1）默认输入结束符

空格、Tab 制表符、换行符（回车）是输入默认的结束符。前面我们一直在使用这些结束符，

如 scanf("%d%d%d", &a,&b,&c);，输入 35 44 66，则有 a=35,b=44,c=66。

（2）用户自定义结束符

除了系统默认的输入结束符外，用户也可以自已定义结束符标识，如我们经常使用的全日期格式：2017-6-24 23:59:23，scanf("%d-%d-%d %d:%d:%d", &yy,&mm,&dd,&hh,&mi,&si);。这里“-”“ ”“:”都是自定义输入结束符，在输入时必须有且严格对应。这种定义方式有个误区：初学者会误把它们当作提示输入的标识符，如 scanf("a=%d,b=%d",&a,&b);，认为系统会提示用户“a=”和“b=”，然而并不会，用户输入时必须是“a=5,b=6”，其中“a=”“,”“b=”一个都不能少！这种友好的提示正确的写法如下。

```
printf("a=");
scanf("%d",&a);
printf("b=");
scanf("%d",&b);
```

（3）容错功能

以用户输入错误类型做为输入结束，不是报错而退出程序，是 C 语言容错功能的一种体现。如下述代码片段：

```
int a;
float b;
char c;
scanf("%d%f%c",&a,&b,&c);
```

运行之后，输入为

```
12345.123o.456c
```

实际上赋值结果为：a=12345,b=0.123000,c=o。这是因为变量 a 是整数类型，小数点为非法输入，自动赋给变量 b，字符'o'对于 b 来说是非法输入，自动赋给了变量 c，紧随其后的小数点对于 c 来说是非法输入，则结束输入。

5.5　字符串处理函数

C 语言提供了丰富的字符串处理函数，大致可分为字符串的输入、输出、合并、修改、比较、转换、复制、搜索几类。使用这些函数可大大减轻编程的负担。

用于输入输出的字符串函数，在使用前应包含头文件"stdio.h"，使用其他字符串函数应包含头文件"string.h"。下面介绍几个最常用的字符串函数。

（1）字符串输出函数 puts()

```
原　型:　char *puts(char *string);
头文件:　#include <stdio.h>
功　能:　puts 将以串结束符为终结符的字符串输出，并加上换行符
参　数:　输出字符串在内存中的存储地址指针
说　明:　puts()函数只能输出字符串，不能输出数值或进行格式变换
```

puts()使用的一般形式为

```
puts (字符数组名);
```

例如：

```
char cStr[]="BASIC\ndBASE";
puts(cStr);
```

从这个程序片段中可以看出，puts 函数可以输出转义字符，因此显示结果成为两行。puts 函数完全可以由 printf 函数取代。当需要按一定格式输出时，通常使用 printf 函数。

（2）字符串输入函数 gets()

```
原　型：　char *gets(char *string);
头文件：　#include <stdio.h>
功　能：　从终端输入一个字符串到内存中指定地址
参　数：　输入字符串在内存中的存储地址指针
说　明：　返回值为字符数组的起始地址
```

gets()使用的一般形式为

```
gets (字符数组名);
```

例如：

```
char cStr[15];
printf("input string:\n");
gets(cStr);
puts(cStr);
```

gets 默认输入结束符是回车，没有空格和制表符，所以输入字符串中可以含有空格。这点与 scanf 函数不同。如上述片段的输入为：Sanfeng Zhang，则 cStr="Sanfeng Zhang"。

（3）字符串连接函数 strcat()

```
原　型：　char *strcat(char *dest,char *src);
头文件：　#include <string.h>
功　能：　把 src 所指字符串添加到 dest 结尾处(覆盖 dest 结尾处的'\0')并添加'\0'
参　数：　dest——合并时的目标字符串，src——合并时追加到目标字符串上的源字符串
说　明：　src 和 dest 所指内存区域不可以重叠且 dest 必须有足够的空间来容纳 src 的字符串，返回指向 dest 的指针
```

strcat()使用的一般形式为

```
strcat (字符数组名 1，字符数组名 2);
```

strcat 函数要求字符数组 1 定义足够的长度，否则将不能全部装入被连接的字符串。

【例 5-9】strcat()函数简单应用举例。

✧　程序实现

程序清单 5-10　getstrcatput.c 程序

```
/*  purpose: 字符串处理函数 strcat()的使用方法
    author : Guo Haoyan
    created: 2008/08/11 15:11:08   */
#include <stdio.h>
#include <string.h>
void main()
{
      char cStr1[30]="My name is ";
      char cStr2[10];  //cStr2[14]
      printf("input your name:\n");
      gets(cStr2);
      strcat(cStr1,cStr2);
      puts(cStr1);
}
```

运行结果如下所示。

```
input your name:
Sanfeng Zhang
My name is Sanfeng Zhang
```

（4）字符串拷贝函数 strcpy()

```
原　型：　char *stpcpy(char *dest,char *src);
```

```
头文件：  #include <string.h>
功  能：  把 src 所指向的字符串复制到 dest 所指的数组中
参  数：  目标字符串地址，欲复制的源字符串地址
说  明：  src 和 dest 所指内存区域不可以重叠且 dest 必须有足够的空间来容纳 src 的字符串，返回指向 dest 的指针
```

函数 strcpy 使用的一般形式为

```
strcpy (字符数组名 1，字符数组名 2)；
```

本函数要求字符数组 1 应有足够的长度，否则不能全部装入所拷贝的字符串。例如：

```
char cStr1[15],cStr2[]="C Language";
strcpy(cStr1,cStr2);
```

（5）字符串比较函数 strcmp()

```
原  型：  int strcmp(char *s1,char *s2);
头文件：  #include <string.h>
功  能：  比较字符串 s1 和 s2
参  数：  s1——第 1 个字符串，s2——第 2 个字符串
说  明：  当 s1<s2 时，返回值<0
          当 s1=s2 时，返回值=0
          当 s1>s2 时，返回值>0
```

函数 strcmp()使用的一般形式为

```
strcmp(字符数组名 1，字符数组名 2)；
```

本函数的比较原则是逐个字符比较，直到有差异或字符比较完成为止，如 char st1[]="abcde", st2[]="abx"; strcmp(st1,st2)，两个字符串常量中，前两个字符是一样的，由于'c'的 ASCII 值小于'x'，所以有 st1<st2，即返回值小于 0。也就是说，字符串的比较实际上就是字符对应的 ASCII 值的比较。

【例 5-10】strcmp()函数简单应用举例。

✧　程序实现

程序清单 5-11　stringcmp.c 程序

```
/*  purpose: 字符串处理函数 strcmp()的使用方法
    author : Guo Haoyan
    created: 2008/08/11 16:11:08 */
#include <stdio.h>
#include <string.h>
void main()
{
  int nFlag;
  char cStr1[15],cStr2[]="C Language";
  printf("input a string:\n");
  gets(cStr1);
  nFlag=strcmp(cStr1,cStr2);
  if(nFlag==0) printf("str1=str2\n");
  if(nFlag>0) printf("str1>str2\n");
  if(nFlag<0) printf("str1<str2\n");
}
```

运行结果如下。

```
input a string:
C Language
st1=st2
```

本程序中把输入的字符串和数组 cStr2 中的字符串比较，比较结果返回到 nFlag 中，根据 nFlag 值再输出结果提示串。当输入为“C Language”时，由 ASCII 码可知两者相等，故输出结果“st1=st2”。

（6）测字符串长度函数 strlen()

```
原  型:   int strlen(const char string[]);
头文件:   #include <string.h>
功  能:   统计字符串 string 中字符的个数
参  数:   字符数组名
说  明:   所计算的字符串长度不包括'\0'在内
```

函数 strlen 使用的一般形式为

```
strlen(字符数组名);
```

例如：

```
char cStr[]="C language";
nLength=strlen(cStr);
```

则 nLength 的值为 10。

5.6 指针变量、字符串指针变量与字符串

在上一节所介绍的字符串处理函数中，绝大多数函数的参数和返回值形如 char *xxx，而不是数组的定义形式 char xxx[]，但是我们采用数组作实参却没有任何问题。那么，char *xxx 是不是数组的另一种定义方式呢？当然不是！这是一种更为强大和灵活的数据组织方式，被称为**指针变量**，它与数组渊源颇深。

5.6.1 指针变量

指针是一种数据类型，被称为指针类型。它的表示方式是由某种数据类型加运算符‘*’共同构成。一般声明形式如下。

```
数据类型 *变量名;
```

例如，整数类型的指针声明为 int *p，单精度浮点型数据为 float *p 等。它与普通变量（如 int p, float p）有很大的不同。int *p; 中的 p 是一个整数类型的指针，将指向某个起始地址，以这个地址为起点存储一个整数类型的值。同理，float *p 中的 p 是一个单精度浮点类型的指针，将指向某个起始地址，以这个地址为起点存储一个单精度浮点类型的值。注意此处的解释，它的含义是 p 是一个地址（地址都是长整型，即 long int），在这个地址所指示的单元里存储的是一个与声明类型相同（int, float）的值。为了能把这个解释理解透彻，我们用一个表格来说明。设有如下一段代码：

```
double a=4.5;
double *p;
```

内存分配情况如图 5-10（1）所示。

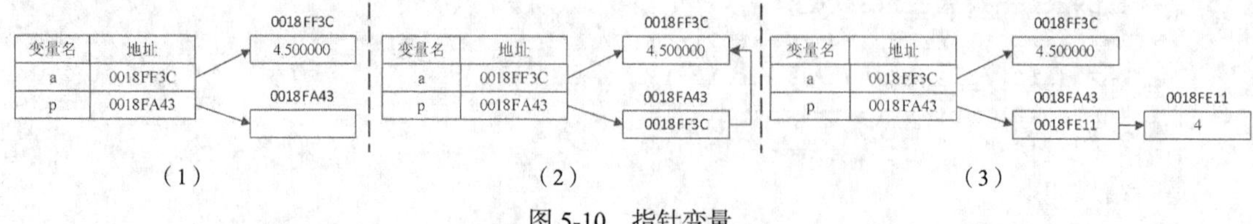

图 5-10 指针变量

由图 5-10（1）可以看出，在声明变量后，无论是普通的双精度浮点型变量还是双精度指针型变量，系统都为之分配了内存空间。但这是有本质区别的，在 a 的内存空间中可以赋双精度浮点型的值（8 个字节），而在 p 的内存空间中只能存放**地址**（长整型，4 个字节）。再执行如下语句，即可实现赋值：

```
p=&a;
```

如图 5-10（2）所示，因为“&”是取地址操作符，所以，把 a 的首地址取出来并存入 p 中。通过指针访问 a 中的值的方法很简单：*p。示例代码如下。

```
printf("%d", *p);     //输出 p 指向地址里的值
printf("%p", p);      //输出 p 的值
```

看出两者的区别了吗？其实，以普通变量来访问某个值是直接访问方式，而用指针则为间接访问，这一点由图 5-10 很容易观察出来。关于指针的使用，我们可以通过现实生活中的一个常见现象来帮助理解：当我们去上课时，通常会在课表上找到上课的地点，比如教学楼 H459 房间。H459 不仅标明了教学楼的众多教室中特定的一间分配给我们上课，而且包括一种方位，如 H 表示楼的编号，459 表明第四层，从南到北（或从北到南）的第 59 个房间。这样我们上课时就能很快的找到教室，它比给出名字方便得多。比如，课表上如果写着养心斋或太和殿，你能知道它在教学楼的什么方位吗？与此类似，内存在使用前也是先要进行编址的，通常是按字节编址，然后按次序进行内存的分配和回收。如图 5-10 所示，当程序员给出某个变量名时，系统首先把这个名字转换成对应地址，按地址找到对应的内存单元，从中读出这个值。在屏幕上打印这个地址，需要借助格式字符串“%p”，如 printf ("%p", &a);，这里输出的是 a 的首地址而不是 a 的值，即为 0018FF3C 而不是 4.500000。

在 C 语言中，‘*’还有一个常用的含义是表示乘法，那么 C 语言编译器是如何区分它们的呢？其实很简单，表示乘法是一个双目运算符，即有两个操作数；表示指针是单目运算符，即只有一个操作数。表示这两个含义时，它们的优先级别也不同。

思考

“&”和“*”的优先级别相同，按自右而左的方向结合。例如：

```
int a=1,b=2,*p1,*p2;
p1=&a;  p2=&b;
p2=&*p1;
```

则最后一条语句代表什么含义？*&p1 呢？

如果每次使用指针时都让它指向一个普通变量，尽管实现了内存空间共享，但指针存在的意义仍然不大。指针还有一个十分强大的功能——可以对内存空间进行动态分配。普通变量是从声明开始，系统就给它们分配了存储变量值的空间。在程序块执行的过程（指从变量声明时开始到遇见第一个‘}’时结束）中，这些空间不能被回收或销毁。但是指针则不同，它可以随时申请，随时释放，尤其是批量申请内存空间，灵活性更大。为了能够进一步明确指针这一特性的实用性，先看一个生活中经常遇到的实例。

【例 5-11】按班级存储某个班级的某门功课的成绩。可对这个成绩进行输入和输出操作。

✧　问题分析

根据题目要求，如果成绩需要保留一位小数，可以定义一个单精度浮点型数组，用来存储某个班所有同学的某门功课的成绩。但是题目并没有告诉我们这个班级有多少学生，可能有 27 个人，也可能有 32 个人。对于具体人数，程序设计与编写人员通常是不知道的，只有成绩录入者知道。可是，按照数组声明的要求，必须给出数组元素的个数，形如 float fScore[30];，那么，到底要申请多大的内存空间才够用呢？这是一个令人困扰的问题。幸好 C 语言中提供了指针，动态申请内在空间的变量类型。下面介绍关于指针操作的基本函数。

✧　关于指针的操作基本函数

指针可以进行动态内存空间分配。所谓动态内存空间分配，是指在程序执行的过程中动态地分配或回收存储空间的方法。动态存储空间分配不像数组等静态内存分配方法那样需要预先分配存储空间，而是由系统根据程序的需要即时分配，且分配的大小就是程序要求的大小。动态存储

空间分配相对于静态存储空间分配具有如下特点。

① 不需要预先分配内存空间；

② 分配的空间可以根据程序的需要扩大或缩小。

C 语言提供了若干动态内存空间管理函数，常用的有 malloc 函数、calloc 函数和 free 函数。

（1）malloc()函数

```
原  型:  void *malloc(unsigned int size);
头文件:  #include <stdlib.h>
参  数:  size 是一个无符号整型数，表示分配存储空间的字节数
功  能:  在内存的动态存储区中分配一个长度为 size 的连续空间
说  明:  若成功，返回指向分配区域起始地址的指针(类型为 void)；若失败，返回空指针 NULL(0)
```

如向系统申请一个单精度浮点型存储空间为:

```
float *p=(float)malloc(sizeof(float));
```

void*是一个万能指针类型，可以指向任何类型的变量，在运算时，系统会根据程序的执行环境将其转换为某种数据类型。如示例中将新申请的内存空间强制转换为存储单精度浮点型数据所用空间。大家可能知道 float 型占 4 个字节，根据函数原型中的说明，这里可以把上述语句写为：

```
float *p=(float*)malloc(4);
```

那么为什么还需要 sizeof 进行数据所占空间的测量呢？这是因为在 C 语言中有些数据类型比较复杂，如结构体共用体，它们是由各种基本数据类型或复杂数据类型的数据成员构成的。为提高访问速度，C 语言规定了内存对齐原则。在这个原则的指导下，内存的分配并非简单的成员存储长度相加（更详细的讲解参见附录 10）。此时，用 sizeof 或 strlen 进行测量，简单而准确，反而遵从了精准编程的要求。

（2）calloc()函数

```
原  型:  void * calloc( unsigned n, unsigned size );
头文件:  #include <stdlib.h>
参  数:  size 表示分配存储空间的字节数，n 表示有多少个 size
功  能:  在内存的动态存储区中分配 n 个长度为 size 的连续空间
说  明:  若成功，返回指向分配区域起始地址的指针(类型为 void)；若失败，返回空指针 NULL
```

调用 calloc()的方法与 malloc()相同。calloc()与 malloc()的区别在于两点：

① calloc()将分配的内存数据块中的内容初始化为 0。这里的 0 指的是 bitwise，即每个位都被清 0。

② 传递给 calloc()的参数有 2 个：第一个是想要分配的数据类型的个数，第二个是数据类型的大小。例如：

```
float *p;
int n;
if ((p = (float *)calloc(n,sizeof(float))) == NULL)
{
          ……                    /*错误处理;*/
}
```

这个示例里用了一个条件语句，判断用 calloc 函数申请空间后，返回值是否为空，若为空，则进行相应的处理。它告诉我们，动态申请内存空间不是什么时候都能成功，有时系统由于内存空间紧张或出于安全性考虑，不能分配所申请空间给申请者，出现了分配内存空间失败，返回值为空的情况。程序里应该有相应的对策，避免程序在运行中被异常终结。malloc 函数存在同样的问题，请读者注意。类似的异常情况处理是程序设计人员经常要面对的，这是提高程序健壮性的一种程序设计与编写手段，必须给予重视。

（3）free()函数

俗话说，"好借好还，再借不难"。对于动态申请的内存空间，用完后要及时归还，从而节省程序运行中所占用的内存空间，保证程序运行的高效性，这是动态内存分配的意义所在。C 语言中回收动态分配的内存空间的函数是 free，其原型如下。

原　型：	void free(void *ptr);
头文件：	#include <stdlib.h>
参　数：	ptr 表示欲释放内存单元的地址
功　能：	在完成对所分配内存空间的使用之后，要通过调用 free()函数来释放它，释放后的内存区能够重新分配给其他变量使用
说　明：	参数 ptr 必须是先前调用动态空间分配函数(malloc 或 calloc 等)时返回的指针

例如：

```
free(p);
```

✧　程序实现

程序清单 5-12　dynamicmemory.c 程序

```
/*  purpose: 动态内存分配的使用方法
    author : Xiaodong Zhang
    created: 2017/07/2 10:11:08 */
#include <stdio.h>
#include <stdlib.h>
void main()
{
  int n, i;
  float *pScore;
  printf("input number of students:");
  scanf("%d",&n);
  pScore=(float*)malloc(n*sizeof(float)); //申请 n 个 float 内存空间
  printf("input score of students:");
  for(i=0;i<n;i++)    //输入成绩
      scanf("%f", pScore+i);
  printf("score of students:");
  for(i=0;i<n;i++)    //输出成绩
      printf("%-6.1f", *(pScore+i));
  printf("\n");
  free(pScore);
}
```

运行结果如下。

```
input number of students:3
input score of students:78.66 89.45 90.9
score of students:78.7  89.4  90.9
```

✧　程序解读

（1）程序中申请内存空间用了 malloc，这里也可以用 calloc，形如：

```
pScore=(float*)calloc(n, sizeof(float));
```

（2）程序中赋值与输出时用了指针的相对地址偏移量，未改变 pScore 的值。pScore+i 的意义是相对地址 pScore 偏移 i 个单精度浮点类型内存空间的地址。输入时，pScore+i 表示取首地址；输出时，*(pScore+i)表示取值。

（3）本程序中不能用++pScore 来移动指针，指向下一个单精度浮点型存储单元。如果使用++pScore，将改变 pScore 的值。当输入最后一个元素后，pScore 将指向一个未经申请分配的空间。

这时，如果输出，将会报一个异常错误，而且不能释放申请的空间。

（4）此处的指针和数组可以相互取代，即可以用 pScore[i]取代 pScore+i，则输入改为&pScore[i]，输出改为 pScore[i]。这种相互的可替换性表达了指针和数组之间对于地址理解的共性。

内存泄漏：

尽管指针非常灵活、高效，但是使用不当会造成相当严重的危害。请看下述代码示例。

```
1. int *p;
2. p=(int *)malloc(4);                  //分配 4 个字节给 p
3. *p=6;                                //赋值
4. p=(int *)calloc(6, sizeof(int));     //分配 6 个整数内存单元
5. free(p);
```

在第 2 行给 p 分配了 4 个字节的内存单元，第 4 行再次申请了 6*4 个字节的内存单元，并把申请后的首地址赋给了 p，这不是在原来的基础上再申请 5*4 个字节的内存单元给 p，而是把新申请单元的首地址赋给了 p，冲掉了 p 原来的值。那么，原来申请的内存空间去了哪里？丢失啦！再也找不回来啦！这是我们使用动态内存分配常犯的错误，它会导致内存不断丢失，如果用在某些循环语句中，危害极大，甚至可能导致系统瘫痪！这就是所谓的内存泄漏问题。正确的做法是，在第 3 行和第 4 行之间加 free(p)，这时释放第 2 行申请的 4 个字节内存单元，而第 5 行释放第 4 行申请的内存单元。

5.6.2 字符串指针变量

指向字符串的指针变量称为字符串指针变量。字符串指针变量的声明与字符指针变量的声明是相同的，只能按对指针变量赋值的不同来区别。如 char c; char *p=&c;表示 p 是一个指向字符变量 c 的指针变量。而 char *s="C Language"中 s 表示一个指向字符串的指针变量。将该字符串的首地址存储于变量 s 中。请看如下两个示例。

示例 1

```
#include <stdio.h>
void main()
{
    char*cPs;
    cPs="C Language";
    printf("%s",cPs);
}
```

示例 2

```
#include <stdio.h>
#include <stdlib.h>
void main()
{   char*cPs;
    cPs=(char *)malloc(11);
    strcpy(cPs, "C Language");
    printf("%s",cPs);
    free(cPs);
}
```

运行后两个示例的结果相同，如下所示。

```
C Language
```

✧ 程序解读

（1）示例 1 中，声明 cPs 是一个字符指针变量，然后把字符串常量**"C Language"**的首地址赋予 cPs。

（2）示例 1 中，程序中的 char *cPs;cPs="C Language"等效于 char *cPs="C Language"。

（3）尽管示例 1 与示例 2 程序运行结果相同，但是从语法和实际执行角度看，两个示例是有本质区别的。图 5-11 所示是两个示例执行过程中指针 cPs 的变化过程。按照这个过程推理，可以发现指针在管理大量相同类型数据时的优势，它可以按需要随时申请内存空间并随时释放它们，不影响后继程序对内存的使用，保证程序运行时内存的整洁性和高效性。

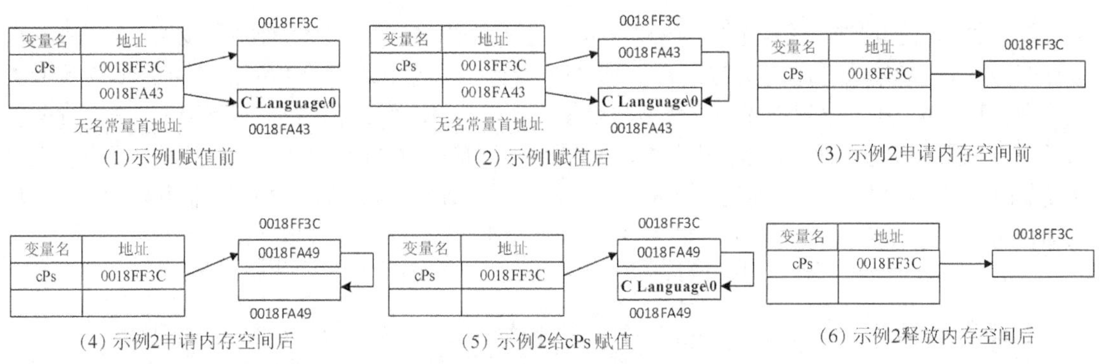

图 5-11　示例 1 和示例 2 执行时指针 cPs 对内存的使用情况

5.6.3　字符串数组和字符串指针

用字符数组和字符指针变量都可实现字符串的存储和运算。但是两者是有区别的。在使用时应注意以下几个问题。

（1）字符串指针本身是一个变量，可用于存放字符串的首地址，并以'\0'作为串的结束。字符串数组是由若干个数组元素组成的，其中有一个元素是'\0'，它所在的位置没有限制，标了字符串的长短，但并不代表字符数组的长度。

（2）字符串指针的赋值方式 char *ps="C Language";可以写为 char *ps; ps="C Language";。

（3）数组的赋值方式 char st[]={"C Language"};不能写为 char st[20];st={"C Language"};。这里 st 是代表数组 st[20]的首地址，系统在声明该数组时已分配了内存空间。st={"C Language"}相当于给 st 重新赋值，让其指向字符串"C Language"的首地址，这在 C 语言中是不允许的。

（4）字符串指针与字符数组的最本质区别是，字符串指针是动态申请内存的，需要时申请，不需要时归还系统；而字符数组是从声明时刻起，系统便为它分配了内存空间，并不进行回收，直到其所在程序块结束为止。

从以上几点可以看出字符串指针变量与字符串数组所存在的区别，也可看出使用指针变量更加方便。

5.7　综合应用实例

数组学习完毕后，不仅解决小毛同学的问题，还能编出一个更为完善的学生成绩档案管理应用。按第 4 章 4.1.2 小节中图 4-2 的功能规划，这里可以完成除“读入学生信息”（第 9 章从文件中读入）、“存储学生信息”（第 9 章存入文件）、“排序”（第 6 章算法）以外的所有内容。利用数组存储学生姓名、学号及各门课程的成绩等信息，并能够对这些信息进行增、删、改、查。

✧　问题描述

学生成绩档案管理要对学生的姓名、学号及各门课程成绩等信息进行增、删、改、查的相应操作，并能够进行相应的统计工作，如求每个同学的平均成绩、统计每门课程不同成绩档次的人数。要求用数组来存放数据。

✧　问题分析

（1）设置数组存储相关信息

学生的姓名应该以字符串形式存储，即一维字符数组或指针字符串。一个班、一个年级或整个学校有多名学生，这将是一个字符串数组，即二维字符数组或指针字符串数组。关于指针字符数组将在

第 8 章中学习。这里选择字符串数组来存放多名学生的姓名，它是二维的。学号可以用一维整型数组来存储，但如果学号是“0”打头的，如“0160410201”，则需要二维字符串数组来存储，因为整数类型将舍去开头的“0”。这里选择一维整型数组。成绩可以用二维数组，第一行下标表示学生序号，与学生的学号相对应，如学生的学号为 160140101，则对应的成绩行为 0；而每一行中的列对应着该学生每门功课的成绩，如第 0 列是英语成绩、第 1 列是高数成绩等。用一维数组存储每位学生的平均成绩，同理，下标与学号有一一对应的关系。综上，可以得到下述数据存储结构的设计。

```
int   nStudNo[N];              /*以整数形式存储学生学号信息*/
char  cStudName[N][13];        /*以字符串数组形式存储学生姓名信息，每个人的名字不超过 6 个汉字*/
float fScor[N][3];             /*以二维整型数组形式存储学生成绩，每个学生 3 门功课*/
float fAvg[N];                 /*以一维整型数组形式存储学生平均成绩*/
int   nCount;                  /*记录当前学生人数*/
```

其中 N 为常数，可以根据实际需要进行设定。数组长度虽然已经确定，但未必会录入那么多学生，因此要设置一个变量 nCount 来记录当前已录入系统的总人数。每增加一名学生，nCount 加 1；每删除一名学生，nCount 减 1。

（2）相关函数设定

1）“学生档案管理”中有三个函数，分别是：

➢ 录入学生信息函数 void StudNew(void)：将用户新录入的学生编号和学生姓名录入到数组 nStudNo[iCount]和 cStudName[iCount]中，各科成绩暂时初始化为 0。

➢ 学生信息修改函数 void StudEdit(void)：调用 SearchNo()函数，用学号对需要修改姓名的学生进行查找，找到后返回该学生所对应的下标值 n，将用户录入的新值存入数组 cStudName[n]中。学号是不允许修改的。如果学号录错了，只能先删除该学生，再重新输入。

➢ 删除学生信息函数 void StudDel(void)：调用 SearchNo()函数对需要修改成绩的学生进行查找，找到后返回该学生所对应的下标值 n，用数组中第 n+1 个及其后元素依次向前覆盖，学生总数减 1，即 nCount-1。需要强调的是：数组是静态存储分配方式，在声明时，系统就已经给数组分配了其标注的全部内存空间，而且直到本段代码运行结束都不会被改变。所以，不可能将数组中不用的元素所占用的空间释放掉（还给系统，以节省内存资源）。本函数用从后向前进行覆盖，进行删除。由于每个数组的读写的循环次数都不是以其长度为准的，而是以 nCount 值的大小来进行的，因此 nCount 可以保证不会读到一个无效数据。

2）“学生成绩管理”中有两个函数，分别是：

➢ 成绩录入函数 void ScoreNew(void)：按次序录入所有学生三门功课的成绩。每录入一个学生的成绩，首先显示其姓名和学号，然后，依次录入英语、高数和 C 语言成绩。

➢ 成绩修改函数 void ScoreEdit(void)：调用 SearchNo()函数对需要修改成绩的学生进行查找，找到后返回该学生所对应的下标值 n，将用户录入的新值存入数组 fScore [n][0]、fScore [n][1]和 fScore [n][2]中，而平均成绩由函数自动计算完成，并赋给数组 fAvg[n]。

3）“查询”中有三个函数，分别是：

➢ 按学号查询学生基本信息函数 int SearchNo(void)：依据用户输入的学生学号进行查找，找到后输出学号与姓名，并返回对应下标；找不到，则返回-1。

➢ 按姓名查询学生基本信息函数 int SearchName(void)：依据用户输入的学生姓名进行查找，找到后输出学号与姓名，并返回对应下标；找不到，则返回-1。

➢ 浏览学生信息函数 void Output(void)：按输入次序输出所有学生的所有信息。

4）统计

➢ 成绩统计函数 void Statistics(void)：按照每个学生不同课程的成绩分类，90 分以上的为优秀，80 分以上的为良好，70 分以上的为中等，60 分以上的为及格，60 以下的为不及格，统计出每门功课的成绩分布情况。

➢ 现在来浅析一下统计分析中用到的技巧。关于成绩分类统计，可以延用第 2 章中所介绍的技术，即通过成绩取整后减去 50，再整除 10（舍去小数部分，不是四舍五入），把 0～100 的成绩归约为 5、4、3、2、1、0 六个档次，这样可以直接把它们用于数组下标，如记录高数分档成绩的数组为 nArch[]，某学生高数考了 87.5 分，有((int)87.5−50)/10=3，则 nArch[3]++，表示“良好”的学生人数在原有的基础上增加 1 个。再如某学生考了 67 分，有((int)67−50)/10=1，则 nArch[1]++，表示“及格”的学生人数在原有的基础上增加 1 个。这是一个简单而实用的程序设计技巧。在这里还要进一步扩展，因为不只是一门功课，而是三门功课，所以应该设计一个二维数组或者三个一维数组。这里采用二维数组，设为 nArch[3][6]，第一个下标表示课程编号，第二个下标表示成绩分档，其中 5 和 4 都属于优秀，在最后输出时，把这两个数组元素相加即可。当然，也可以只分 5 个档次，从 4～0，当遇到 5 时，将其归为 4 处理，但这样在程序中会多一步判断，因为有多重循环，所以，程序的执行效率会比较低，而且按学习成绩的分布情况，90 分以上的同学还是少数。但有一个特例是必须处理的，就是小于 50 分时，按照上述做法会出现负数，应该把这种情况与小于 60 分且大于 50 分的一起处理，即 arch[i][0]++。通过寻找成绩与成绩等级之间的特殊关系，可以使一门功课的等级分类减少两次判断，三门就减少 6 次，100 个学生的统计可以减少 600 次判断，效率提高将近 50%，可是一个很划算的设计啊！强烈推荐小毛同学和各位读者使用这种方法。

➢ 程序设计描述

① 函数之间的调用关系设计。

上述 9 个函数的执行是有一定的逻辑关系的，如图 5-12 所示。图中编号是按分类与定义顺序给出的（参见程序实现中的注释）。录入学生信息函数 StudNew()必须在其他所有函数执行之前被调用，因为成绩录入要与学生姓名、学号相对应，而其他函数都是围绕学生信息和成绩进行操作的，在没有执行这两个函数之前，数组是空，不能进行操作。所以，约束关系如下。

- 在录入学生信息 StudNew()完成之后，可以按姓名查询学生 SearchName()、按学号查询学生基本信息 SearchNo()和成绩录入 ScoreNew()；
- 在学生信息修改 StudEdit()中需要先调用 SearchNo()找到需要修改的学生；
- 执行删除学生信息 StudDel()时，应该在 StudNew()、ScoreNew()之后，并用 SearchNo()找到需要删除的学生信息；
- 每次进行学生及成绩信息增加、删除及修改后，都要重新进行成绩统计 Statistics()，才能得到准确的统计信息（包括每个学生的平均成绩和所有学生的分档信息）；
- 统计完成后，调用浏览学生信息 Output()后输出的信息才是准确的。

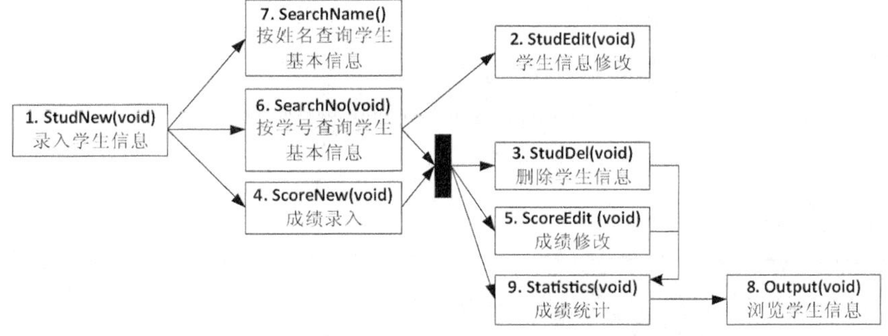

图 5-12　学生成绩管理系统应用中的函数关系

编排好函数之间的调用逻辑关系后，就可以对每个函数进行设计描述了。

② 关键函数设计。

由于多数程序设计描述技巧，我们在前面多次设计过且比较简单，如信息增加，所以，在这里不再复述。但是强烈建议初学者用流程图将这部分设计思路全部描述出来，因为它会帮助梳理设计思路，培养严谨的设计思维。这里挑选删除和成绩分档统计两个函数进行设计描述，以达到抛砖引玉的目的。

- 删除学生信息函数 void StudDel(void)，流程图如图 5-13 所示。
- 统计函数 void Statistics(void)，流程图如图 5-14 所示。

在问题分析中，已经对统计函数的设计进行了说明，主要是找到成绩分档与数之间的对应关系，并把这种关系映射到数组下标中。确切地说，是把成绩归约到整型区间[0,5]中，作为成绩分档统计数组 nArch[][]的第二个下标（nArch[][]的第一个下标是课程编号），即流程图中“nArch[j][((int)fSorce[i][j]-50)/10]”，其中 fSorce[i][j]是学生 i 的第 j 门课程的成绩，((int)fSorce[i][j]-50)/10 是将成绩归约到整型区间[0,5]的运算。不习惯于此种写法的读者，可以将其分为两句：k=((int)fSorce[i][j]-50)/10; nArch[j][k];，这样程序的可读性更强。值得注意的是，这里的(int)是强制类型转换，即将(fSorce[i][j]-50)/10 的计算结果舍去小数部分，以便分等级。

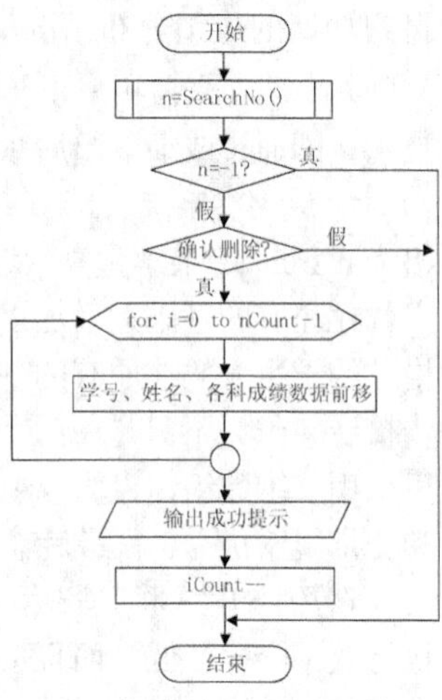

图 5-13　删除操作流程图

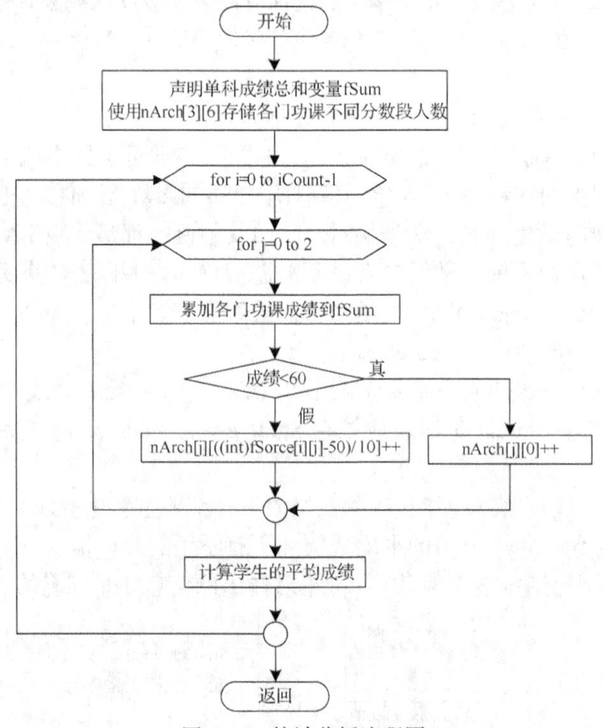

图 5-14　统计分析流程图

✧　程序实现

（1）学生档案管理

```
/*1. 录入学生信息函数*/
void StudNew(void)
{
    nCount=0;
    while(1)
    {
        printf("请输入学生学号：");
        scanf("%d",&nStudNo[nCount]);
```

```
        if(nStudNo[nCount]<0)//终止输入
            break;
        printf("请输入学生姓名: ");  //姓名
        scanf("%*c%s",cStudName[nCount]);  //%*c
        nCount++;
    }
}
```

```
/*2. 学生信息修改函数*/
void StudEdit(void)
{
    int k;
    k=SearchNo();   //按学号查找要修改的学生
    if(k!=-1)
    {
        printf("请输入第%d 同学的姓名:",k);  //学号是学生的唯一标识，不能随意修改
        scanf("%s",&cStudName[k]);
    }
}
```

```
/*3. 删除学生信息*/
void StudDel(void)
{
    int k,i,j;
    k=SearchNo();
    if(k!=-1)
    {
        if(k==nCount-1)     //最后一个元素
            nCount--;
        else
        {
            for(i=k;i<nCount-1;i++)
            {
                nStudNo[i]=nStudNo[i+1]; //覆盖学号
                strcpy(cStudName[i],cStudName[i+1]);//覆盖姓名
                for(j=0;j<3;j++)          //覆盖成绩
                    fScore[i][j]=fScore[i+1][j];
            }
            nCount--;
        }
    }
}
```

➢ 程序解读

① 输入多少个学生的信息是由用户决定的（因为事先并不知道用户录入多少个学生信息，而数组长度在声明时必须给出，因此，数组空间要有足够的长度。但也许用户用不了这么多空间，则存在空间浪费的可能性），因而，循环设置条件永远为真，即 while(1)，让用户能够按需要进行多次输入；当用户决定结束学生信息录入时，给学号输入一个小于 0 的值，程序会执行 break;语句中断循环。

② 每一名学生的姓名都是一个字符串，用一维数组存储。多名学生的姓名可以用二维字符型数组存储，那么，这个二维字符数组就可以看成一维字符串数组，每一行存储一个人名，每个人名的首地址就是数组的行地址。所以读入时用 scanf("%s",cStudName[nCount]);。

③ 对于学生基本信息的修改，原则上只能是修改姓名。因为学号是学生的唯一标识，修改了学号相当于换成另外一个学生，按规则就是新增，所以，若要“修改”学号，应该先删除该学生信息，再增加一个新学生的信息。

④ 删除学生前必须保证已经增加了学生信息，而能够查到要删除的学生信息。

⑤ 因为读写学生信息时是以 nCount 为上限的，所以，如果删除的是数组的最后一个学生信息，即 nCount-1 时，不需要进行任何操作，只需 nCount--即可。

⑥ 在删除时，除了要删除学生的学号和姓名外，还要把学生各门功课的成绩、平均成绩等一起删除，这在计算机软件设计里被称为维护数据的一致性。否则，将会产生很多内在“垃圾”，影响同一学生每项信息的对应关系。

⑦ 当删除的信息不是最后一个元素时，采用由被删除元素所在位置的后一个元素覆盖前一个元素的方式，当所有元素都覆盖完毕后，nCount--。这样，即便最后一个元素有值，也不会被读到或用于计算。

（2）学生成绩管理

```
/*4. 成绩录入函数*/
void ScoreNew(void)
{
    int i,j;
    for(i=0;i<nCount;i++)
    {
        for(j=0;j<3;j++)
        {
            printf("第%d学生第%d门课成绩:",i,j);
            scanf("%f",&fScore[i][j]);
        }
    }
}
```

```
/*5. 对现存学生的成绩进行修改，需要先按学号进行查寻*/
void ScoreEdit (void)
{
    int k,i;
    k=SearchNo();
    if(k!=-1)
    {
        for(i=0;i<3;i++)
        {
            printf("请输入%d同学的第%d门课程成绩:",k,i);
            scanf("%f",&fScore[k][i]);
        }
    }
}
```

➢ 程序解读

① 成绩录入的前提条件是学生信息必须是完整的，因为如果没有完整的学生信息，就不知道成绩是谁的。

② 所有的成绩都可以进行编辑。编辑成绩其实就是用新输入的成绩取代原有的成绩。成绩编辑之前要按学号进行必要的查找。

③ 如果原来的成绩已经进行了统计，求出该学生的平均成绩，则在修改完成绩后，还要再次进行成绩的统计。

④ 每个程序都应该设计一个较为友好的界面。友好的界面不一定就是图形界面（尽管图形界面更好），给出必要的提示也是友好的。例如 ScoreEdit 函数中就会提示用户输入的是第几个同学的第几门课程。

（3）查询

```
/*6. 按学号查找*/
int SearchNo(void)
```

```
{
    int i,nNo;
    printf("请输入学号: ");
    scanf("%d",&nNo);
    for(i=0;i<nCount;i++)
        if(nStudNo[i]==nNo)
        {
            printf("学号: %d; 姓名: %s\n",nStudNo[i],cStudName[i]);
            return i;
        }
    printf("未找到该学生! ");
    return -1;
}
```

```
/*7. 按姓名查找*/
int SearchName()
{
    int i;
    char cName[20];
    printf("请输入姓名: ");
    scanf("%s",cName);
    for(i=0;i<nCount;i++)
        if(strcmp(cName,cStudName[i])==0)
        {
            printf("学号: %d; 姓名: %s\n",nStudNo[i],cStudName[i]);
            return i;
        }
    printf("未找到该学生! \n");
    return -1;
}
```

```
/*8. 浏览学生信息*/
void Output(void)
{
    int i,j;
    printf("--------------------------------成绩显示---------------------\n");
    printf("  学号\t 姓名\t 课程 0\t 课程 1\t 课程 2\t 平均成绩\n");
    for(i=0;i<nCount;i++)
    {
        printf("  %d\t%s\t",nStudNo[i],cStudName[i]);
        for(j=0;j<3;j++)
            printf("%.1f\t",fScore[i][j]);
        printf("%.2f\n",fAvg[i]);
    }
    printf("\n--------------------统计信息---------------------------\n");
    for(i=0;i<3;i++){
        printf("课程%d 的成绩分类为:",i);
        printf("优秀:%d 人; 良好:%d 人; 中等:%d 人;及格:%d 人;不及格:%d 人\n",
        nArch[i][5]+nArch[i][4],nArch[i][3],nArch[i][2],nArch[i][1],nArch[i][0]);
    }
}
```

➢ 程序解读

① 对学生信息的查找有两种方法：一种是按学号查找，另一种是按姓名查找。它们都是对数组中的元素进行逐个比较，所不同的是，按学号查找是整数类型的比较，而按姓名查找是字符串比较。

② 学生信息浏览中，就是依次把学生的基本信息与成绩信息输出。需要注意的是，平均成绩与统计成绩必须在运行统计函数之后才有数据。每次删除修改学生信息或学生成绩信息后，都

要重新运行一遍统计函数(Statistics())，否则，输出的结果是不对的。

（4）统计

```
/*9. 统计函数*/
void Statistics(void)
{
     float fSum;
     int i,j;
     for(i=0;i<3;i++)
          for(j=0;j<6;j++)
               nArch[i][j]=0;          //对统计信息进行初始化
     for(i=0;i<nCount;i++)
     {
          fSum=0.0f;
          for(j=0;j<3;j++)
          {
               fSum+=fScore[i][j];     //求 i 同学课程成绩之和
               if(fScore[i][j]<60)     //统计各成绩档次同学人数
                    nArch[j][0]++;
               else
                    nArch[j][((int)fScore[i][j]-50)/10]++;
          }
          fAvg[i]=fSum/3.0f;           //求 i 同学各门课程的平均成绩
     }
}
```

➢ 程序解读

① 依据程序设计描述中的流程图，不难编写出统计函数。它分为两部分：一是逐个统计每一位同学的每一门课程所在成绩的档次；二是求每一位同学的平均成绩。

② 学生信息及成绩增删改对于统计都是有影响的。学生信息删除是对该学生所有成绩的删除，包括基本信息及其成绩信息。按本程序的设计方法，对于学生基本信息的修改不会影响统计信息。但是如果修改成绩信息，则需要再次调用统计函数。

✧ 程序测试

按照“程序设计描述”中的函数之间的调用关系设计，有两种方法进行测试。

（1）将函数定义与调用嵌入到第 4 章 4.4.2 小节中设计的菜单中

函数定义放到调用之前。声明和调用放到菜单中规划预留的位置，运行结果如下。

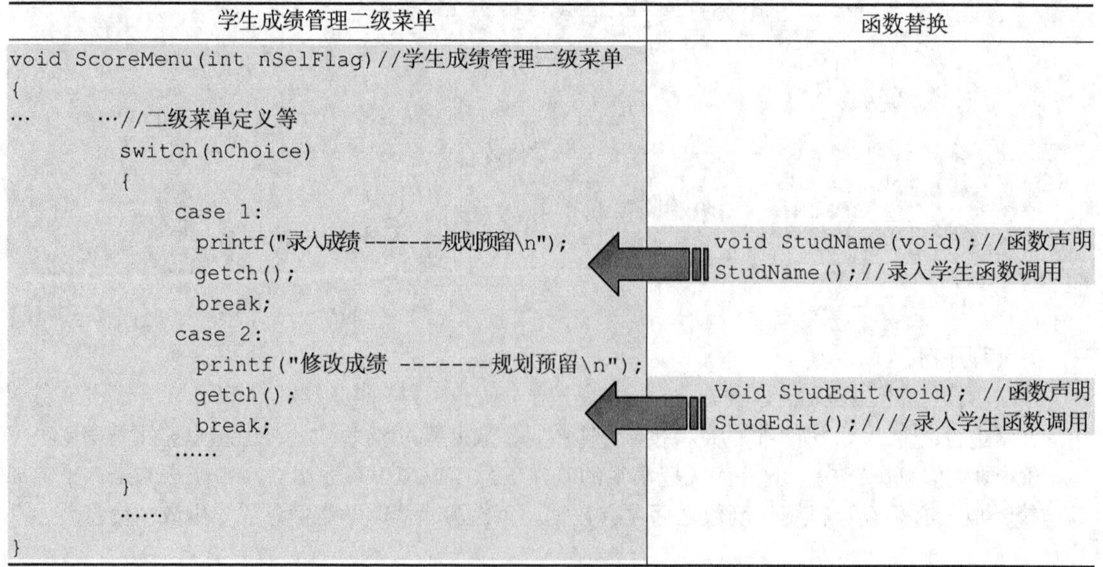

学生成绩管理二级菜单	函数替换

void ScoreMenu(int nSelFlag)//学生成绩管理二级菜单
{
…　　…//二级菜单定义等
　switch(nChoice)
　{
　　case 1:
　　　printf("录入成绩 -------规划预留\n");
　　　getch();
　　　break;
　　case 2:
　　　printf("修改成绩 -------规划预留\n");
　　　getch();
　　　break;
　　……
　}
　……
}
	void StudName(void);//函数声明
	StudName();//录入学生函数调用
	
	Void StudEdit(void); //函数声明
	StudEdit();////录入学生函数调用

放到菜单中是应用程序常用的方法，给使用者更好的使用体验和更大的灵活度。这里需要注意的是，用户使用时可以犯一些逻辑操作方面的错误，如没有录入学生信息就进行成绩录入。对于这类问题，在程序设计中加以甄别，并进行及时处理，避免程序在运行中直接退出。

（2）简单的调用

```
void main()
{
      StudNew();           //录入学生信息
      ScoreNew();          //录入学生成绩
      Statistics();        //统计学生成绩
      Output();            //输出学生成绩信息
      StudEdit();          //编辑学生信息
      Output();            //查看学生编辑后的成绩
      StudDel();           //删除某个学生的信息
      Statistics();        //重新统计学生成绩信息
      Output();            //输出统计后的信息
      ScoreEdit();         //编辑学生成绩信息
      Statistics();        //重新统计学生成绩信息
      Output();            //输出统计后的结果
      SearchName();        //测试按名字查询
}
```

运行结果如下。

```
请输入学生学号：5
请输入学生姓名：Sanfeng
请输入学生学号：7
请输入学生姓名：Wuji
请输入学生学号：6
请输入学生姓名：Cuishan
请输入学生学号：-1
请输入第 0 个学生第 0 门课程的成绩：89
请输入第 0 个学生第 1 门课程的成绩：78
请输入第 0 个学生第 2 门课程的成绩：95
请输入第 1 个学生第 0 门课程的成绩：90
请输入第 1 个学生第 1 门课程的成绩：92
请输入第 1 个学生第 2 门课程的成绩：96
请输入第 2 个学生第 0 门课程的成绩：65
请输入第 2 个学生第 1 门课程的成绩：58
请输入第 2 个学生第 2 门课程的成绩：55
-----------------------成绩展示---------------------
学号      姓名      课程 0    课程 1    课程 2    平均成绩
 5     Sanfeng    89.0     78.0     95.0     87.33
 7     Wuji       90.0     92.0     96.0     92.67
 6     Cuishan    65.0     58.0     55.0     59.33
---------------------统计信息----------------------
课程 0 的成绩分类为：优秀:1 人；良好:1 人;中等:0 人;及格:1 人;不及格:0 人
课程 1 的成绩分类为：优秀:1 人；良好:0 人;中等:1 人;及格:0 人;不及格:1 人
课程 2 的成绩分类为：优秀:2 人；良好:0 人;中等:0 人;及格:0 人;不及格:1 人
请输入学号：6
学号：6；姓名：Cuishan
请输入 2 同学的姓名:Cuihua
-----------------------成绩展示---------------------
学号      姓名      课程 0    课程 1    课程 2    平均成绩
 5     Sanfeng    89.0     78.0     95.0     87.33
```

```
  7    Wuji      90.0   92.0   96.0   92.67
  6    Cuihua    65.0   58.0   55.0   59.33
---------------------统计信息---------------------
课程 0 的成绩分类为：优秀:1 人；良好:1 人;中等:0 人;及格:1 人;不及格:0 人
课程 1 的成绩分类为：优秀:1 人；良好:0 人;中等:1 人;及格:0 人;不及格:1 人
课程 2 的成绩分类为：优秀:2 人；良好:0 人;中等:0 人;及格:0 人;不及格:1 人
请输入学号：6
学号：6；姓名：Cuihua
----------------------成绩展示--------------------
学号     姓名      课程 0  课程 1  课程 2  平均成绩
  5    Sanfeng   89.0   78.0   95.0   87.33
  7    Wuji      90.0   92.0   96.0   92.67

---------------------统计信息---------------------
课程 0 的成绩分类为：优秀:1 人；良好:1 人;中等:0 人;及格:0 人;不及格:0 人
课程 1 的成绩分类为：优秀:1 人；良好:0 人;中等:1 人;及格:0 人;不及格:0 人
课程 2 的成绩分类为：优秀:2 人；良好:0 人;中等:0 人;及格:0 人;不及格:0 人
请输入学号：5
学号：5；姓名：Sanfeng
请输入 0 同学的第 0 门课程成绩:85
请输入 0 同学的第 1 门课程成绩:86
请输入 0 同学的第 2 门课程成绩:95
----------------------成绩展示--------------------
学号     姓名      课程 0  课程 1  课程 2  平均成绩
  5    Sanfeng   85.0   86.0   95.0   88.67
  7    Wuji      90.0   92.0   96.0   92.67
---------------------统计信息---------------------
课程 0 的成绩分类为：优秀:1 人；良好:1 人;中等:0 人;及格:0 人;不及格:0 人
课程 1 的成绩分类为：优秀:1 人；良好:1 人;中等:0 人;及格:0 人;不及格:0 人
课程 2 的成绩分类为：优秀:2 人；良好:0 人;中等:0 人;及格:0 人;不及格:0 人

请输入姓名：7
未找到该学生！
```

✧ 程序中存在的不足

相对于计算器程序，学生成绩管理更为复杂一些。即便是编写了上述程序，编译、运行都没有错误，仍有下述几方面的不足。

（1）程序的持久性存储

在程序调试过程中，你会发现反复的数据录入是一件令人头疼的事情。如果你会将数据存储到文件中，并在需要时从文件读出的技术，那么将会使你工作效率更高。这一技术参见第 9 章。

（2）变量的可扩充性

程序中使用数组对各种数据存储，需要预先估算数组的长度，但是无论怎么估算，结果都是不准确的，因为程序设计者很难知道用户对数据的需求。这里可以考虑使用指针来处理数据“浪费”的问题。在后续的章节中，将会介绍更强大的指针应用。

（3）容错能力和友好性

当出现非法输入时，程序不是突然中断，而是可以提示用户相关错误，让程序继续运行。这样的程序具有一定容错能力且对使用者表现出一定的友好性。如程序中在没有增加学生信息的情况下就录入学生成绩，这是不允许的，那么，在发生这种错误时，应提示用户先输入学生信息。

5.8　本章小结

本章讲解了相同类型的数据集合——数组。从概念来看，数组属于一种构造类型，即数组是由某种数据类型按一定的方式组合而成的。它提供处理批量数据的方法。

1. 知识层面

（1）一维数组：一维数组的声明形式，初始化方法，其在内存中是如何存储的，怎样使用能够达到预期的效果等。

（2）二维及多维数组：二维数组是一维数组的扩展，虽然访问是平面式的，但在内存中仍然是一维线性存储的。其初始化形式很多，使用起来是二维方式，可根据需要用双重循环进行操作。多维数组又是在二维、三维等基础上进行扩展的，其访问方式和操作方法亦可类推。

（3）字符型数组与字符串：字符型数组是字符串的存储方式之一，包含一个特殊的字符'\0'。

（4）指针变量与字符串：指针是一种特殊的数据类型，它可以按照需要进行内存空间的动态申请，使用完毕后归还系统。因为是按需申请，所以它可以根据字符串的大小来分配内存空间。一方面，使用指针可以节省空间；另一方面，可以实现通过地址赋值方式，共享数据，数据量越大，越能显示出指针的优势。

2. 方法层面

（1）字符串的存储：如何运用一维、二维字符数组或指针存储字符串，并对字符串进行相关操作等。

（2）对字符串操作的函数：6 个由 C 语言提供的字符串操作的库函数，并举例说明其是如何使用的。

（3）数组操作技巧：在实际应用中，探讨如何“删除”数组元素；找到成绩与成绩等级的对应关系，巧妙设计二维数组存储方式，建立成绩、成绩等级与数组下标的对应关系，减少程序中的判断次数，达到优化程序的目的，从而提高程序运行效率。

（4）程序设计技巧：进行信息管理方面应用的程序设计是比较复杂的。本章最后的综合应用实例介绍了一些相关的设计技巧，包括符合学生成绩档案管理业务需求的数据存储、数据操作逻辑、函数的设计以及程序容错性和健壮性方面的要求等。

练习与思考 5

1. 填空题

（1）若有以下定义：

```
double w[10];
```

则 w 数组元素下标的上限为______，下限为______。

（2）阅读下列程序。

```
#include <stdio.h>
void main()
{    int i,j,row,column,m;
     static int array[3][3]={{100,200,300},{28,72,-30},{-850,2,6}};
     m=array[0][0];
     for(i=0;i<3;i++)
```

```
            for(j=0;j<3;j++)
                 if(array[i][j]<m)
                 {
                       m=array[i][j];
                       row=i;
                       column=j;
                 }
            printf("%d,%d,%d\n",m,row,column);
}
```

上述程序的输出结果是______。

（3）设有下列程序：

```
#include <stdio.h>
#include <string.h>
void main()
{    int i;
     char str[10],temp[10];
     gets(temp);
     for(i=0;i<4;i++)
     {
          gets(str);
          if(strcmp(temp,str)<0)
                strcpy(temp,str);
     }
     printf("%s\n",temp);
}
```

上述程序运行后，如果从键盘上输入：

```
C++↙
BASIC↙
QuickC↙
Ada↙
Pascal↙
```

则程序的输出结果是______。

（4）设有下列程序：

```
#include <stdio.h>
void main()
{
      int arr[10],i,k=0;
      for(i=0;i<10;i++)    arr[i]=i;
      for(i=1;i<4;i++)     k+=arr[i]+i;
      printf("%d\n",k);
}
```

输出结果是______。

（5）有如下程序：

```
#include <stdio.h>
void main()
{
     int a[3][3]={{1,2},{3,4},{5,6}};
     int i,j,s=0;
     for(i=1;i<3;i++)
          for(j=0;j<=1;j++)
```

```
            s+=a[i][j];
        printf("%d\n",s);
    }
```

该程序运行的输出结果是______。

2. 选择题

（1）以下程序段给数组所有的元素输入数据，应填入的是（　　）。

```
    #include <stdio.h>
    void main()
    {    int a[10],i=0;
         while(i<10)
             scanf("%d",______);
    }
```

（A）a+(i++)　　（B）&a[i+1]　　（C）a+i　　（D）&a[i++]

（2）声明：char x[]="abcdfeg";char y[]={'a','b','c','d','e','f','g'};，则正确的叙述为（　　）。

（A）数组 x 和数组 y 等价　　（B）数组 x 和数组 y 长度相同

（C）数组 x 的长度大于数组 y 的长度　　（D）数组 x 的长度小于数组 y 的长度

（3）声明变量和数组：`int i;`

```
    int x[3][3]={1,2,3,4,5,6,7,8,9};
```

则下面语句的输出结果是（　　）。

```
    for(i=0;i<3;i++)
        printf("%d ",x[i][2-i]);
```

（A）1 5 9　　（B）1 4 7　　（C）3 5 7　　（D）3 6 9

（4）当执行下面程序且输入 ABC 时，输出的结果是（　　）。

```
    void main()
    {     char ss[10]="12345";
          strcat(ss,"6789");
          gets(ss);
          printf("%s\n",ss);
    }
```

（A）ABC　　（B）ABC9　　（C）123456ABC　　（D）ABC456789

（5）声明数组 s：char s[40];若准备将字符串“This is a string.”记录下来，（　　）是错误的输入语句。

（A）gets(s+2);

（B）scanf("%20s",s);

（C）for(int i=0;i<17;i++)　　s[i]=getchar();

（D）char c;int i=0; while((c=getchar())!='\n')s[i++]=c;

3. 编程题

（1）求二维数组中这样一个元素的位置：它在行上最小，在列上也最小。如果没有这样的元素，则输出“没有这样的元素”提示信息。

（2）编程输出两个字符串中对应位置上相同的字符。

（3）将一个 3×3 的二维数组中的行列元素互换。

（4）声明一个能存储 4 个名字的指针数组，按照输入名字的长短，以动态申请存储空间方式为数组中这 4 个元素分配存储空间，存入所输入的名字。在输出后，释放相应的内存空间。

提示：指针数组 char *name[4]; //表示一个数组有 4 个元素，每个元素有一个指针。

第6章 深入模块化设计与应用

内容提示

关键词

- ❖ 算法的要素、基本性质、基本特征及基本质量要求
- ❖ 冒泡排序
- ❖ 选择排序
- ❖ 函数的嵌套调用
- ❖ 递归调用
- ❖ 斐波那契
- ❖ 指针作为函数参数
- ❖ 数组作为函数参数
- ❖ 指针函数与指向函数的指针

难点

- ❖ 递归调用与斐波那契递归实现
- ❖ 学生成绩管理综合用例

当基本的语法知识学完之后，就要研究如何更有效地组织语言，设计出更高效的程序。同时，要能够以合理的方式将自己的设计思想表达出来，进行交流与探索，以达到推陈出新的目的。这就是经常被提及的算法设计与研究。

6.1 算法的基本概念

通俗地讲，算法就是指解决问题的一种方法或一个过程。算法是计算机学科中最具有方法论性质的核心概念，也被誉为计算机学科的灵魂。算法对于我们来说并不陌生，从小学的四则运算就开始接触。“先括号内后括号外，先乘除后加减”就是算法，后继学习的指数运算、矩阵运算和其他代数运算的运算规则都可以称为算法。就计算机科学来说，算法就是用计算机解决问题的过程。不过，数学上所提到的公式通常不能直接用于计算机程序中，需要进行转换，如高等数学里的微积分运算。一般情况下，要把它们变换为有穷多项式，在一定精度要求下，设计程序完成相应的计算任务。

6.1.1　概念

1. 算法的要素

（1）基本操作功能：包括前面讲解的算术运算、关系运算、逻辑运算、赋值运算、输入和输出等。

（2）控制结构：算法的控制结构给出算法的框架，决定各操作的执行次序，包括顺序、选择和循环结构。需要注意的是，模块间的调用也是一种控制结构。特别地，模块自身的直接或间接调用，即递归结构，是一种功能很强的控制重复运算的结构。

（3）数据结构：算法操作的对象是数据，数据间的逻辑关系、数据的存储方式及处理方式就是数据结构。前面学过的基本数据类型及数组都是算法操作的对象。

2. 算法的基本性质

算法是对人类找到的求解问题的方法，经过抽象化、过程化、形式化后，用上述三要素表示出来。在算法的实现中要满足以下性质。

（1）目的性：算法有明确的目的，能完成赋予它的功能。

（2）分步性：由一系列计算机可执行的步骤完成其复杂的功能。

（3）有序性：每个步骤都有一定的执行顺序。

（4）有限性：算法是有限的指令序列，其所包含的步骤也是有限的。

（5）操作性：有意义的算法总是对某些对象进行操作，使其改变状态，完成功能。

3. 算法的基本特征

算法具有 5 个重要特征：

（1）有穷性：一个算法在执行有限步骤后必须结束，即在算法设计中必须有对循环或递归的结束语句，合理地提出结束条件，避免出现“死”循环状态。

（2）确定性：对于每种情况下所应执行的操作，在算法中都有明确的规定，使算法的执行者或阅读者都能明确其含义及执行步骤。

（3）可行性：算法中描述的操作都可以通过已经实现的基本操作运算有限次完成。

（4）可输入：输入作为算法加工对象的数据，通常体现为算法中的一组变量。有些输入量需要在算法执行过程中输入，而有的算法表面上可以没有输入，实际上输入已被嵌入算法之中。算法可以有零个或多个输入。

（5）可输出：输出是一组与输入有确定关系的量值，是算法进行信息加工后得到的结果。算法至少产生一个量作为输出。

4. 算法设计的基本质量要求

算法设计的基本质量要求其实就是程序设计的基本质量要求，它包括以下四方面。

（1）正确性：对于一切合法的输入数据都能得出满足要求的结果。要验证算法或程序的绝对正确，需要穷举所有的数据，但这通常是不可能做到的，所以按软件测试的要求，一般要选择具有代表性的数据。例如，要求输入范围为 0～9，选择 4、7、8 代表“普通”数据；而选择 0 和 9 代表“边缘”数据，即数据的上界与下界，这样的测试对于检验算法的正确性来说才是全面的。

（2）健壮性：当输入数据非法时，算法能恰当地做出反映或进行处理，而不是产生莫名其妙的输出结果。这就是说，需要在算法或程序设计时要考虑异常情况，处理时也尽量不是简单地中断算法的执行，而应返回一个表示错误或错误性质的值，以便在更高的抽象层次上进行处理。例如，在（1）中提到的例子，假如输入-1 或 10 以上的“非法”数据，程序的处理就是其健壮性的体现。

（3）可读性：算法主要是为了方便人的阅读与交流，其次才是计算机执行。因此其表达应易于理解。算法并不一定非得编出程序。前面学习的流程图也是一种非常好的算法表达方式，很多的逻辑错误在这一层上就能够被发现。另外，在程序中加注释也是很好的习惯。

（4）高效率与低存储量的需求：效率通常指执行时间，一般不用绝对时间来衡量，而是用由语句执行频度推演而来的时间复杂度。存储量是指算法执行过程中所需的最大存储空间。这两方面通常是矛盾的。例如，一个较大的程序及数据全部进入内存后的运行效率高，但占用内存空间较大，如果运用请求调入和置换的方法来运行，只需调入部分程序便可执行，占用空间小，但运行效率较低。因此，找到它们之间的平衡点是算法研究的主要任务之一。

6.1.2 引例

【例 6-1】兔子繁殖问题（Fibonacci's Rabbits）：一对兔子从出生后第三个月开始，每月生一对小兔子。小兔子到第三个月又开始生下一代小兔子。假若兔子只生不死，1 月份抱来一对刚出生的小兔子，问一年中每个月各有多少只兔子。

✧ 问题分析

为了找到问题的规律，不妨用枚举法将前 5 个月兔子对的数量情况列出来，如图 6-1 所示。设 y 为表示月份的变量，y_1 表示 1 月份兔子对的数量，y_2 表示 2 月份兔子对的数量，…。由图 6-1 可以得到 y_1=y_2=1，y_3=y_1+ y_2，y_4=y_2+ y_3，…，y_n=y_{n-1}+ y_{n-2} (n=3，4，5，…)。

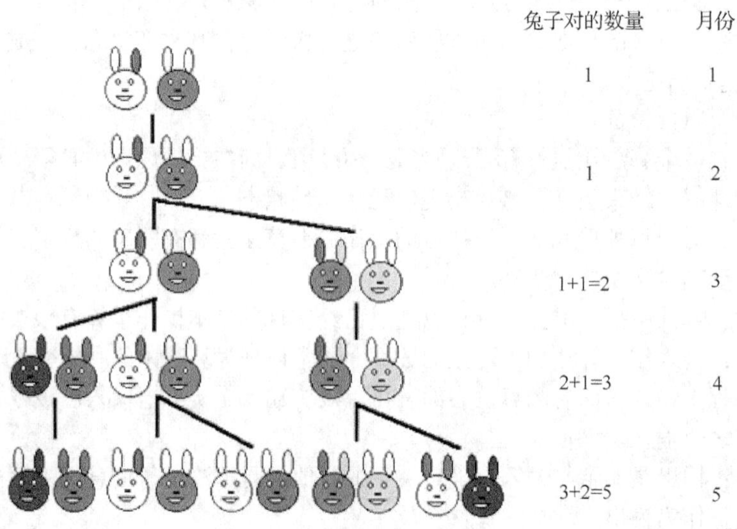

图 6-1 前 5 个月的兔子繁殖情况

于是，可得数学模型，如公式 6-1 所示。

$$y_n=\begin{cases}1 & n=1\\ 1 & n=2\\ y_{n-1}+y_{n-2} & n>2\end{cases} \tag{6-1}$$

这就是著名的斐波那契（Fibonacci）数列。

✧ 解决方案 1

设置两个变量 a、b 分别表示 y_{n-1} 月份和 y_{n-2} 月份兔子对的数量，c 表示 y_n 月份的数量。1、2 月份取 a=1、b=1；3 月份数量 c=a+b。根据 a、b 所代表的意义，做 a=b、b=c 的操作；计算 4 月的数量时，仍可用 c=a+b、a=b、b=c；…。至此，找到构造斐波那契数列的循环不变式。其设计流程图如图 6-2 所示。

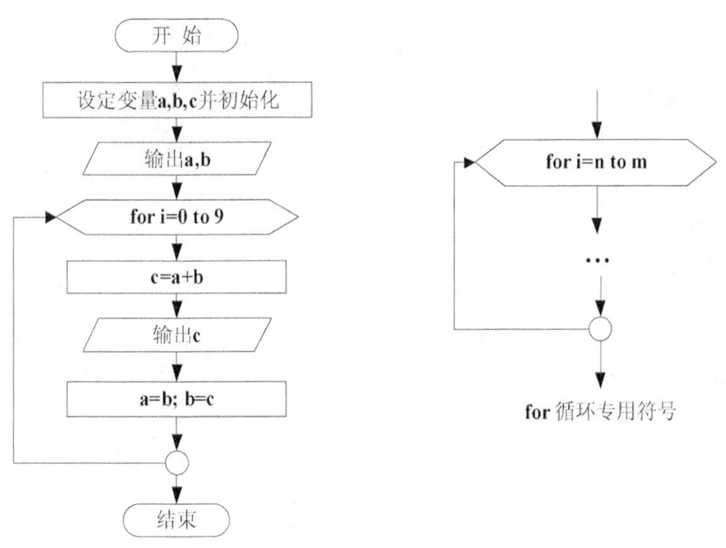

图 6-2　斐波那契数列程序流程图

✧　解决方案 2

由方案 1 的循环运行过程，不难看出计算斐波那契数列第 4 项时，原第 1 项的 a 的值已经没有用处了，此时可以用 a 存储 b+c 的值，依此类推，可得到表 6-1 所示的递推迭代表达式，从第 3 项开始的循环不变式为“c=a+b，a=b+c，b=a+c”。

表 6-1　　递推迭代表达式

1	2	3	4	5	6	7	8	9
a	b	c=a+b	a=b+c	b=a+c	c=a+b	a=b+c	b=a+c	…

方案 1 中的计算次数为 10 次（0～9），而本方案中一次循环可得三个值，循环 4 次即可完成任务，但它和 a、b 的初值合起来一共会得到 14（2+3×4）个值。显然，这是不符合题目要求的，需要继续改进。

✧　解决方案 3

由表 6-1 可以看出，当计算第 4 项值时用的是第 2、3 项，因此第 3 项数值可以存储于 a 中，第 4 项数值存储于 b 中，每隔两项刷新一次 a、b 中存储的值，于是可得到表 6-2 所示的递推迭代表达式，从第 3 项开始循环不变式为“a=a+b，b=a+b”。

表 6-2　　递推迭代表达式

1	2	3	4	5	6	7	8	9
a	b	a=a+b	b=a+b	a=a+b	b=a+b	a=a+b	b=a+b	…

经方案 3 改进的算法，不但比解决方案 1 的循环次数、赋值语句少，还比解决方案 2 所用存储空间、赋值语句、计算语句少，且问题解决得恰到好处，是一个比较理想的设计思路。在前面讲解算法效率与空间存储时，曾经提到这两方面之间的矛盾，我们的目标不仅仅是找到问题的正确答案，还要找到解决问题的算法在这两方面的平衡点，即问题的最佳解决方案。通过不断的努力，兔子繁殖问题的“平衡点”终于被找到了！在艰苦的探索中不断有新的发现，这也正是算法的魅力所在！

✧　程序实现

依据方案 3，可以得到如下代码实现。

程序清单 6-1　Fibonaccis.c

```
/*  兔子繁殖问题
    purpose: 输出一年中各个月有多少只兔子
    author : Zhang Xiaodong
    created: 2008/08/10 14:31:08
*/
#include <stdio.h>
#include <stdlib.h>
void main(void)
{
     int i,a=1,b=1,c=0;
     printf("%5d%5d",a,b);            /* 输出 1,2 月份兔子的数量 */
     for(i=0;i<=4;i++)
     {
          a=a+b;                      /* 计算第 n 个月兔子的数量 */
          b=a+b;                      /* 计算第 n+1 个月的兔子的数量 */
          printf("%5d%5d",a,b);       /* 输出两个月兔子的数量 */
     }
     printf("\n");
}
```

6.2　简单的排序算法

排序，这种操作在生活中常见吗？

现象 1：爱读书的人会经常整理自己的书架，把图书按照不同类别或自己的喜好排列。

现象 2：玩纸牌游戏时，大数人都喜欢把相同花色或相同数字的牌放到一起，并有可能按数字升序或降序排列。

现象 3：超市服务员会把商品分类放到不同区域的不同货架上。

现象 4：家庭主妇通常把不同家庭成员、不同类型、不同季节所穿的衣物放在不同衣橱的不同橱格中。

……

这样的例子还可以举出很多。由这些现象很容易得出排序的主要目的：查找。排序在人类生活中使用频率非常高，人们对它的研究极为广泛，它也是计算机技术必须处理的一类问题。不过，本节并不对这类问题进行深入研究，只讨论两种简单的排序。那么，图书排序、纸牌排序、商品及衣物的分类中，哪一个简单呢？不同的人有不同的看法。先看看纸牌。在纸牌排序中，要考虑的不仅仅是数字，还有花色，可以先按花色排，再按数字排或者相反，均能够得到所需结果。可见，它是两个关键字的排序。图书排序可分为文学类、自然科学类等，文学还可分为小说、散文等，也是比较难的排序。其实，上述四类排序现象细究起来，哪个也不简单，都涉及多关键字排序。不过，也不用担心，可以将它们进行必要的抽象与适当的简化，研究起来就简单一些了。从 52 张牌（不包括大小王）中抽出 1～13 张相同花色、不同数字的牌，打乱顺序，排排看。例如，从大到小的进行。从第二张牌开始，跟第一张比较，小的放前面，大的放后面；第三张分别要和前两张比较才能确定它的位置；第四张要与前三张比较才能确定位置……这样最终会得到一个按数字有序的纸牌序列。那么如何让计算机模拟上述排序过程呢？当然，计算机不具有人类的智慧，只有把上述思想描述成计算机能够识别的内容，它才能得出正确的结果。这正是上一节所提到的算法。现在就来看一下两种简单的排序算法。

6.2.1　冒泡排序算法

【例 6-2】从纸牌同一花色的 13 张牌中任取 7 张，顺序为：13，8，6，1，2，3，4，请按照从小到大进行排序。

✧　问题分析

不妨使用这样一种方法：将这 7 个数存于数组 nCA 中，将 nCA[0]与 nCA[1]比较，可知 13>8，将 nCA[0]与 nCA[1]的值互换；将 nCA[1]（=13）与 nCA[2]（=6）比较，可知 13>6，将 nCA[1]与 nCA[2]的值互换；将 nCA[2]（=13）与 nCA[3]（=1）比较，可知 13>1，将 nCA[2]与 nCA[3]的值互换……直到将 nCA[5]与 nCA[6]的值互换后，得到数列中最大的数 13 并将其调换到最末位置为止。此过程如图 6-3 所示。这种排序的规律是将数列中相邻的两个元素依次进行比较，将符合条件（如前一个大于后一个）的值互换，当整个数列元素都比较完成后，可以找到当前**剩余数列**中的最大值。从图中不难发现，这一过程共进行了 6 次比较与 6 次互换。但仅找出一个最大值并没有完成排序的任务！这只是一趟排序的结果，还要对**剩余数列**继续进行上述操作。

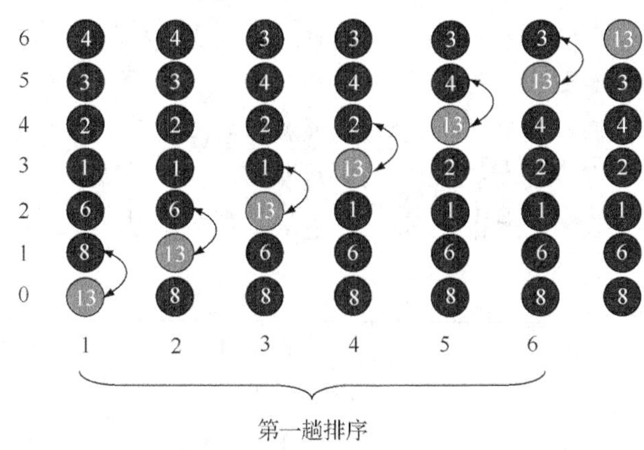

图 6-3　冒泡排序算法第一趟

如图 6-4 所示，第二趟排序是在第一趟排序的基础上进行的。从被换到 nCA[0]的 8 开始，依次比较，并在必要时进行交换。由于 13 这个数已经排好，所以本趟排序不再考虑。剩余数列元素为 6 个，比较次数为 5 次。其余排序过程如图 6-5 和图 6-6 所示。

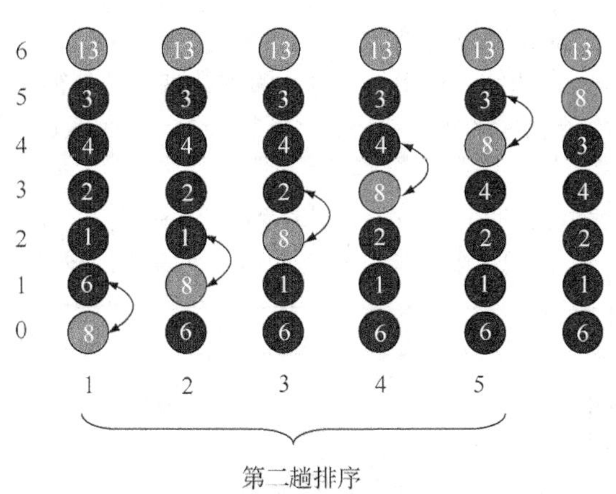

图 6-4　冒泡排序算法第二趟

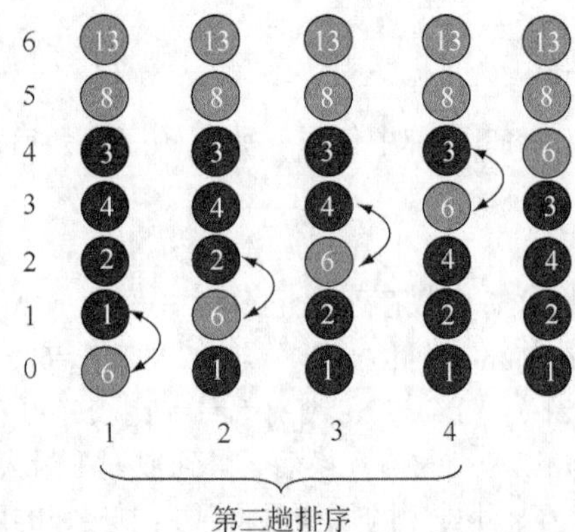

图 6-5　冒泡排序算法第三趟

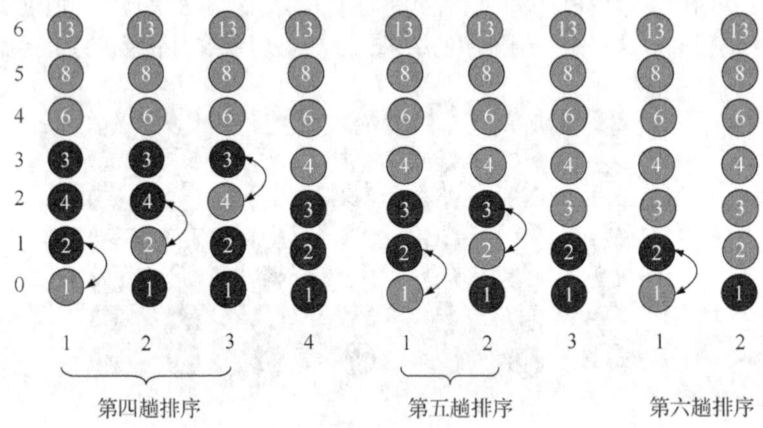

图 6-6　冒泡排序算法第四、五、六趟

看看这些图，是不是感觉数列中的元素像是一个个水里的泡泡随着排序不断上升，慢慢地浮出水面，最终完成排序？所以，它有一个很形象的名字：冒泡排序（Bubble Sort）。

在冒泡排序中，有 7 个元素需要进行 6 趟排序，如果有 *n* 个元素，则要进行 *n*-1 趟排序。第一趟排序，7 个元素需要进行 6 次比较；第二趟排序，6 个元素进行 5 次比较…；则 *m* 个元素需要进行 *m*-1 次比较。对于有 *m* 个元素的数列可能交换的次数不大于 *m*-1。针对上述规律的总结，可得出以下思路。

（1）要完成排序任务，需设置双重循环。

（2）外层循环控制排序的趟数。对于有 *n* 个元素的数列，外层循环趟数为 *n*-1。

（3）内层循环控制对剩余元素的比较和交换。当前剩余 *m* 个元素，则至少要进行 *m*-1 次比较，至多进行 *m*-1 次交换。

（4）内层循环受外层循环控制。若设外层循环到第 *i* 趟排序，则内层比较与交换需要排除已排完的 *i* 个元素，即为 *n*-*i*（按题意要求，找出当前最大元素全部放到上面）次。

✧　程序设计描述

（1）数据设计

数列存放于数组 nCA[]中。

（2）程序执行流程设计

➢　数组下标从 0 开始，0～5 循环 6 次，即 6 趟排序；

➢　内层循环 j 从 0 开始，到当前排序的最高位置 5-i，即表明内层与外层之间的关系；

➢ 前一元素（nCA[j]）与后一元素(nCA[j+1])比较，较大的存于 j+1 位置，较小的存于 j 位置；
➢ 最后循环输出数列中的每一个元素。

程序设计流程图如图 6-7 所示。

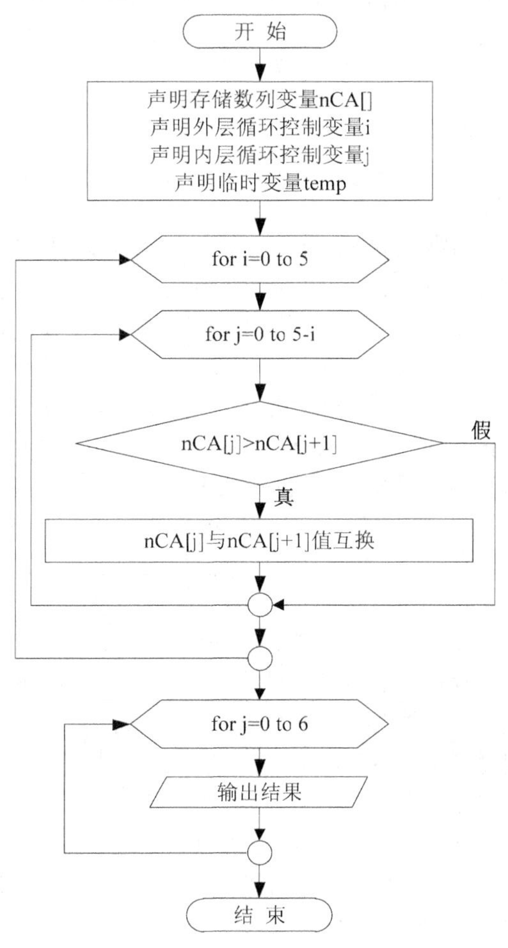

图 6-7　冒泡排序流程图

➢ 程序实现

程序清单 6-2　Bubble.c

```
/*  冒泡排序的实现
    purpose: 完成包含 7 个元素的数列的排序
    author : Zhang Xiaodong
    created: 2008/08/10 14:31:08*/
#include <stdio.h>
#include <stdlib.h>
void main()
{
    int nCA[]={13,8,6,1,2,3,4};                    /* 存放 7 个元素的数列 */
    int i,j;                                       /* 内外层循环控制变量 */
    int nTemp;                                     /* 交换时用的临时变量 */
    for(i=0;i<=5;i++)                              /* 排序趟数控制 */
        for(j=0;j<=5-i;j++)                        /* 比较次数控制 */
            if(nCA[j] >nCA[j+1])                   /* 符合条件进行交换 */
            {
```

```
                    nTemp=nCA[j];
                    nCA[j]=nCA[j+1];
                    nCA[j+1]=nTemp;
                }
        for(i=0;i<=6;i++)                              /* 输出排序后的数列 */
            printf("%5d",nCA[i]);
        printf("\n");
}
```

运行结果如下。

```
1    2    3    4    6    8    13
```

➢ 延伸阅读之算法评价

在 C 语言的学习初期，目标仅仅限定为能够正确地解决问题。随着学习的不断深入，读者会感觉到，相同的问题即便有确定不变的结果，交由不同的人、用不同的方法解决，会有截然不同的效果！于是期待着用某种方法给自己付出辛苦努力所得到的工作成果做一个公正的评价。其实，要做到完全公正往往是很困难的，因为会有许多不确定的、不可预知的、不能量化的因素客观存在。但只要把握问题的关键，对自己所编程序得到一个相对客观的评估也是完全可能的。那么，哪些是程序的关键呢？能够正确地解决问题当然是第一位的。但这还远远不够，仍有两方面必须考虑：一是运行时间的长短，即时间效率；二是空间的开销，即空间效率。翻开计算机的发展历史会发现，就排序来说，有很多远比冒泡排序好得多的算法，如归并排序等，但是这些算法需要较大的资源空间，而在内存资源十分昂贵的年代，它们是没办法普及的。所以，算法评估很重要，它甚至影响着算法实施的成败！

关于算法的评价在“算法设计与分析”课程中有专门的讲解，其要用到很多的数学工具，已超出本书的范围，此处不做更加深入的探讨。这里介绍一种粗浅的评价方法，以期读者能够对自己的工作成果做到心中有数。对于算法评估，有些人会想找台机器运行一下，哪个程序最先得到正确结果，哪个程序效率就高！对于一个 CPU 频率接近 2G 的机器来说，运行只有 7 个数的排序过程。这时用肉眼恐怕是很难分辨的，对于一般的秒表也很难观察到变化。顺着这个思路接着想，可以把排序范围扩大，7 个不行，用 1000 个或 10 000 个，这样把变化放大，不就能观察到了？即便这样，用普通的时钟来测量也还不够客观，需要用到精确的 CPU 时钟频率计数器才行。不过，这里仍有两个问题不能回避：一是是否能够做到硬件平台的完全一致？如 CPU、内存、总线甚至电压、电流的工作状况是否一致？要知道，已经达到微秒级以上的运算，即便一个很小的波动影响都是巨大的；二是是否能够做到软件环境的完全一致？同一段程序在 UNIX 操作系统和在 Windows 平台下运行的效果很可能是不一样的，相同的操作系统、不同的环境变量配置，也可能不同。有了上述分析，大家可能会想，有没有一种与运行平台甚至是实现语言（语言也会对效率有影响，幸运的是，C 语言本身是一种高效的语言）无关的评价方法。目前的办法不多，但可提供一种：考查代码中的主要语句的执行次数，即主要语句的执行频度。所谓主要语句，指解决问题的关键代码，如在冒泡排序中主要语句即为比较和交换，它们的频度由内外层循环控制。一般地，可设有 n 个数的数列排序，内层循环从 j=0 到 j=n−i−2，循环 n−i 次；外层循环从 i=0 到 i=n−2，循环 n−1 次。对比较语句 nCA[j]>nCA[j+1]，内层每循环一次该语句执行一次，则语句执行频度 f 为公式（6-2）所示。

$$f=\sum_{i=0}^{n-2}\sum_{j=0}^{n-i-2}1=\sum_{i=0}^{n-2}(n-i-1)=n-1+n-2+\cdots+1=\frac{n(n-1)}{2}=\frac{n^2}{2}-\frac{n}{2} \tag{6-2}$$

而交换语句执行频度 f' 为公式（6-3）所示。

$$f' \leqslant \sum_{i=0}^{n-2}\sum_{j=0}^{n-i-2} 3 = 3\sum_{i=0}^{n-2}(n-i-1) = 3(n-1+n-2+\cdots+1) = \frac{3n(n-1)}{2} = \frac{3n^2}{2} - \frac{3n}{2} \quad (6\text{-}3)$$

具体到冒泡排序，可将 7 代入上式即可得到冒泡排序的主要语句执行频度。

在空间使用方面，存储 n 个数据需要 n 个元素的数组，另外，交换时所需的辅助存储空间有一个，即程序中临时变量 nTemp。

6.2.2　选择排序算法

【例 6-3】用选择排序算法解决例 6-2 中的数字排序问题。

✧　问题分析

冒泡排序通过两个相邻元素之间的比较与互换，将剩余数元素中较大者排到数列的后面，从而达到排序的目的。现在，换一个角度来看待这个问题，既然最终是把数列中最小的元素放到第 0 个位置，次小元素放到第 1 个位置，依此类推。那就可以先在数列中选择最小的元素，将它与当前正处在第 0 个位置的元素互换；然后，在剩余数列集合中找最小的，将它置换到第 1 个位置，依此类推，最终也可以实现按从小到大的序列排序。能够实现此种排序过程的算法被称为直接选择排序。选择排序要解决三个问题。

（1）确定当前要给哪个位置找合适的元素，可以按 0，1，2，…依次确定。

（2）从剩余元素找到适合此位置的元素，如给第 2 个位置找元素，说明第 0 个位置和第 1 个位置的元素已经找好了，这两个元素已经有序，应该在剩余未排序数列集合中是最小的，在整个数列集合中是第三小的。

（3）将找到的元素转换到当前位置。

设存储数列的数组为 nCA，如图 6-8 所示的第一趟选择排序，给 nCA[0](第 0 个位置)在当前数列中找最小的元素。将 nCA[0]的值与 nCA[1]的值比较，13>8；以 8 为基础与 nCA[2]（=6）比较，8>6，以 6 为基础与 nCA[3]（=1）比较，6>1；以 1 为基础与 nCA[4]（=2）比较，1<2；仍然以 1 为基础继续比较；当 nCA[6]（=4）也比较完成后，则本趟查找结束，找到 nCA[3]（=1）为本次查找的最小值，于是，将其与第 0 个位置上的元素互换，结果如图 6-8 所示的最后一列。

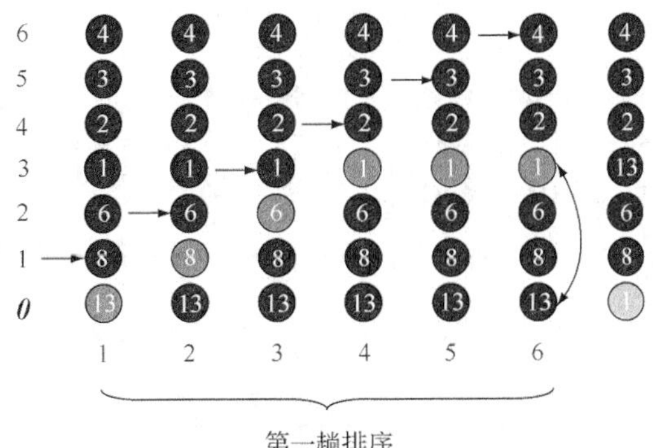

图 6-8　选择排序第一趟

第二趟选择排序是要给第 1 个位置上找合适的元素，此元素是剩余数列中的最小值。如图 6-9 所示，方法与第一趟排序一样，通过比较后，最终确定 nCA[4]（=2）为剩余数列中的最小值，将它与 nCA[1]的元素值互换，则第 2 个位置的元素也找到了。

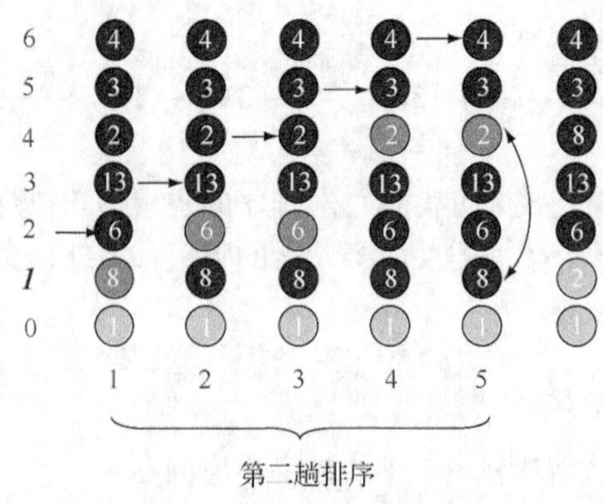

图 6-9　选择排序第二趟

第三趟排序是在剩余的 2～6 位置上找合适的元素转换到第 2 个位置上。通过比较可以发现，nCA[5]（=3）是最合适的元素，它与 nCA[2]（=6）进行互换，排序过程与结果如图 6-10 所示。

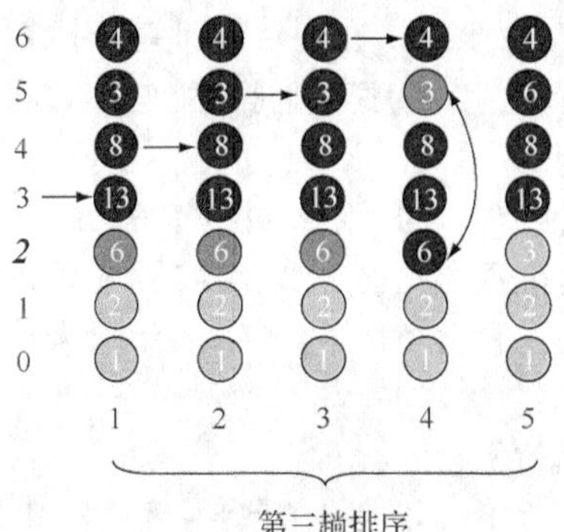

图 6-10　选择排序第三趟

选择排序需要几趟才能完成呢？很显然，这取决于位置的数量，也就是参与排序数的数量。对于拥有 7 个元素的数列，应该是找 7 趟才算完成，但最后一个元素是不用排的，因此需要 6 趟扫描。第四、五、六趟排序如图 6-11 所示。由选择排序的整个过程可以看出，其与冒泡排序的最大区别是一次比较完成之后，并不是马上进行交换，而将剩余元素全部比较完毕后才进行交换，因此，交换次数明显减少了。

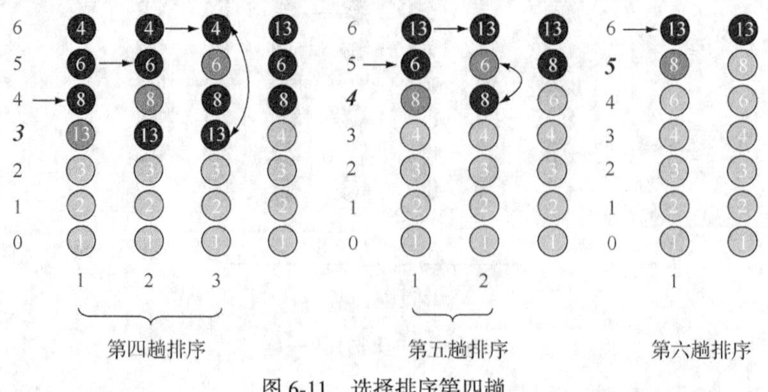

图 6-11　选择排序第四趟

依据分析的过程，可以得到以下设计思路。

（1）要完成排序任务，需设置双重循环。

（2）外层循环控制排序的趟数，对于有 n 个元素的数列，外层循环趟数为 n-1，同时，外层循环的计数值可用作位置标识。

（3）内层循环控制对剩余元素的比较。当前剩余 m 个元素，则至少要进行 m-1 次比较。当内层循环全部结束后，视情况进行交换。

（4）内层循环受外层循环控制。内层循环的起始值为外层循环的当前值，因为当前值以前的位置已排序完毕。

✧　程序设计描述

（1）数列存放于数组 nCA[]中。

（2）外层循环不但控制着循环次数，而且控制着当前的排序位置，数组下标从 0 开始，0～5 循环 6 次，给第 6 个位置找合适的元素，第 7 个位置不用找，要进行 6 趟排序。

（3）内层循环从当前的排序位置开始，即 j=i+1；由于要与剩余数列中每一个元素进行比较，所以要循环到最后一个元素。

（4）当所找元素不在当前位置，即 i!=k 时，需要进行元素交换。

（5）最后循环输出排序后数列中的每一个元素。

选择排序流程图如图 6-12 所示。

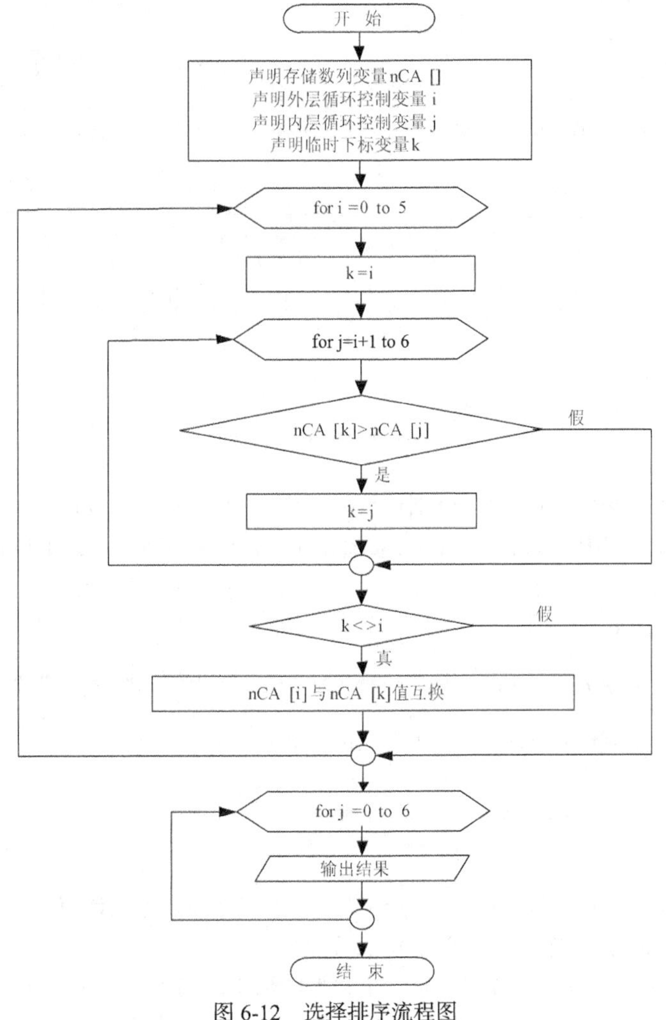

图 6-12　选择排序流程图

✧ 程序实现

程序清单 6-3 SelectSort.c

```
/*选择排序的实现
    purpose: 完成包含 7 个元素的数列的排序
    author : Zhang Xiaodong
    created: 2008/08/10 14:31:08*/
#include <stdio.h>
#include <stdlib.h>
void main(void)
{
  int nCA[]={13,8,6,1,2,3,4};                    /* 存放 7 个元素的数列 */
  int i,j;                                       /* 内外层循环控制变量 */
  int nTemp;                                     /* 交换时用的临时变量 */
  int k;                                         /* 当前最小值下标*/
  for(i=0;i<=5;i++)                              /* 排序趟数控制 */
  {
      k=i;                                       /* 记录初始下标值 */
      for(j=i+1;j<=6;j++)                        /* 比较次数控制 */
           if(nCA[k] > nCA[j])                   /* 符合条件记录其下标值 */
                k=j;
      if(k!=i)                                   /* 如果位置发生变化，则需要进行交换 */
      {
           nTemp=nCA[k];
           nCA[k]=nCA[i];
           nCA[i]=nTemp;
      }
  }
  for(i=0;i<=6;i++)                              /* 输出排序后的数列 */
      printf("%5d",nCA[i]);
}
```

运行结果如下。

```
    1    2    3    4    6    8    13
```

✧ 算法评价

应用上一小节中所提到的方法，分别计算一下比较和交换语句的频度。一般地，可设有 n 个数的数列排序，内层循环从 j=i+1 到 j=n−1，循环 n−i 次，外层循环从 i=0 到 i=n−2（从 0 到 n−i−1），循环 n−1 次（从 0 到 n−2），对比较语句 nCA[j]> nCA[j+1]，内层每循环一次，其执行一次，则语句执行频度 f 为公式（6-4）所示。

$$f=\sum_{i=0}^{n-2}\sum_{j=i+1}^{n-1}1=\sum_{i=0}^{n-2}(n-i-1)=n-1+n-2+\cdots+1=\frac{(n-1)(n-2)}{2}-1=\frac{n^2}{2}-\frac{3n}{2}+1 \qquad (6\text{-}4)$$

而交换语句是在内层循环结束后才执行一次，其执行频度 f' 只受外层循环控制，其计算公式为（6-5）所示。

$$f'\leqslant 3\sum_{i=0}^{n-2}1=3(n-1) \qquad (6\text{-}5)$$

因为 $f>f'$，取 f 作为选择排序的时间复杂度。具体到选择排序的代码，可将 7（7 个元素的排序）代入上式即可得到选择排序的主要语句执行频度。

在空间使用方面，存储 n 个数据需要 n 个元素的数组。另外，记录当前比较得到的最小值下标需要一个变量 k，交换时所需的辅助存储空间有一个临时变量 nTemp。

6.3　嵌套与递归设计与应用

一个好的算法能使软件的运行效率成倍地提高，甚至超出想象。我们设计的算法程序可以通过函数调用的方式提供给其他人使用。同样，当遇到大而复杂的难题时，我们也调用其他工程师编写的算法函数。经常会发生这样的过程：用户调用我们的函数，我们调用其他工程师的函数。这个过程被称为函数的嵌套调用。

6.3.1　函数的嵌套调用

函数的嵌套调用也是化整为零、逐步求精的设计思想的一种体现。简单的说，就是在调用一个函数的过程中又调用了另一个函数，其一般形式如图 6-13 所示。

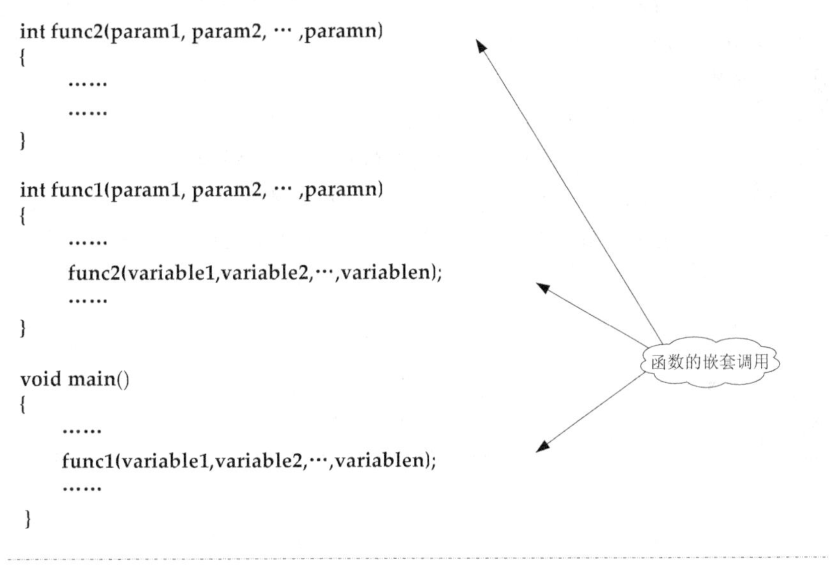

int func2(param1, param2, … ,paramn)
{
……
……
}
int func1(param1, param2, … ,paramn)
{
……
func2(variable1,variable2,…,variablen);
……
}
void main()
{
……
func1(variable1,variable2,…,variablen);
……
}
函数的嵌套调用

图 6-13　函数嵌套调用的一般形式

在上述调用过程中，程序执行过程是怎样的呢？如图 6-14 所示。前面的章节中曾经提到过，C 语言程序是从 main 函数开始的，当遇到函数调用 func1()的操作语句时，系统保存程序运行的中间结果并记录函数调用语句后下一条将要执行语句的地址（此操作又称保存现场和返回地址），然后流程转去 func1 ()函数；在执行 func1()函数的过程中，再遇到调用函数 func2()的操作语句，保存现场和返回地址，流程又转到 func2()函数；当 func2()函数执行完毕后，流程返回到 func1()函数调用语句的后续语句，继续执行 func1()函数；func1()函数执行完毕后，流程沿线路⑨执行后续语句，直到程序结束。

（1）函数可以嵌套调用，却不可以嵌套定义。

（2）保存现场和返回地址是由操作系统来做的，程序中并没有维护这些操作的语句。

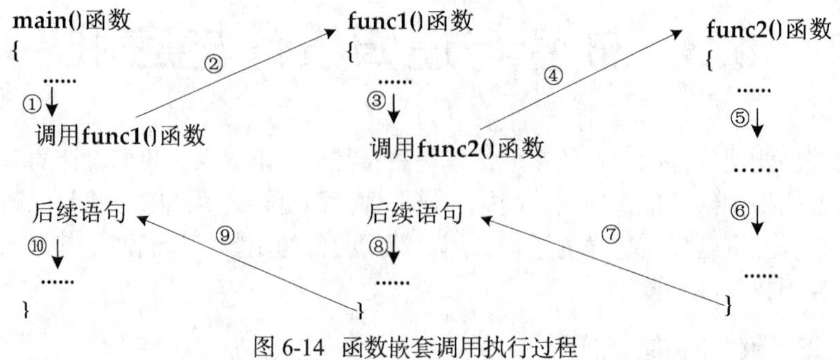

图 6-14　函数嵌套调用执行过程

【例 6-4】计算 $s=1^k+2^k+3^k+\cdots+n^k$ 的值。

✧　问题分析

此题首先是一个累加表达式，因此设计一个函数 Add()完成 n 个数的累加。然后，在累加表达式中的每一项又是某个自然数的 k 次幂，所以，设计函数 Power()求某数的 k 次幂。函数的调用关系为由主函数 main()调用 Add()，在 Add()中再调用 Power()函数。

✧　程序设计描述

由问题分析可知，需要设计 Power()和 Add()两个函数。整个算式的运算特点是从 1^k 加到 n^k 次方，需要指定 n 和 k 的值，所以 n 和 k 可以作为 Add()的传入参数，返回值是求和计算的结果。根据乘方运算的特点，可以给 Power()函数指定两个传入参数：底数和指数；其返回值为乘方结果。由此流程图需要分为三个部分进行设计：主流程图、Power()函数流程图和 Add()函数流程图。流程图设计如图 6-15 所示。

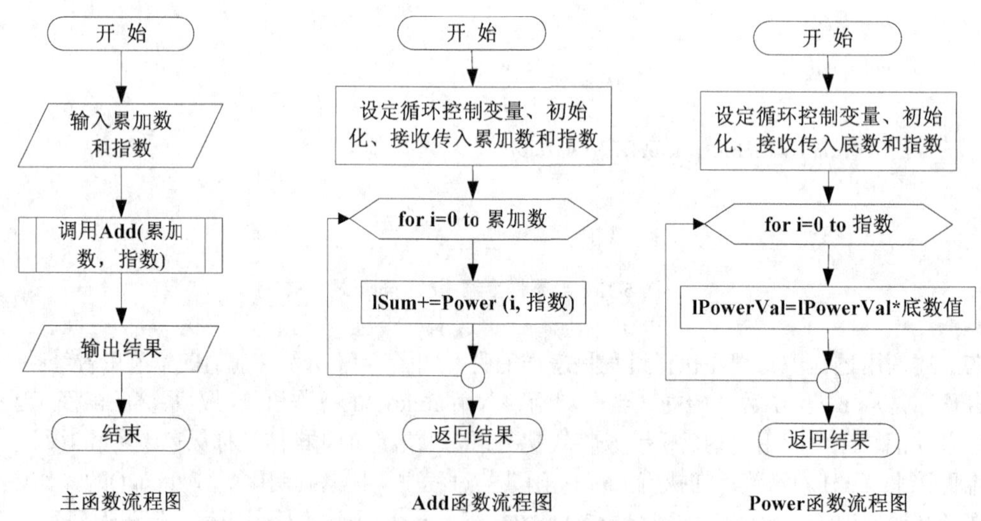

图 6-15　n 个连续数的 k 次幂累加和的流程图

针对上述设计的相关说明如下。

（1）在主函数中累加到的数 n 和每个数的幂值 k 由操作者指定。

（2）在 Add()函数中，lSum 用存储累加结果，初值为 0。

（3）在 Power()函数中求 n 的 k 次方，采用的是 k 个 n 相乘的方法，用 PowerVal 存储累乘结果，其初值可以为 n。

✧　程序实现

程序清单 6-4　AddPower.c

```
/*计算 n 的 k 次方*/
long  Power  (int n,int k)
{    long lPowerVal=n;
     int i;
     for(i=1;i<k;i++) lPowerVal *= n;
     return lPowerVal;}

/*计算 1 到 n 的 k 次方之累加和*/
long  Add(int n,int k)
{    long lSum=0;
     int i;
     for(i=1;i<=n;i++) lSum += Power(i, k);
     return lSum;}

/*  purpose: 计算从 1 到 n 每个数的 k 次方，并把结果相加*/
 void main(void)
 {
  int n=0,k=0;                          /*输入 n 和 k 的值*/
  printf("Input add to number:");
  scanf("%d",&n);
  printf("Input number of power:");
  scanf("%d",&k);
  printf("Sum of %d powers of integers from 1 to %d = ",k,n);
  printf("%ld\n",Add(n,k));             /*计算结果并输出*/
}
```

运行结果如下。

```
Input add to number:5
Input number of power:4
Sum of 4 powers of integers from 1 to 5 = 979
```

✧　程序解读

（1）名为 Power()和 Add()的函数是相互独立的。其函数类型均为长整型。

（2）这两个函数的定义均出现在 main()函数之前，因此在 main()函数中使用时不必对它们进行声明。

（3）输入值时要注意取值范围。

6.3.2　函数的递归调用

函数直接或间接地调用自身，称为递归调用。递归同循环相似，也是实现迭代操作的一种设计方法，但它的设计能力比循环更加强大。

（1）直接递归，是指在一个函数的函数体中出现了对自身的调用语句，例如：

```
void fun1(void)
{
      ……
      fun1();
      ……
}
```

（2）间接递归，是指在一个函数体中调用另一个函数，而在另一个函数中又调用了原有函数，形式如下：

```
void fun1(void)
{
      ……
      fun2();
      ……
}
void fun2(void)
{
      ……
```

```
        fun1();
        ……
}
```

在这里，fun1 调用了 fun2，而 fun2 又调用了 fun1，于是构成了递归。

递归算法可以这样理解：将原有问题分解为新的问题，而解决新问题时又用到了原有问题的解法。按照这一原则分解下去，每次出现的新问题都是原有问题的简化子集，最终分解出来的问题是一个已知解的问题，然后，进行回溯，用已知小问题的解去构建其上级问题的解，依此类推，最终求得整个问题的解。这便是有限的递归调用。事实上，只有有限的递归调用才是有意义的，无限递归永远得不到结果，没有实际意义。

✧ 递归的过程可以分为两个阶段

第一阶段：递推。将原有问题不断分解为新问题的子问题，逐渐从未知向已知推进，最终达到已知的条件，即递归结束的条件，这时递推阶段结束。如求 5！可以这样分解：

5!=5×4!→4!=4×3! →3!=3×2! →2!=2×1! →1!=1×0! →0!=1

未知 ————————————————→ 已知

第二阶段：回归。从已知的条件出发，按照递推的逆过程，逐一求值回归，最后达到递推的开始处，结束回归阶段，完成递归调用。上例的回归过程如下：

5!=5×4!=120→4!=4×3!=24→3!=3×2!=6→2!=2×1!=2→1!=1×0!=1→0!=1

未知 ←———————————————— 已知

✧ 递归设计有两个关键点

（1）递推方程的建立：用来完成由未知向已知的推导。

（2）递归结束的条件：用来结束递推过程，得到小问题的解，开始回归，推算上层问题的解。

【例 6-5】求 $n!$。

✧ 问题分析

计算 $n!$的公式如式（6-6）所示。

$$n!=\begin{cases}1 & (n=0)\\ n(n-1)! & (n>0)\end{cases} \tag{6-6}$$

显然，这是一个递归形式的公式，在描述“阶乘”算法时又用到了“阶乘”的概念。$n(n-1)!$是递推方程，递归结束的条件是 $n=0$。

✧ 程序实现

程序清单 6-5　Factorial.c

```c
/*  purpose: 求 n!
    author : Zhang Xiaodong
    created: 2008/08/10 14:31:08*/
#include <stdio.h>
#include <stdlib.h>
long  fac (int n)                              /*计算 n!*/
{
    long lRet;
    if(n<0)
         printf("n<0,data error!");
    else if(n==0) lRet=1;
    else lRet=fac(n-1)*n;
    return (lRet);
}
```

```
void main(void)
{
    int n=0,k=0;
    long lResult;
    printf("input number:");
    scanf("%d",&n);
    lResult =fac(n);
    printf("n!=%d\n", lResult);           /*计算结果并输出*/
}
```

【例 6-6】求斐波那契（Fibonacci）数列的前 20 项。

✧　问题分析

前面解过有关斐波那契数列的一些应用，其第 n 项的推导公式如式（6-7）所示。

$$f(n)=\begin{cases}1 & n=1\\ 1 & n=2\\ f(n-1)+f(n-2) & n>2\end{cases} \tag{6-7}$$

由此递推公式，很容易得到其第 20 项值的求法。

✧　程序实现

程序清单 6-6　Fibonacci2.c

```
/*  purpose: 求斐波那契(Fibonacci)数列第 20 项的值
    author : Zhang Xiaodong
    created: 2008/08/10 14:31:08*/
#include <stdio.h>
#include <stdlib.h>
long  fibonacci(int n)                              /*计算 n!*/
{
    if(n<1)
        return -1;
    if ((n==1)||(n==2))
        return 1;
    return (fibonacci(n-1)+fibonacci(n-2));
}
void main(void)
{
    long n=0,lResult=0;
    printf("input number:");
    scanf("%d",&n);
    lResult =fibonacci(n);
    printf("fibonacci of n is %d\n", lResult);      /*计算结果并输出*/
}
```

运行结果如下所示。

```
input number:20
fibonacci of n is 6765
```

输出的结果只有一个值，并没有完成题目的要求。那么如何做到用递归方法输出前 20 项呢？这里告诉大家一个比较简单的方法。可以设置一个拥有 20 个元素的数组来存储结果，但是要考虑在递归时会进行很多重复运算，产生很多重复的中间结果。要想避免这些重复，需要一定的技巧。请看程序清单 6-7。

程序清单 6-7　Fibonacci3.c

```
/*  purpose: 求斐波那契(Fibonacci)数列前 20 项的值
    author : Zhang Xiaodong
    created: 2008/08/10 14:31:08*/
```

```
#include <stdio.h>
#include <stdlib.h>
#define MAX_LOG 21                                    /*定义数组长度*/
static unsigned long Logs[MAX_LOG] = {0};             /*定义数组并进行初始化*/
long  fibonacci(int n)
{
    if (n<1)
        return -1;
    if (n<= 2) {
        Logs[n]=1;
        return Logs[n];
    }
    if (n < MAX_LOG && Logs[n]!= 0)                   /*如果有值就不用计算*/
        return Logs[n];
    else
    {                                         /*如果没值就按递推公式计算，并将结果存入数组*/
        Logs[n] = fibonacci(n-1) + fibonacci(n-2);
        return Logs[n];
    }
}
void main()
{
    int i;
    fibonacci(20);
    for(i=1;i<21;i++){                                /*输出计算结果*/
        printf("%10ld",Logs[i]);
        if(i%4==0)
            printf("\n");
    }
}
```

运行结果如下所示。

```
   1         1         2         3
   5         8        13        21
  34        55        89       144
 233       377       610       987
1597      2584      4181      6765
```

✧　程序解读

（1）创建数组 Logs[MAX_LOG]并将每个元素初始化为 0。根据斐波那契数列递推式，凡是经过运算的项均不为 0，否则为 0。

（2）用 n < MAX_LOG && Logs[n] != 0 条件进行判断，凡是 Logs[n] != 0 的均经过运算，不必再进行运算，直接将数组中的值返回进行下一步运算。

（3）需要用 n 个存储空间保存斐波那契数列。

【例 6-7】汉诺塔问题：有三根针 A，B，C。A 针上有 *n* 个盘子，盘子大小不等，大的在下，小的在上，如图 6-16 所示。要求把这 *n* 个盘子从 A 针移到 C 针，移动过程可借助 B 针，每次只允许移动一个盘子，且在移动过程中在三根针上都保持大盘在下、小盘在上。

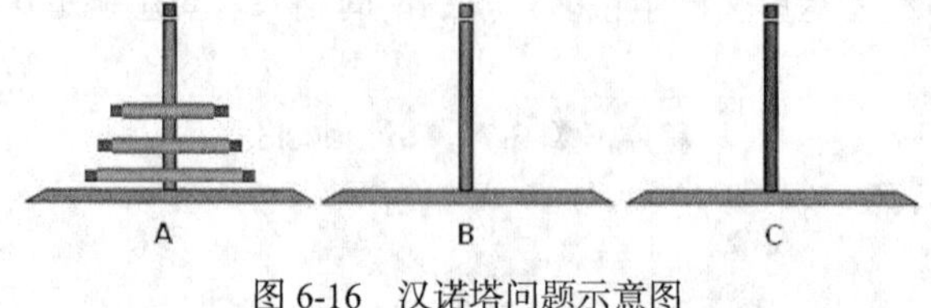

图 6-16　汉诺塔问题示意图

✧ 问题分析

将 n 个盘子从 A 针移到 C 针可以分解为下面三个步骤。

（1）将 A 上 n-1 个盘子移到 B 针上（借助 C 针）。

（2）把 A 针上剩下的一个盘子移到 C 针上。

（3）将 n-1 个盘子从 B 针上移到 C 针上（借助 A 针）。

事实上，可将上面三个步骤包含进两种操作中：

（1）将多个盘子从一个针移到另一个针上，这是一个递归的过程。

（2）将 1 个盘子从一个针上移到另一个针上，这是一个递归结束的条件。

于是用两个函数分别实现上面两种操作，用 hanoi 函数实现第一种操作，用 move 函数实现第二种操作。其程序如程序清单 6-8 所示。

✧ 程序实现

程序清单 6-8　Hanoi.c

```
/*  purpose: 求盘子的移动过程
    author : Zhang Xiaodong
    created: 2008/08/10 14:31:08*/
#include <stdio.h>
#include <stdlib.h>
/* 把盘子从 cGetcOne 移动到 cPutcOne,显示盘子移动过程*/
void Move(char cGetcOne,char cPutcOne)
{
     printf("%c-->%c\n",cGetcOne,cPutcOne);
}
void  Hanio(int n,char cOne,char cTwo,char cThree)
{
     if(n==1) Move(cOne,cThree); /* 若只剩一个盘子，则从 cOne 柱移到 cThree 柱*/
     else
     {   Hanio(n-1,cOne,cThree,cTwo); /* 借助柱 cThree,把 n-1 个盘子由柱 cOne 移到柱 cTwo*/
         Move(cOne,cThree);           /* 把柱 cOne 剩余的一个盘子由柱 cOne 移到柱 cThree*/
         Hanio(n-1,cTwo,cOne,cThree); /* 借助柱 cOne,把 n-1 个盘子由柱 cTwo 移到柱 cThree*/
     }
}
void main(void)
{
     int m;
     printf("input the number of diskes:");
     scanf("%d",&m);
     printf("The step to moving %3d diskes:\n",m);
     Hanio(m,'A','B','C');
}
```

运行结果如下所示。

```
input the number of diskes:3
The step to moving   3 diskes:
A-->C
A-->B
C-->B
A-->C
B-->A
B-->C
A-->C
```

6.4 模块间的批量数据传递

通过函数将程序设计模块化，从而把一个大的模块转化为若干个函数，每个函数承担一部分功能。函数之间通过相互协作，共同解决一个比较大的问题或完成相应的任务。在相互协作的过程中，函数之间相互调用，可能存在参数的传递。前面讲述了函数的单值传递，但有时候函数之间的值的传递是批量的，需要对某个数据集合进行处理。下面讨论 C 语言对于函数之间批量数据传递的处理方法。

6.4.1 指针作为函数参数

指针变量存储的是一个地址，通过指针变量可以访问这个地址中所存储的值。如果这个指针变量所指的地址为批量数据的首地址，如数组（数组名），那么按照指针的运算方式就可以访问这个地址空间中所有的元素。如果能把这个指针作为函数的参数，传入被调函数，则被调函数也可以对此空间中的所有元素进行操作。这就是在研究函数之间批量数据传递时，首先谈指针参数的意义之所在。

在探讨函数之间批量数据传递时，或许读者的第一反应就是如何把数据集合拷贝到一个不同的函数中。当然，它也是一种解决方案，但这至少存在三方面的缺陷：

（1）批量复制数据需要耗费大量的存储空间。

（2）批量复制数据需要耗费大量的时间。

（3）同时维护相同数据的多个拷贝是一件比较困难的事情。

读者也可能有另外一种选择，就是把批量数据声明为全局性变量。这样从声明处起，下面的所有函数都可以访问到这些数据，它也是数据共享的一种模式。但这也存在一些问题：

（1）存储空间的浪费。全局变量所占用的空间从声明之时起，一直延续到程序结束。有很多时候批量数据的使用仅限在几个函数之间，没有必要让其长时间的占用资源。

（2）全局变量的隐蔽性不够，容易出现安全隐患。全局变量从声明之时起，可以被这之后建立的所有函数所更改。虽然访问很方便，但潜在的危险性也很大。

（3）维护起来相对困难。当程序编写得比较庞大、要对全局变量进行维护时，需要检查所有对它进行访问的函数，这样，出错机率也大大增加。

针对以上问题，编程时，尽量少使用全局变量。通常不使用数据集合复制的方式来解决函数之间数据的批量传递问题，而是使用地址传送的方式，将共享限定在需要它的函数之间，缩小可能出现问题的范围，减少空间浪费，提高程序的安全性，降低维护成本。下面先看一个简单的例子。

【例 6-8】设计一个有两个参数的函数 Swap，函数 Swap 能够完成对这两个参数的值的交换。

✧ 问题分析

第 4 章 4.2.3 小节中已经介绍过关于两数交换的函数了。但由于参数间的数据传递为单向值传递，在被调函数中的交换没有影响到主调函数中的变量，所以主调函数中的变量值没有改变。如果使用指针作参数，传递地址，则可以使主调函数与被调函数中指针变量均指向相同地址，改变（交换）的是相同内存单元里的值，即可实现“值的双向传递”。

✧ 程序实现

程序清单 6-9 Swap.c

```
/*  purpose：将两个变量当中的值进行交换
```

```
    author : Zhang Xiaodong
    created: 2008/08/10 14:31:08
*/
#include <stdio.h>
#include <stdlib.h>
void Swap(int *nA, int *nB)
{
     intnTemp;
     nTemp=*nA;
     *nA=*nB;
     *nB=nTemp;
     printf("in swap:nA=%d,nB=%d\n",*nA,*nB);
}
void main(void)
{
     int *nX,*nY;
     nX=(int *)malloc(sizeof(int));
     nY=(int *)malloc(sizeof(int));
     *nX=3; *nY=5;
     printf("in main: nX=%d,nY=%d\n",*nX,*nY);
     Swap(nX,nY);
     printf("in main: nX=%d,nY=%d\n",*nX,*nY);
}
```

nA=nX;　nB=nY;

00431650　3

……

00431620　5

运行结果如下。

```
in main:nX=3;nY=5
in swap:nA=5;nB=3
in main:nX=5;nY=3
Press any key to continue
```

上述程序运行结果达到了要求。在其传递参数时运用的仍然是赋值语句，即 nA=nX; nB=nY，但此时赋值为地址，nA 和 nX 所指的地址相同，nB 和 nY 中的地址相同。所以当 nA 所指向的地址单元的值被改变了，也会影响到 nX 所指向单元的值，nB 和 nY 也是同样的。通常把这种参数传递叫作地址传递，它对数据的影响是双向的。按照这样的思路，还可以做一个有趣的实验：把上述程序中的 swap 函数用下述程序代码替换，再运行程序，看看会有什么样的结果，分析原因。

```
void swap(int *a,int *b)
{    int *temp;
     temp=a; a=b;b=temp;
     printf("in swap:a=%d,b=%d\n",*a,*b);
}
```

6.4.2　一维数组作为函数参数

数组是相同类型的数据集合，如果能把数组名作为函数参数，就能够实现相同类型数据的批量传递。6.4.1 小节中谈了用指针做为函数的参数，而数组名可表示数组的首地址，这样数组也能作为函数参数实现数据的批量传递，其中一维数组是最简单的形式。

【例 6-9】将例 6-2 中的冒泡排序改成函数，要求传入参数为数组和排序趟数或元素个数。

✧　问题分析

以数组整体和排序趟数作为冒泡排序函数的参数可以表达为 Bubble(int iBubble[],int n)，调用时，将数组名传入即可。

✧ 程序实现

程序清单 6-10　bubblefunc.c

```
/*  purpose: 将冒泡排序改成函数，传入参数为数组
    author : Zhang Xiaodong
    created: 2008/08/10 14:31:08*/
#include <stdio.h>
#include <stdlib.h>
void Bubble(int nBubble[], int n)
{    int i,j,nTemp;                          /* 内外层循环控制变量,交换时用的临时变量 */
     for(i=0;i<=n;i++)                       /* 排序趟数控制 */
          for(j=0;j<=n-i;j++)                /* 比较次数控制 */
          if(nBubble[j]>nBubble[j+1])        /* 符合条件进行交换 */
          {    nTemp=nBubble[j];
               nBubble[j]=nBubble[j+1];
               nBubble[j+1]=nTemp;
          }
}
void main(void)
{    int nCardArray[]={13,8,6,1,2,3,4},i;
     Bubble(nCardArray,5);
     for(i=0;i<=6;i++)                       /* 输出排序后的数列 */
          printf("%5d",nCardArray[i]);
}
```

既然数组名可表示数组的首地址，当然可以在调用时被传入，而且可将函数的形参声名为指针，如 Bubble(int *nBubble, int n)，依据第 5 章所介绍的内容，同样可以完成冒泡排序的任务，读者可以一试。如果用数组中的某个元素作为函数参数怎么使用？

函数 Bubble(int nBubble[],int n)中 n 的用法，由于参数 nBubble[]没有声明数组的长度，n 可以用来作为长度参数，提高了数组处理函数的通用性。

6.4.3　二维数组作为函数参数

在学习了一维数组作为函数参数的使用方法后，读者是否能够自行推出二维数组的使用方法呢？是不是很容易想到这样的表达：func(int a[][],int n, int m)？但是这里要注意的是，二维或多维数组作函数的参数时，可以指定每一维的长度，也可以省略第一维的长度说明。例如：

```
int func(int iArray[5][10]){……}
int func(int iArray[][10]){……}
```

都是合法的。但不能把第二维以及其他高维的长度说明省略。

【例 6-10】有一个 4×4 的矩阵，设计函数计算其主对角线的元素之和，将和存放在数组的第一个元素中，返回主函数之后输出这个和。

✧ 问题分析

设输入矩阵 nArray 如图 6-17 所示。用 i 表示行，j 表示列。主对角线为每行有下划线的元素，其特点是 i==j。计算主对角线和时，设置临时变量 nSum，可以用双重循环，每当 i==j 时，利用语句 nSum+=nArray[i][j]可实现累加主对角线元素。但也许细心的读者会发现，由于主对角线上 i 和 j 是相同的，而矩阵元素都可以利用下标直接取到，所以没有必要使用双重循环，做单重循环，直接用 nSum+=nArray[i][i]就可以完成任务。

✧　程序设计描述

程序设计流程图如图 6-18 所示。

图 6-17　4×4 矩阵

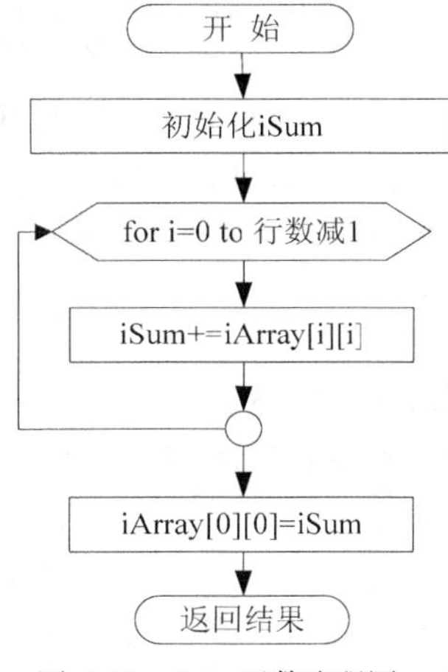

图 6-18　Sum 函数流程图

✧　程序实现

程序清单 6-11　Arrayfunc.c

```
/*  purpose: 通过函数求出 4×4 主对角线的和，并在主程序中输出
    author : Zhang Xiaodong
    created: 2008/08/10 14:31:08
*/
#include <stdio.h>
#include <stdlib.h>
void ArraySum(int nArray[][4], int n)
{
    int i,nSum=0;                       /* 声明临时求和变量 iSum */
    for(i=0;i<n;i++)                    /* 求主对角线的和 */
        nSum+=nArray[i][i];
    nArray[0][0]=nSum;
}
void main(void)
{
    int nArray[][4]={1,2,3,4,5,6,7,8,9,10,11,12,13,14,15,16};
    ArraySum(nArray,4);
    printf("%5d\n",nArray[0][0]);      /* 输出主对角线的和 */
}
```

运行结果如下所示。

```
34
```

6.5　模块化设计中程序代码的访问

指针在 C 语言的模块化设计中是非常重要的组成部分。用好指针，常常可以使写出的程序更加简洁而高效。在某些情况下，必须借助指针才能处理。指针使用能力是评价 C 语言程序员设计水平高低的重要指标之一。

无论是普通的指针型变量还是用作函数参数的指针，都是指向数据的指针。在程序运行时，不仅数据要占用存储空间，程序的可执行代码也要被装入内存中占用一定的内存空间。实际上，每个函数在编译时都被分配了一个入口地址，这个地址用函数名表示。通常调用函数的形式“函数名（[参数表]）”的实质就是“函数代码首地址（[参数表]）”。

可以用一个指针变量指向一个函数（通常称为函数指针），然后通过该指针变量调用此函数就像使用函数名一样。换句话说，一旦函数指针指向了某个函数，它便与函数名有同样的作用。因此，它还需标明函数的返回值类型、参数个数、类型和排列次序。声明函数指针的一般语法如下。

```
数据类型（*函数指针名）（[形参表]）;
```

函数指针在使用之前要进行赋值，是指针指向一个已经存在的函数代码的起始地址。函数指针的调用形式如下。

```
(*函数指针变量)([实参表]);
```

【例 6-11】用函数指针指向函数 fun()，fun()的功能是输出一列字符串。

✧ 程序实现

程序清单 6-12　pointfun.c

```
/*  purpose: 使用函数指针指向其他函数并运行
    author : Zhang Xiaodong
    created: 2008/08/10 14:31:08*/
#include <stdio.h>
#include <stdlib.h>
void fun(void)
{
    printf("This function is called!\n");
}
void main(void)
{
    void (*p)();        //声明函数指针
    p=fun;              //给函数指针赋值，让其指向函数 fun()
   (*p)();              //调用函数指针，实际上就是调用函数 fun()
}
```

程序运行结果如下。

```
This function is called!
```

✧ 程序解读

这个例子虽然简单，但它显示了使用函数指针的灵活性。下面就函数指针的使用做一些说明。

（1）如果使用的是函数指针(*p)()，无论是声明还是使用上都不能写成*p()的形式，因为（）的优先级高于*，所以*p()指的是一个具有某种指针类型的返回值的函数；而(*p)()中，*先与 p 结合说明了一个指向函数的指针变量。

（2）函数的调用既可以通过函数名调用，也可通过函数指针调用，二者是等价的。

（3）函数指针使用前必须赋值，即必须指向一个具体的函数。

（4）使用时要根据其指向的具体函数，给出适当的参数。

（5）对指向函数的指针变量，像 p+n、p++、p--等运算是无意义的。

6.6　应用实例

本节将继续完善前面提到的计算器和学生成绩管理程序。在阅读下述内容之前，建议读者先回顾一下本章前几节所学的知识，完成对这两个应用程序的升级。这里也给出几个例子供大家参考，希望能够起到抛砖引玉的作用。

6.6.1　计算器

对于计算器将做三方面的扩展：可对输入小于 10 的数求阶乘；可做连加运算；求正切值。

✧　问题分析

（1）本章例题 6-4 中讲解了用递归调用求任意整数 n 的阶乘。递归调用在算法研究中占有非常重要的地位。在问题研究中，考虑到解决问题的方便性，也经常使用递归调用。但因为用这种方法在运行过程中需要不断地入栈、出栈，如图 6-14 所示，当问题规模较大、递归层次很多时，消耗计算机资源十分巨大，运行速度随着程序的推进不断变慢，甚至死机，因而在实际工程应用中很少使用。在求阶乘时，当输入数超过 10 时，会明显感觉运算速度变慢。所以在计算器升级版中，要求输入小于 10 的数，因此要考虑对用户输入数的大小进行判断并进行相应处理，超过 20 时基本上是等不到结果了。不过，在找到递归算法的基础上，寻求命题的其他解法是我们解决问题的一种手段。如求任意整数的阶乘有很多种方法，如连乘 1×2×3×4×…就是其中之一，读者不妨一试。

（2）打开 Windows 中的计算器输入任意数 x，点击“+”号，再输入 y，再点击“+”号，计算器将先算出 x+y 的值 z，然后输入 k，单击“=”号，可计算出 z+k 的值，即完成 x+y+k 的运算。当然，从理论上讲可以加无限次。想要完成这一过程，可以先让用户确定输入数据数量，然后依次将数据存入数组中，并将数组作为参数传入函数中，通过循环运算，求出该组数据之和。通过这一方法，也可以做出连减、连乘、连除及连续取余运算。

（3）对于正切运算，可以新设置一个函数 SelTan()，在这个函数中调用第 4 章 4.4 节设计的函数 SinZ()，然后，设计一个求余弦函数 CosZ()，通过这两个函数求出正切值。

（4）上述三项功能在第 4 章 4.1 节计算器的功能设计中已经进行了规划，这里需要把相关的功能进行扩充、把规划的内容完善。基本上分成两个步骤：一是编写函数；二是找到相关的菜单，修改调用方法。

✧　程序实现

（1）连加算法包括两个及两个以上的操作数的加法运算。因此，可用新的函数取代原有的计算方法。

➢　函数编写。实现时，需要知道用户要求进行连加运算操作数的个数 n，并把用户输入的操作数存入数组 iArray[]中。为了让读者进一步理解和熟悉数组作为函数参数，输入设计为带数组参数的函数 Input(iArray[],n)，连加运算设计为带数组参数的函数 MultiAdd(nArray[],n)，如程序清单 6-12 所示。调用时必须先执行函数 Input()，保证数组 nArray 中有用户输入的值，再执行函数 MultiAdd ()进行计算。请读者自行画出这两个函数的流程图。

```
/*数组输入函数*/
void Input(int nArray[],int n)
{
    int i;
    printf("请输入连加输入数,输入数间以回车或空格分隔: ");
    for(i=0;i<n;i++)
        scanf("%d",&nArray[i]);
}
/*数组累加函数*/
int MultiAdd(int nArray[],int n)
{
    int i,iSum=0;
    for(i=0;i<n;i++)
        iSum+=nArray[i];
```

```
    return iSum;
}
```

➢ 菜单修改。仿照三角运算菜单的方法，在第 4 章 4.4.1 小节中构建六则运算菜单并调用 Input()函数和 MultiAdd()函数。

（2）递归调用求任意数 n 的阶乘。

➢ 函数编写。参见程序清单 6-4，别忘了加上对输入数超过 10 的判断，请读者自行添加完成。

➢ 菜单修改。阶乘运算在一级菜单阶乘中。在第 4 章 4.4.1 中的函数 MainMemu()中找到调用阶乘的 case 语句，修改如下。

```
case 5:
  printf("求阶乘---规划预留");
  break;
```

```
case 5:
  printf("请输入数: ");
  scanf("%d",&b);
  printf("%ld",Fac(b));
  break;
```

（3）求正切值。

➢ 函数编写。调用第 4 章 4.4.1 小节中的函数 sinZ()，下面给出求余弦的函数 cosZ()，将这两个函数的返回值相除可得正切值。请注意正切值的精度，如果要求精度较高，则可用泰勒级数来求。其程序代码片段如下所示。

```
        /*求余弦值的函数，用泰勒展开式*/
double cosZ(double dDegree)
{
    double dCos=1.0,dTemp=1.0,dArc=0.0;
    int k=0;
    double pi=3.1415926,dMin=0.000001;
    dArc=dDegree*pi/180;/*进行角度度量转换*/
    while(fabs(dTemp)>dMin)/*每一项是否达到精度*/
    {
        k+=2;
        dTemp=(-1)*dTemp*dArc*dArc/((k-1)*(k));
        dCos+=dTemp;    /*cos 函数的泰勒展开式*/
    }
    return(dCos);
}
```

```
        /*求正切值函数*/

double tanZ(double x)
{
    double sinZ(double x);
    double cosZ(double x);
    return sinZ(x)/cosZ(x);
}
```

➢ 菜单修改。正切运算在二级菜单三角函数中。在第 4 章 4.4.1 小节中的函数 SecMemu()中找到调用正切函数的 case 语句，修改如下。

```
case 3:
  printf("tan 运算---规划预留");
  break;
```

```
case 3:
    printf("请输入数: ");
    scanf("%d",&b);
    printf("%f", TanZ(b));
    break;
```

（4）简单的测试。

尽管把上述两个函数加在计算器的菜单上，可以形成一个相对完整的应用，但是，为了方便阶段性测试，突出这两个函数相对独立的功能。此处，在 main()函数里直接调用它们进行测试。

```
void main()
{   //实现累加
```

```
    int nA[100],n;
    double x;
    printf("请输入累加的数量: ");
    scanf("%d",&n);
    Input(nA,n);
    printf("累加数之和为: %d\n",MultiAdd(nA,n));
    //完成三角函数的运算
    printf("请输入角度: ");
    scanf("%lf",&x);
    printf("正弦为: %5.3lf\n",sinZ(x));
    printf("余弦为: %5.3lf\n",cosZ(x));
    printf("正切为: %5.3lf\n",tanZ(x));
}
```

程序运行结果如下。

```
请输入累加的数量: 4
请输入连加输入数,输入数间以回车或空格分隔: 10 20 15 30
累加数之和为: 75
请输入角度: 30
正弦为: 0.500
余弦为: 0.866
正切为: 0.577
```

✧　程序解读

（1）累加的输入函数、累加函数、正弦函数、余弦函数及正切函数都要放到主函数（main）之前，否则要在 main()里做前向声明。

（2）要包含头文件“stdio.h”和“math.h”，因为有输入输出函数及求绝对值函数。

（3）前面在定义正弦函数（见第 4 章 4.4.1 小节）时，Pi 值被定义为符号常数（#define Pi 3.1415926）。此处也可以把它定义在程序的一开始，那么余弦函数里就不用再定义了，否则两个函数里都有对 Pi 值进行定义。

6.6.2　学生成绩管理

对于学生成绩管理按照任意一科成绩或平均成绩进行排序，升序（从小到大）用冒泡排序，降序（从大到小）用选择排序。

✧　问题分析

排序算法在 6.2 节中已经介绍过，无论依据哪个科目的成绩或哪种排序，都需要考虑学号、姓名和其他成绩的位置，要交换 5 个值，交换效率要比单纯的算法大 5 倍之多。随着程序开发不断朝着实用方向发展，会发现需要增加的信息越来越多。单就科目来说，一名大学生的课程不下 30 门，排序的编程工作量和程序运行工作量将变得十分巨大。每个算法设计者都希望自己设计的算法通用、灵活、高效，并能够在最差的环境下取得最好的结果。所以，我们也希望这里使用的算法与原算法在效率上不会有太大的出入，5 倍（甚至更多）的差距显然不够理想！

仔细观察学生的学号不难发现其中的规律。如图 6-19 所示，学号由五部分组成：年份、学院（系）、专业、班级、序号。最后两位（序号，又称流水号）没什么意义，只是表示学生入学报到或录取先后的次序。巧合的是数组的下标也表示一种顺序关系，如果能找到末两位序号与姓名及各科成绩数组下标之间的一种对应关系，那么在每次排序时，只根据条件要求对学号进行交换。输出时，只需要利用对应关系通过学号末两位找到姓名及其他各科成绩的下标，就可以按要求依次输出学生成绩单。因为只交换学号值，所以，交换的次数减少了，提高了程序运行效率，同时减少了编程的工作量。

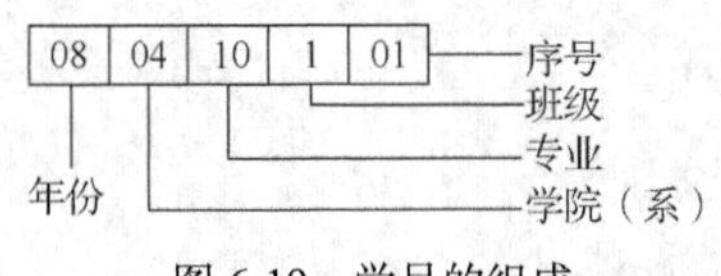

图 6-19　学号的组成

✧　程序设计描述

（1）输入时，按学号顺序依次进行，将学号与各门功课成绩的下标建立对应关系，如图 6-20 所示。比如学号 080410101，其对应的学号数组第一个下标为 0 号：cStudNo[0][10]；姓名数组第一个下标为 0 号：cStudName[0][12]；英语成绩数组下标为 0 号：nEng[0]；高数成绩数组下标为 0 号：nMath[0]；C 语言成绩数组下标为 0 号：nCompu[0]；平均成绩数组下标为 0 号：nAvg[0]。设学号末两位为 n，每类数组的一维下标为 m，则存在 m=n−1 的关系。

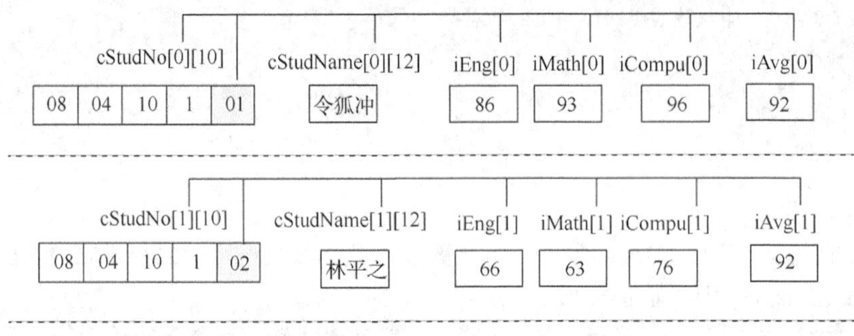

图 6-20　学号末两位与数组下标的对应关系

（2）在输出时，先输出学号，然后从任意一名学生的学号中提取前 7 位，再在末尾填加“00”后，转换为长整数 lClass。然后，把学号也转换为长整数 lStudNo，执行 lTemp=lStudNo－lClass−1，得到对应下标 lTemp，利用下标 lTemp 从相关数组中找到姓名（cStudName[lTemp][12]）、成绩（nEng[lTemp]等）信息。完成这个计算过程需要两个库函数：strncpy ()和 atol()。strncpy ()负责取得前 7 位字符串，atol()负责将字符串转换为长整型。其中，strncyp()在头文件 string.h 中，atol()在头文件 stdlib.h 中，这两个函数的标准形式如下。

① 字符串截取函数

```
原型：extern char *strncpy(char *dest, char *src, int n);
头文件：#include <string.h>
参数：dest——目标字符串；src——源字符串；n——需拷贝字节个数。
功能：把 src 所指由 NULL 结束的字符串的前 n 个字节复制到 dest 所指的数组中。
说明：如果 src 的前 n 个字节不含 NULL 字符，则结果不会以 NULL 字符结束。
```

如果 src 的长度小于 n 个字节，则以 NULL 填充 dest，直到复制完 n 个字节。

src 和 dest 所指内存区域不可以重叠，且 dest 必须有足够的空间来容纳 src 的字符串。

返回指向 dest 的指针。

② 字符串转换为长整型

```
原型：long atol(const char *nptr);
头文件：#include <stdlib.h>
参数：常指针形式的字符串。
功能：把字符串转换成长整型数。
说明：返回转换后的长整数。
```

（3）无论按哪科成绩排序，即使是姓名，都只需调整学号的位置。学号为字符串数组，在进行交换时，要注意不直接用“=”进行赋值，应该用字符串拷贝函数 strcpy()。

（4）有关冒泡排序和选择排序的流程及实现在 6.2 节中已经详细讲解过，此处不再进行赘述。在数据输出时有一定的技巧，请看图 6-21 给出的程序流程图和程序清单。

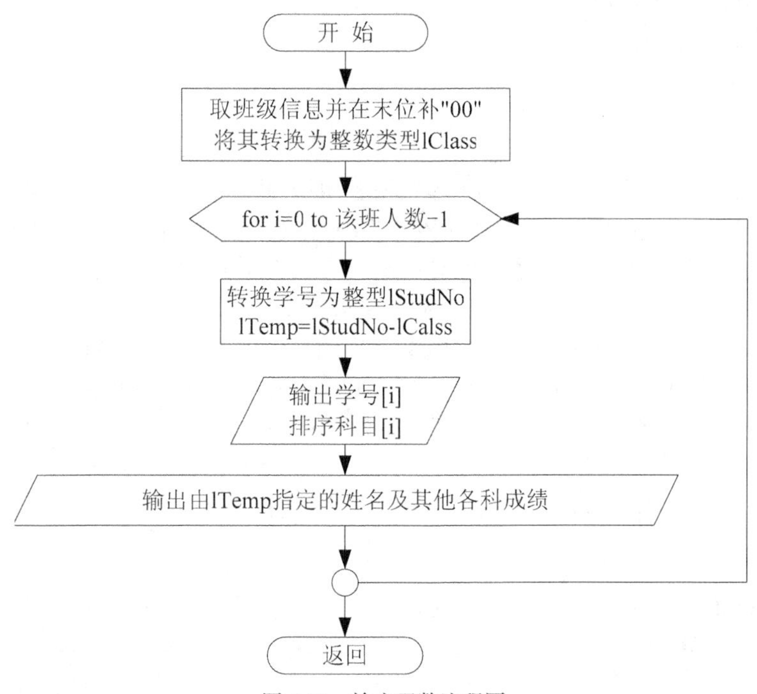

图 6-21　输出函数流程图

（5）为了让程序使用起来具有更大的灵活性，可以让使用者首先确定用哪种算法进行排序，然后选择哪个科目作为排序的关键字。这里的设计并不破坏原有菜单的设计界面，反而是对原有排序菜单进行扩充，向下再设两级，如图 6-22 所示，分为算法选择主菜单和排序选择项。从图 6-21 中也可以很直观地看到菜单的功能设置及流转模式。

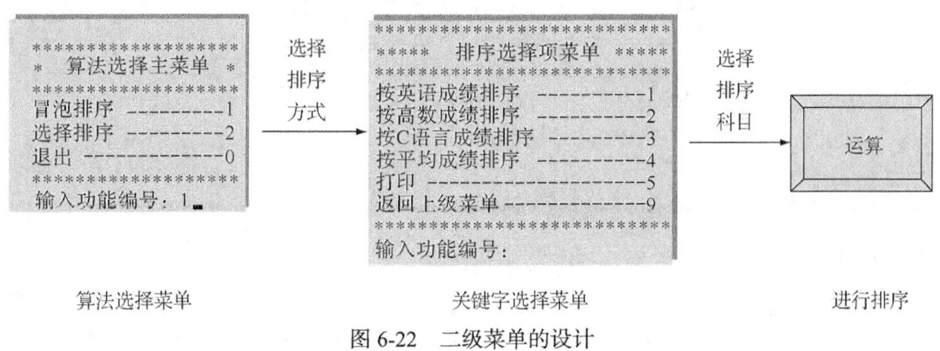

图 6-22　二级菜单的设计

✧　程序实现

（1）为了测试方便，在主调函数中需要准备如图 6-23 所示的数据，每个数组在定义时直接进行初始化，省去反复输入数据。在实际应用中，程序设计与开发人员在多数情况下无法预知使用者要输入多少数据，数据值是什么。所以，当程序调试通过后，应该使用第 5 章设计的输入函数：新增学生 StudNew()，成绩录入 ScoreNew()等将数据输入。

```
char cStudNo[][10]={"080410101","080410102","080410103","080410104"}; //与第5章不同nStudNo[j]
char cStudName[][12]={"令狐冲","林平之","任莹莹","岳灵珊"};
float fEng[]={86,66,96,70};
float fMath[]={93,63,83,68};
float fCompu[]={96,76,86,72};
float fAvg[]={92,68,88,70};
```

图 6-23　需要准备的数据

（2）以冒泡排序为例来讲解排序时需要注意的事项。排序的关键点在于待排序的元素必须进行交换，否则排序是不能成功的。但如果把传入的成绩交换了，就会破坏成绩与学号最后两位的对应关系，所以，应该设置一个临时数组 fCompKey[]，初值等于排序的关键字（某科成绩或平均成绩），让 fCompKey[]配合学号完成排序工作。另外，学号存储在字符串数组中，进行数据交换时，不能用符号“=”，可以用 C 语言提供的库函数 strcpy()。其程序清单如下所示。

```
/*  purpose: 用冒泡排序完成包含 n 个元素的数列的排序，按从小到大的顺序
    parameter: nCompKey[]:   用于进行比较数组，此处为某科成绩或平均成绩， n：比较的数量
    author : Zhang Xiaodong
    created: 2017/07/10 14:31:08  */
int BubbleSort(float fKey[],int n)
{
     int i,j;
     float fTemp=0.0f;
     char cTemp[10];
     float fCompKey[20];
     for(i=0;i<n;i++)
          fCompKey[i]=fKey[i];
     for(i=0;i<n;i++)                                  /* 排序趟数控制 */
          for(j=0;j<n-i-1;j++)                         /* 比较次数控制 */
               if(fCompKey[j] > fCompKey[j+1])         /* 比较科目成绩 */
               {
                    strcpy(cTemp,cStudNo[j]);          /*学号交换 */
                    strcpy(cStudNo[j],cStudNo[j+1]);
                    strcpy(cStudNo[j+1],cTemp);
                    fTemp=fCompKey[j];
                    fCompKey[j]=fCompKey[j+1];
                    fCompKey[j+1]=fTemp;
               }
     return 1;
}
```

（3）依据图 6-21 所示的流程图，可得输出函数程序清单，如下所示。

```
/*    purpose: 将排好序的学生成绩信息打印到屏幕上
      author : Zhang Xiaodong
      created: 2017/07/10 14:31:08*/
void OutPut(int n)
{
    long lStudNo,lStudC,lTemp;
    char cClass[10]="0";
    int i;
    strncpy(cClass,cStudNo[0],7);     //将班级信息复制到 cClass 字符串中
```

```
    strcat(cClass,"00");            //末位加 00,以便和学号具有相同位数
    lStudC=atol(cClass);            //转换为整数类型
    printf("排序后的学生成绩单\n");
    printf("------------------------------------------------------------\n");
    printf("  学号       姓名       英语       高数       C 语言       平均成绩\n");
    for(i=0;i<n;i++)
    {
        printf("%10s",cStudNo[i]);                   //输出学号
        lStudNo=atol(cStudNo[i]);                    //转换为整数类型
        lTemp=lStudNo-lStudC;                        //求出对应下标
        printf("%10s",cStudName[lTemp-1]);           //输出姓名
        printf("%10.1f%11.1f%10.1f%10.1f\n",fEng[lTemp-1],fMath[lTemp-1],
              fCompu[lTemp-1],fAvg[lTemp-1]);//输出外语,高数,C 语言及平均成绩
    }
    printf("------------------------------------------------------------\n");
}
```

（4）简单的测试。

与计算器一样，我们同样希望读者能够把上述两个函数加到“学生成绩档案管理”的菜单中，但也可以在 main()中对它们进行调用和测试。代码如下。

```
void main()
{
    BubbleSort(fMath,4);
    OutPut(4);
}
```

按数学成绩排序，程序运行结果如下。

```
排序后的学生成绩单
------------------------------------------------------------------------
    学号        姓名      英语       高数      C 语言     平均成绩
 080410102     林平之     66.0       63.0       76.0       68.0
 080410104     岳灵珊     70.0       68.0       72.0       70.0
 080410103     任莹莹     96.0       83.0       86.0       88.0
 080410101     令狐冲     86.0       93.0       96.0       92.0
------------------------------------------------------------------------
```

✧　程序解读

（1）在程序一开始的地方加头文件:string.h, stdio.h, stdlib.h。

（2）将准备好的数据放在头文件之后，作为全局变量。尽管不提倡过多地使用全局变量，但是，考虑到传送数据的方便性，尤其是输出时，用全局变量更好一些。读者可以尝试将其改为局部变量。

✧　程序的改进

（1）在输出时，每次都要对学号进行提取和运算，有没有更为简单的处理方式呢？比如直接截取学号字符串的末尾两位。幸运的是，C 语言中有这样的一个库函数：memmove()，它可以完成这样的工作。其功能及使用方法如下。

```
原型：extern void *memmove(void *dest, const void *src, unsigned int count);
头文件：#include <string.h>
参数：dest——目标字符串；src——源字符串；count。
功能：由 src 所指内存区域复制 count 个字节到 dest 所指内存区域。
说明：src 和 dest 所指内存区域可以重叠，但复制后 src 内容会被更改。函数返回指向 dest 的指针。
```

例如，对于 cStudNo[1]= “080410102”，可以指定从 cStudNo[1]第 7 个位置以后进行复制，复制 3 位（“02\0”），将其移动到 cTemp[]字符数组中，得到新的字符串，转换这个字符串为整

型，就可得到对应下标编号。巧妙运用 C 语言的库函数，可以有效地减少代码量。改造后的代码如下。

```
/*    purpose: 将排好序的学生成绩信息打印到屏幕上
      author : Zhang Xiaodong
      created: 2017/07/10 15:31:08    */
void OutPut(int n)
{
     long lStudNo,lStudC,lTemp;
     char cClass[10]="0";
     int i;
     printf("排序后的学生成绩单\n");
     printf("----------------------------------------------------------\n");
     printf("  学号 姓名 英语 高数      C 语言 平均成绩\n");
     for(i=0;i<n;i++)
     {
         printf("%10s",cStudNo[i]);                   //输出学号
         memmove(cClass,cStudNo[i]+7,3);
         lTemp=atol(cClass);                          //转换为整数类型 lStudNo
         printf("%10s",cStudName[lTemp-1]);           //输出姓名
         printf("%10.1f%11.1f%10.1f%10.1f\n",fEng[lTemp-1],fMath[lTemp-1],
               fCompu[lTemp-1],fAvg[lTemp-1]);    //输出外语,高数,C 语言及平均成绩
     }
     printf("----------------------------------------------------------\n");
}
```

（2）取学号的最后两位只能区分班内的学生，不同的班级里会有相同的编号，要区分相同专业不同班级的学生，并实现排序，可以多取一位。显然，按这个道理，取的位数越多，可进行排序的学生就越多。然而，当取到三位时，转换后的整数已不是连续的流水号了，这与数组的连续性不同，则需要建立新的映射关系。在做进一步扩展时，一定要注意这个细节。

（3）学生的人数和考试科目显然是由使用软件的客户决定的，而不是由编程人员所决定的。那么，程序设计时，应考虑使用动态存储结构。这让我们自然而然地想到了指针，是的！指针完全可以实现这种功能，在第 8 章中将会介绍这项技术。

6.7　本章小结

本章通过斐波那契数列的实现介绍了算法的基本概念，阐明算法在软件设计中的重要性。以函数为单位，对模块化编程进行了深入的探讨。

1. 知识层面

（1）算法的基本概念及其重要性。

（2）指针作为函数的参数：指针作为函数的参数，传递的是地址，可以进行数据的批量传递。

（3）数组作为函数的参数：数组元素作为函数的参数是单值传递，只有数组名或表示地址的数组作函数的参数时，传递的值才为地址，才能实现数据的双向传递、值的共享。它是数据批量传递的实现方法之一，包括一维和多维数组。

（4）指向函数的指针：指向函数的指针是利用指针访问内存中的某段代码区域，其效果与使用函数名一样。

2. 方法层面

（1）两种简单的排序：通过冒泡排序和选择排序进一步明确算法的重要性，并通过计算语句

频度粗略地对这两种算法进行评价。

（2）函数的嵌套与递归调用：函数可以嵌套调用但不能嵌套定义。直接或间接地调用函数自身被称为递归调用。递归调用是循环的另一种实现机制，它是算法研究非常重要的方法之一。通过对斐波那契数列的程序设计，探讨了迭代法与递归法对同一问题的不同解决方案。

实例应用中分别运用递归调用、函数的嵌套调用及数组作为函数参数的知识，对小型计算器的功能进行了扩充。学生成绩管理的用例中，介绍了消除排序关键字（成绩）与排序算法及输出的依赖关系的方法，提高了程序的编码和程序运行的效率。通过引入字符串库函数，减少了代码的编写量。其中，还涉及需求分析、程序健壮性、灵活性等知识内容的初步讨论。

练习与思考 6

1. 填空题

（1）算法的基本要素为______________、______________和______________。

（2）算法的基本性质为______________、______________、______________、______________和______________。

（3）递归调用包括______________或______________。

（4）对于有 n 个元素的数列，用冒泡排序法交换的次数为________，用选择排序法交换的次数为________；选择排序与冒泡排序的元素比较次数是______________。

2. 选择题

（1）在以下对 C 语言的描述中，正确的是（　　）。

（A）在 C 语言中调用函数时，只能将实参的值传递给形参，形参的值不能传递给实参

（B）函数必须有返回值，否则不能使用函数

（C）C 语言程序中有调用关系的所有函数都必须放在同一源程序文件中

（D）C 语言函数既可以嵌套定义，又可以递归调用

（2）已知函数 f 的定义如下：

```
int f(int a,int b)
{   if(a<b) return(a,b);
    else return(b,a);
}
```

在 main 函数中若调用函数 f(2,3),得到的返回值是（　　）。

（A）2　　（B）3　　（C）2 和 3　　（D）3 和 2

（3）下列程序的运行结果是（　　）。

```
void fun(int *a, int *b)
{    int *k;
     k=a; a=b; b=k;
}
main()
{   int a=3, b=6, *x=&a, *y=&b;
    fun(x,y);
    printf("%d %d",a,b);
}
```

（A）6 3　　（B）3 6　　（C）编译出错　　（D）0 0

（4）已定义以下函数：

```
void fun(char *p2, char *p1)
```

```
{     while((*p2=*p1)!='\0')
      {  p1++;
         p2++;
      }
}
```

函数的功能是（　　）。

（A）将 p1 所指字符串复制到 p2 所指内存空间

（B）将 p1 所指字符串的地址赋给指针 p2

（C）对 p1 和 p2 两个指针所指字符串进行比较

（D）检查 p1 和 p2 两个指针所指字符串中是否有'\0'

（5）函数调用 strcat(strcpy(str1,str2),str3)的功能是（　　）。

（A）将串 str1 复制到串 str2 中后再连接到串 str3 之后

（B）将串 str1 连接到串 str2 之后再复制到串 str3 之后

（C）将串 str2 复制到串 str1 中后再将串 str3 连接到串 str1 之后

（D）将串 str2 连接到串 str1 中后再将串 str1 复制到串 str3 中之后

3. 读程序题

（1）

```
int f(char *s)
{       char *p=s;
        while(*p!='\0') p++;
           return(p-s);
}
void main()
{
         printf("%d\n",f("goodbey!"));
}
```

执行结果为：________________

（2）

```
#include<stdio.h>
int f(int a)
{
     int b=0;
     static c=3;
     a=c++,b++;
     return(a);
}
void main( )
{
    int a=2,i,k;
    for(i=0;i<2;i++)
       k=f(a++);
    printf("%d\n",k);
}
```

执行结果为：________________

（3）

```
#include"ctype.h"
#include"stdio.h"
#include"string.h"
space(char *str)
```

```
{    int i,t;char ts[81];
     for(i=0,t=0;str[i]!='\0';i+=2)
        if(! isspace(*str+i)&&(*(str+i)!='a'))
             ts[t++]=toupper(str[i]);
     ts[t]='\0';
     strcpy(str,ts);
}
void main( )
{
     char s[81]={"a b c d e f g"};
     space(s);
     puts(s);
}
```

执行结果为：________________

（4）

```
#include "stdio.h"
int ast(int x,int y,int *cp,int *dp)
{
      *cp=x+y;
      *dp=x-y ;
}
void main()
{
      int a,b,c,d;
      a=4;b=3;
      ast(a,b,&c,&d);
      printf("%d %d\n",c,d);
}
```

执行结果为：________________

（5）

```
#include "stdio.h"
#include "stdlib.h"
void fun(float *pl,float *p2,float *s)
{
     s=(float *)malloc(sizeof(float));
     *s= *pl+*(p2++);
}
main()
{
     float a[2]={1.1,2.2},b[2]={10.0,20.0},*s=a;
     fun(a,b,s);
     printf("%f\n",*s);
}
```

执行结果为：________________

4. 编程题

（1）定义两个函数，一个求 n!，一个按照如下公式求自然数 e 的近似值，要求其误差小于 0.000 1，并使用函数嵌套的方法来实现。在主函数中调用并输出结果。

$$e=1+1/1!+1/2!+1/3!+\cdots+1/n!+\cdots$$

（2）定义一个函数，使用数组作为传入参数，求出对角线上的元素值的和。在主函数中输入 3×3 矩阵，调用已定义的函数，把该矩阵传入，在主函数中输出结果。

（3）写一个函数，用“冒泡法”对输入的 10 个数字进行排序并输出。

（4）用递归方法求 n 阶勒让德多项式的值，递归公式为

$$p_n(x)=\begin{cases}1 & (n=0)\\ x & (n=1)\\ ((2n-1)\cdot x\cdot p_{n-1}(x)-(n-1)\cdot p_{n-2}(x))/n & (n>1)\end{cases}$$

5. 思考题

将 6.6 节中实例“学生成绩管理”扩充为可以管理 *m* 个学生和 *n* 门课程成绩的应用。

要求：（1）*m* 和 *n* 由使用者确定并输入。

（2）学生的信息，包括学号、姓名和各门功课的成绩，由使用者输入。

（3）平均成绩由程序动态计算，随时输入、随时可以计算并排序。

（4）仿照例题，按问题分析、解决方案、程序实现及程序测试几个步骤进行，并能够提出改进方案。

（5）测试时，要写出测试的数据及测试的结果。

（6）简要对所设计的程序做一个分析。

第 7 章
构造型数据类型与应用

内容提示

关键词

- ❖ 结构体
- ❖ 共用体
- ❖ 枚举
- ❖ 位段
- ❖ 自定义类型

难点

- ❖ 结构体、共用体、枚举类型的定义
- ❖ 结构体变量、结构体数组、结构体指针的定义和引用
- ❖ 结构体与函数的关系

第 6 章综合运用数组和模块化编程思想对学生成绩档案管理系统进行了有力的补充和完善，增强的主要内容是维护表 7-1 所示的成绩表。成绩表采用数组存储，具体代码段如图 7-1 所示，相应的内存分配示意如图 7-2 所示。从图 7-1 和图 7-2 中不难发现，采用数组这种数据存储方式使得每个学生的各项数据变得离散，如令狐冲的学号信息在地址 0010，姓名信息在 04F3，C 语言信息在 0AA4…各类（列）信息在内存中的分布也不连续，如高数成绩信息的起始地址在 0CFB，而英语成绩信息的起始地址在 0D80，它们之间隔了一定数量的内存单元。这样的组织方式不便于内存的管理，寻址效率不高，运行速度会受到一定的影响；同时，在使用上也不够方便，因为每个人的信息被拆分到不同的数组中，通过数组下标来区分每个人信息，如下标 0 对应学号 cStudNo[0]= “0804101”、姓名 cStudName[0]= “令狐冲”、C 语言 fCompu[0]=96、高数 fMath[0]=93、英语 fEng[0]=86，它们都是 “令狐冲” 一个人的信息，这种零散的结构在赋初值时容易错位，如把 “林平之” 的高数成绩赋给了 “任莹莹”。

表 7-1　　学生成绩单

学号	姓名	C 语言	高数	英语
0804101	令狐冲	96	93	86
0804102	林平之	76	63	66
0804103	任莹莹	86	83	96
0804104	岳灵珊	72	68	70
……	……	……	……	……

```
char cStudNo[][10]={"080410101","080410102","080410103","080410104"};
char cStudName[][12]={"令狐冲","林平之","任莹莹","岳灵珊"};
float fEng[]={86,66,96,70};
float fMath[]={93,63,83,68};
float fCompu[]={96,76,86,72};
```

图 7-1　学生成绩表的数组存储

0010	0804101	04F3	令狐冲	0AA4	96	0C33	93	0D80	86
	0804102		林平之		76		63		66
	0804103		岳灵珊		86		83		96
	0804104		任莹莹		72		68		70
03F2	……	09A3	……	0B6C	……	0CFB	……	0E48	……

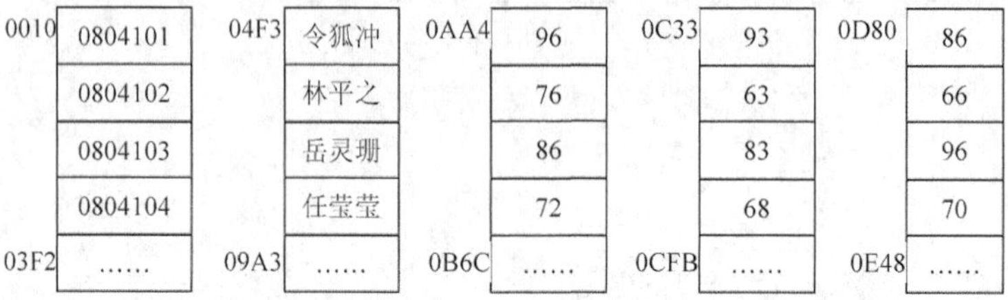

图 7-2　学生成绩表的数组存储内存分配图

那么，能否找到一种数据类型可以将某个学生的学号、姓名、课程成绩等数据集中存放，属于每个班级、每个年级或每个学院的学生数据连续存放，达到个体信息和群体信息的高效管理（见图 7-3）呢？这就是本章要学习的构造型数据类型——结构体和共用体，它们允许用户根据具体问题的需要，把多个不同的数据类型定义在一起，其中的结构体类型正好可以满足图 7-3 的全部要求。

03F2	0804101	0418	0804102	043E	0804103	0464	0804104	......
	令狐冲		林平之		岳灵珊		任莹莹	......
	96		76		86		72	......
	93		63		83		68	......
0414	86	043A	66	0460	96	0486	70	......

图 7-3　学生成绩表理想的内存分配图

7.1　结构体

7.1.1　结构体类型的定义

结构体是一种构造数据类型，由若干成员组成。每一个成员既可以是一个基本数据类型，也可以是一个构造数据类型。定义结构体的一般形式为

```
struct  结构体名{
          类型 1 成员 1;
          类型 2 成员 2;
          ……
          类型 n 成员 n;
};
```

其中，struct 是声明结构体的关键字，结构体名需要符合标识符命名规则，定义完成后的“;”不能缺少，它表示一个结构定义完毕。例如：

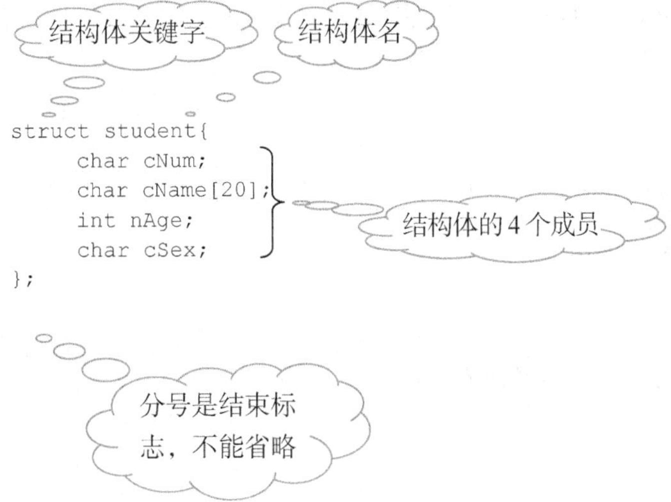

结构体还可以嵌套定义，如下面的 2 种等价嵌套定义形式。

```
struct date{
     int nYear;
     int nMonth;
     int nDay;
};
struct student{
     char cNum;
     char cName[20];
     struct date dBirthday;
};
```

⇔

```
struct student{
     char cNum;
     char cName[20];
     struct date{
          int nYear,nMonth,nDay;
     }dBirthday;
};
```

在右侧的定义方式里，声明结构体 date 时就定义了它的变量 dBirthday，这种声明方式在后面将会有更为详细的介绍。

思考

定义了 struct student 结构体类型后，系统是否为其分配了存储空间？

7.1.2　结构体变量

1. 结构体变量的定义

数据类型和变量是两个不同的概念。有了一种结构体类型之后，就可用它去定义变量，定义结构体变量有以下三种方法。

（1）先定义结构体类型，再声明结构体变量。其一般形式为

```
struct 结构体名 结构体变量名;
```

例如：

```
struct student{
     char cNum;
     char cName[20];
     int nAge;
     char cSex;
};//定义结构体类型
struct student sStu;//声明结构体变量
```

（2）定义结构体类型的同时定义结构体变量。其一般形式为

```
struct 结构体名{
      成员列表
}变量列表;
```

例如：

```
struct student{
      char cNum;
      char cName[20];
      int nAge;
      char cSex;
}sStu;
```

（3）直接定义无结构名的结构体变量。其一般形式为

```
struct {
      成员列表
}变量列表;
```

例如：

```
struct{
      char cNum;
      char cName[20];
      int nAge;
      char cSex;
}sStu;
```

结构体变量一经定义，便为每个成员分配独立的存储单元。但是定义结构类型时，系统是不会为之分配存储单元的。

2. 结构体变量的初始化

以上 3 种方式，在定义结构体变量的同时都可以进行初始化。初始化方式为：将所赋初值按顺序放在一对大括号内，并且所赋初值与各成员数据类型要匹配或兼容。下面以第一种定义结构体变量的方式为例来说明初始化方式。

```
struct student{
      charcNum;
      char cName[20];
      int nAge;
      char cSex;
};//定义结构类型
//声明 student 类型的结构体变量，并对其进行初始化
struct student sStu ={'1',"Zhanghua",20,'M'};
```

在声明结构体变量语句之后，再对结构体变量进行整体赋值是错误的，如下所示：

```
Struct student sStu;
sStu={0501,"Zhao lin",20,'M'};//这种赋值方式是错误的
```

3. 结构体变量成员的引用

结构体变量成员的引用形式如下：

```
结构体变量名.成员名
```

实心点“.”称为成员运算符。例如：**sStu.cNum**、**sStu.cName**。

【例 7-1】定义并初始化学生结构体变量，然后输出变量的各成员值。

✧ 程序设计描述

这个例子旨在学习结构体变量的声明、初始化及引用，相对较简单，具体流程如图 7-4 所示。

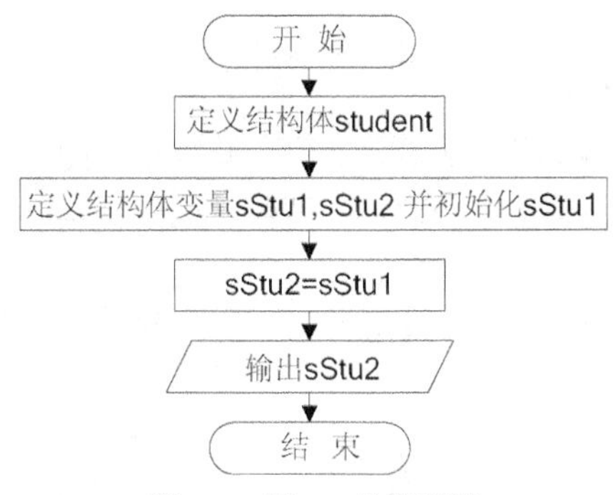

图 7-4　例 7-1 的流程图

✧ 程序实现

程序清单 7-1　StructVarDef.c

```
/* purpose: 学习结构体变量声明、初始化方式及引用
   author : Zhang Xiaodong
   created: 2017/07/22*/
#include<stdio.h>
struct student
{           char *pcNum;
            char *pcName;
            char cSex;
            struct date{
                int nYear,nMonth,nDay;
            }dBirth;
            float fScore;
//定义结构体、声明其变量并进行初始化
}sStu1={"0804101","Mr.Zhang",'M',1979,9,1,80},sStu2;
void main()
{
     sStu2=sStu1;     /*同类型的结构体变量之间进行赋值运算*/
     printf ("Number=%s\n",sStu2.pcNum);                //结构成员的引用
     printf ("Name=%s\n",sStu2.pcName);
     printf ("Born=%d 年",sStu2.dBirth.nYear);           //内嵌结构成员的引用
     printf ("%d 月",sStu2.dBirth.nMonth);
     printf ("%d 日\n",sStu2.dBirth.nDay);
     printf ("Sex=%c\n",sStu2.cSex);
     printf ("Score=%.1f\n",sStu2.fScore);
}
```

运行结果如下所示。

```
Number=0804101
Name=Mr.Zhang
Born=1979 年 9 月 1 日
Sex=M
Score=80.0
```

✧ 程序解读

（1）成员运算符在 C 语言中优先级最高，与圆括号、下标运算符同级。

（2）引用内嵌结构体变量的成员时，要逐层使用成员运算符，如

```
sStu2.dBirth.nYear
```

（3）允许相同类型的结构体变量之间进行整体赋值运算，如

```
sStu2=sStu1
```

7.1.3 结构体数组

在实际应用中，经常用结构体数组表示具有相同数据结构的一个群体，如一个班的学生档案、一个车间职工的工资表等。结构体数组的声明方法和结构体变量的声明方法一样，也有三种形式。这里仅以其中一种形式说明，如

```
struct student
{
     char *pcNum;     //学号
     char *pcName;    //姓名
     char cSex;       //性别
     struct date{     //出生年月
          int nYear,nMonth,nDay;
     }dBirth;
     float fScore;    //成绩
};  //学生结构体定义完成
struct student sStu[5]={
     {"0804101","Mr.Zhang",'M',1979,9,1,80},
     {"0804102","Mr.Wang",'W',1980,8,1,70},
     {"0804103","Mr.Li",'M',1978,7,1,55},
     {"0804104","Mr.Zhao",'W',1977,6,1,65},
     {"0804105","Mr.Zhou",'M',1981,5,1,45}
};//声明结构数组并对其进行初始化
```

结构体数组 sStu 共有 5 个元素：sStu[0]～sStu[4]。在声明的时候还完成了对数组的初始化工作。

【例 7-2】计算 5 名学生的平均成绩并统计不及格的人数。

✧ 问题描述

在上面声明的 sStu 数组基础上，计算总分、平均分，并统计不及格人数。

✧ 程序设计描述

设 nCount 为循环变量，nE 为不及格人数，fSum 为总分，fAvg 为平均分。在 main 函数中用 for 语句逐个累加各元素的 fScore 成员值存于 fSum 之中，如果 fScore 的值小于 60，nE 加 1，循环完毕后计算平均成绩 fAvg=fSum/nCount，并输出总分、平均分及不及格人数。程序流程图如图 7-5 所示。

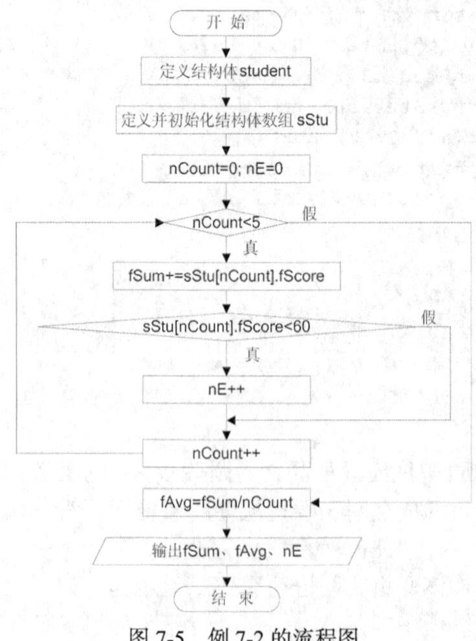

图 7-5 例 7-2 的流程图

✧ 程序实现

程序清单 7-2 CompuAvgECount.c

```
/*
  purpose: 学习结构体数组的定义、初始化及引用
  author : Zhanghua
  created: 2008/09/20
*/
#include<stdio.h>
struct student
{
    char *pcNum;
    char *pcName;
    char cSex;
    struct date{
        int nYear,nMonth,nDay;
    }dBirth;
    float fScore;
};
struct student sStu[5]={
    {"0804101","Mr.Zhang",'M',1979,9,1,80},
    {"0804102","Mr.Wang",'W',1980,8,1,70},
    {"0804103","Mr.Li",'M',1978,7,1,55},
    {"0804104","Mr.Zhao",'W',1977,6,1,65},
    {"0804105","Mr.Zhou",'M',1981,5,1,45}};
void main()
{
    int nCount,nE=0;
    float fAvg,fSum=0;
    for(nCount=0;nCount<5;nCount++){
        fSum+=sStu[nCount].fScore;
        if(sStu[nCount].fScore<60)
            nE+=1;
    }
    printf ("总分:%.2f\n",fSum);
    fAvg=fSum/5;
    printf ("平均分:%.2f\n 不及格人数:%d 人\n",fAvg,nE);
}
```

运行结果如下所示。

```
总分:315.00
平均分:63.00
不及格人数:2 人
```

【例 7-3】建立一个简单的电话本，每条记录包括姓名和联系电话两项。

✧ 程序设计描述

定义一个结构体 telephone，它有两个成员：cName 和 cPhone，分别代表姓名和电话。据此再定义一个结构体数组 tTel。然后用一个循环输入各个元素的成员值，再用一个循环输出各元素的成员值。程序流程图如图 7-6 所示。

✧ 程序实现

程序清单 7-3 TelBook.c

```
/*
  purpose: 用结构体数组建立一个电话本
  author : Zhanghua
```

```
   created: 2008/09/20
*/
#include<stdio.h>
#define NUM 3
struct telephone{
         char cName[20];
         char cPhone[10];
};
void main()
{
      struct telephone tTel[NUM];
      int nCount;
      for(nCount=0;nCount<NUM;nCount++)
      {
           printf ("input name:");
           gets(tTel[nCount].cName);        //tTel 的成员 cName 为字符串
           printf ("input phone:");
           gets(tTel[nCount].cPhone);       //tTel 的成员 cPhone 为字符串
      }
      printf ("name\t\tphone\n");
      for(nCount=0;nCount<NUM;nCount++)
           printf ("%s\t\t%s\n",tTel[nCount].cName,tTel[nCount].cPhone);
}
```

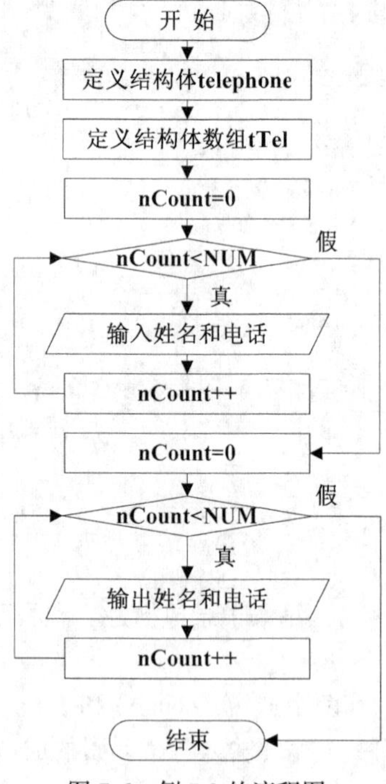

图 7-6　例 7-3 的流程图

运行结果如下所示。

```
input name:Smith
input phone:5687302
input name:Tom
input phone:5687303
```

```
input name:Rice
input phone:5687304
name            phone
Smith           5687302
Tom             5687303
Rice            5687304
```

7.1.4　结构体指针

结构体指针变量可以指向某个结构体变量或结构数组的首地址。

1. 结构体指针变量的定义

结构体指针变量的定义与结构体变量的定义类似，也有三种形式。举例说明如下。

```
struct student
{
    char *pszNum;
    char *pszName;
    char cSex;
    struct date{
      int nYear,nMonth,nDay;
    }dBirth;
    float fScore;
};
struct student *psStu;
```

```
struct student
{
    char *pszNum;
    char *pszName;
    char cSex;
    struct date{
      int nYear,nMonth,nDay;
    }dBirth;
    float fScore;
}*psStu;
```

```
struct
{
    char *pszNum;
    char *pszName;
    char cSex;
    struct date{
      int nYear,nMonth,nDay;
    }dBirth;
    float fScore;
}*psStu;
```

注意

（1）变量名 psStu 前的“*”号起标识的作用，并不包括在变量名之内。

（2）结构体指针变量可以指向类型与其相同的结构体变量或结构体数组。

2. 指向结构体变量

用上述定义的结构类型定义结构体变量和结构指针变量，并让结构指针指向结构变量，如

```
struct student *psStu,sStu={"0804101","Mr.Zhang",'M',1979,9,1,80};
psStu=&sStu;/*使 psStu 指向 sStu*/
```

结构体指针变量 psStu 指向了结构体变量 sStu 的首地址，即通过 psStu 可以实现操作 sStu 的目的。那么，如何通过 psStu 访问 sStu 中的成员呢？结构体指针变量引用成员的方式有如下两种。

```
指针变量名->成员名
(*指针变量名).成员名
```

运算符“->”称为指向运算符，由减号“-”和大于号“>”两部分组成，中间不得有空格。它的优先级同圆括号、成员运算符一样，也是最高级。另外，第二种方式中的圆括号必不可省，否则会产生错误，因为成员运算符的优先级高于指针运算符。

第 5 章中介绍了指针的动态内存分配空间的方法，它们同样适合于结构体指针，如

```
struct student *psStu;
psStu=( struct student *)malloc(sizeof(struct student ));
psStu->cSex='f';
```

因为是 struct student 类型的指针，所以申请完空间后返回内存地址时要做一个(**struct student ***)的强制类型转换。申请内存空间的大小不能使用简单的类型长度累加。因为 C 语言中有一个内存对齐原则，为了操作速度，它是按 4 个字节的整数倍来分配内存的，所以不能是简单的累加。当不能或不确定要分配多少内存时，就用 sizeof 运算符进行测算，这是最好的方法。

【例 7-4】运用结构体指针变量实现例 7-1 的功能。

✧　问题分析

定义一个结构体指针变量*psStu，指向结构体变量 sStu1，然后利用*psStu 输出各成员值。程

序功能在例 7-1 中已经做了细致分析，下面给出运用结构体指针变量实现的程序清单。

✧ 程序实现

程序清单 7-4 SPVar.c

```
/*  purpose: 结构体指针变量之指向结构体变量
    author : Zhanghua
    created: 2008/09/20*/
#include<stdio.h>
void main()
{    struct student
     {
          char *pcNum;
          char *pcName;
          char cSex;
          struct date{
               int nYear,nMonth,nDay;
          }dBirth;
          float fScore;
     }sStu1={"0804101","Mr.Zhang",'M',1979,9,1,80},*psStu;
     psStu=&sStu1;                                    /*使 psStu 指向 sStu1*/
     printf ("Number=%s\n",(*psStu).pcNum);           /*用.实现成员引用*/
     printf ("Name=%s\n",(*psStu).pcName);            /*用.实现成员引用*/
     printf ("Born=%d 年",(*psStu).dBirth.nYear);     /*用.实现成员引用*/
     printf ("%d 月",(*psStu).dBirth.nMonth);         /*用.实现成员引用*/
     printf ("%d 日\n",(*psStu).dBirth.nDay);         /*用.实现成员引用*/
     printf ("Sex=%c\n",psStu->cSex);                 /*用->实现成员引用*/
     printf ("Score=%.1f\n",psStu->fScore);           /*用->实现成员引用*/
}
```

运行结果与例 7-1 相同。

✧ 程序改进

此题使用前面讲解的动态内存分配技术，需要解决两级内存分配的问题：一级是给结构体整体分配内存空间；二级是给结构体指针变量内部的学号和姓名分配内存空间。它们是结构体指针变量内部的字符指针变量。当给结构指针变量分配存储空间后，这两个指针所得到的仅是存储地址的空间，而没有存储值的空间，因此需要再次给它们分配内存空间。释放内存空间的顺序恰好相反，具体的代码如程序清单 7-4-1 所示。

程序清单 7-4-1 SPVar_p.c

```
/*  purpose: 结构体指针变量之指向结构体变量
    author : Zhang Xiaodong
    created: 2017/07/22  */
    #include<stdio.h>
    #include<string.h>
    #include<stdlib.h>
    struct student
    {
         char *pcNum;
         char *pcName;
         char cSex;
         struct date{
              int nYear,nMonth,nDay;
         }dBirth;
         float fScore;
     }*psStu;
```

```
    void main()
    {
    char cT[50];
    psStu=(struct student *)malloc(sizeof(struct student)); /*使psStu指向sStu1*/
    printf("请输入学号：");
    gets(cT);//读入学号
    psStu->pcNum=(char *)malloc(strlen(cT)+1);    //按读入学号的长度申请内存空间
    strcpy(psStu->pcNum,cT);                      //赋值给psStu的成员pcNum
    printf("请输入姓名：");
    gets(cT);//读入姓名
    psStu->pcName=(char *)malloc(strlen(cT)+1);   //按读入学号的长度申请内存空间
    strcpy(psStu->pcName,cT);                     //赋值给psStu的成员pcName
    printf("请输入性别：");
    scanf("%c%*c",&psStu->cSex);                  //要有抑制符消耗回车这一转义字符
    printf("请输入年：");
    scanf("%d",&psStu->dBirth.nYear);
    printf("请输入月：");
    scanf("%d",&psStu->dBirth.nMonth);
    printf("请输入日：");
    scanf("%d",&psStu->dBirth.nDay);
    printf("请输入成绩：");
    scanf("%f",&psStu->fScore);
    printf ("Number=%s\n",(*psStu).pcNum);        /*用.实现成员引用*/
    printf ("Name=%s\n",(*psStu).pcName);         /*用.实现成员引用*/
    printf ("Born=%d年",(*psStu).dBirth.nYear);   /*用.实现成员引用*/
    printf ("%d月",(*psStu).dBirth.nMonth);       /*用.实现成员引用*/
    printf ("%d日\n",(*psStu).dBirth.nDay);       /*用.实现成员引用*/
    printf ("Sex=%c\n",psStu->cSex);              /*用->实现成员引用*/
    printf ("Score=%.1f\n",psStu->fScore);        /*用->实现成员引用*/
    free(psStu->pcName);                          //先释放二级内存空间
    free(psStu->pcNum);                           //先释放二级内存空间
    free(psStu);                                  //最后释放一级内存空间
}
```

运行结果如下。

```
请输入学号：0804101
请输入姓名：Mr.Zhang
请输入性别：m
请输入年：1981
请输入月：6
请输入日：27
请输入成绩：80.5
Number=0804101
Name=Mr.Zhang
Born=1981年6月27日
Sex=m
Score=80.5
```

✧　程序解读

在程序清单 7-4-1 中，设计字符数组 cT[]来获取用户输入的学号和姓名，并按得到的字符串长度动态申请内存空间，然后用 strcpy 函数将 cT[]中的字符串分别赋给 psStu 的成员 pcNum 和 pcName。这一过程看起来比较复杂，但却是一项十分有用的技术。试想，如果在校学生有 1 万名，而学生姓名又有长有短，对于少数民族来说，名字可以长达十多个汉字，而有些汉族学生的名字可能只有两个汉字，如果用定长内存分配的数组，则必须按最长的名字来确定内存空间。显然，

这样做对内存空间的浪费将十分严重！但是按程序清单 7-4-1 中的分配方式却是恰到好处，仅有的冗余就是临时字符数组变量 cT[]。

3. 指向结构体数组

若有以下语句：

```
struct telephone
{
     char cName[20];
     char cPhone[10];
};
struct telephone tTel[3],*ptTel;
ptTel=tTel;
```

由于指针 ptTel 指向了数组 tTel 的首地址，则通过 ptTel 可以实现操作数组 tTel 元素的目的。结合第 5 章中数组的学习，可以通过循环使用指针 ptTel 引用数组 tTel 的每一个元素。

【例 7-5】运用结构体指针变量实现例 7-3 的功能。

✧ 问题分析

定义一个结构体指针变量*ptTel，使其指向结构体数组 tTel。程序功能在例 7-3 中已经做了细致分析，下面给出实现的程序清单。

✧ 程序实现

程序清单 7-5 TelBookBySP.c

```
/* purpose:指向结构体数组的指针变量
   author : Zhanghua
   created: 2008/09/20*/
#include<stdio.h>
#define NUM 3
struct telephone
{
     char cName[20];
     char cPhone[10];
};

void main()
{
     struct telephone tTel[NUM],*ptTel;
     for(ptTel=tTel;ptTel<tTel+NUM;ptTel++)
     {
          printf("input name:");
          gets(ptTel->cName);
          printf("input phone:");
          gets(ptTel->cPhone);
     }
     printf("name\t\tphone\n");
     for(ptTel=tTel;ptTel<tTel+NUM;ptTel++)
          printf("%s\t\t%s\n",ptTel->cName,ptTel->cPhone);
}
```

运行结果与例 7-3 相同。

✧ 程序解读

（1）对指针进行“++”运算是使指针指向下一个数组元素，跨越的存储单位是一个 **struct telephone** 结构体。

（2）编译系统不会做越界检查，所以要注意终止条件。

7.1.5 结构体与函数

结构体变量既可以作函数的参数，也可以作函数的返回值。结构体变量作函数参数传递的是所有成员，因此，实参与形参必须是相同类型的结构体变量。结构体变量作函数的返回值，返回给主调函数的是所有成员，因此，接受此返回值的变量类型必须是结构体类型。

结构体成员也可以作函数的参数和返回值，这与普通变量作函数的参数和返回值是一样的。

【例 7-6】编写程序求解某一点在平面坐标中关于原点的对称点。

✧ 问题描述

平面坐标内任意一点（x,y）关于原点的对称点应该是（-x,-y）。

✧ 程序设计描述

定义一个点结构体 dot，有 2 个整型成员：nX、nY，分别存储某点的横、纵坐标。若利用函数实现，将代表某一点的结构体变量 dPoint 传递给求对称点的函数 SymmetricalDot()，得到对称点 dSPoint，并输出其成员值。具体流程图如图 7-7 所示。

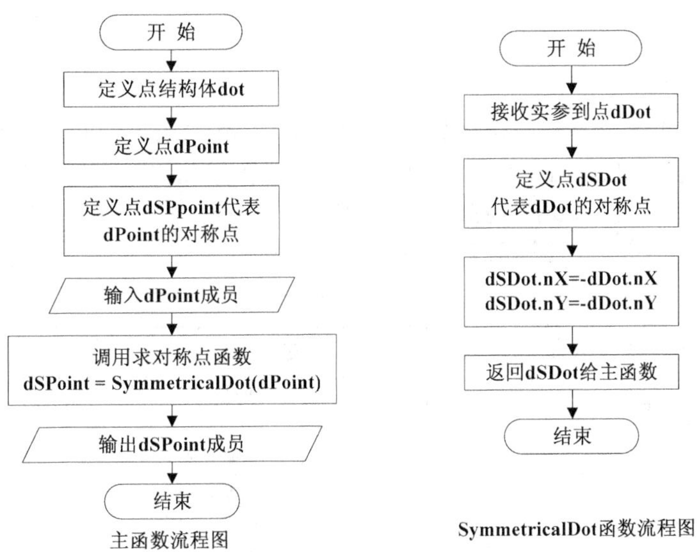

图 7-7 例 7-6 的流程图

✧ 程序实现

程序清单 7-6 SymmetricalDot.c

```
/* purpose: 求解某一点在平面坐标中关于原点的对称点，学习结构体变量作函数参数
   author : Zhanghua
   created: 2008/09/20*/
#include <stdio.h>
struct dot{
     int nX;
     int nY;
};
struct dot SymmetricalDot(struct dot sDot) /*求对称点函数*/
{
     struct dot dSDot;/*定义对称点结构体变量*/
     dSDot.nX = -sDot.nX;
     dSDot.nY = -sDot.nY;
     return dSDot;}/*将对称点返回给主调函数*/
```

```
void main()
{
    struct dot  dPoint;
    struct dot  dSPoint;/*点 dPoint 的对称点*/
    printf("Please enter two members of a Point:\n");
    scanf("%d,%d",&dPoint.nX,&dPoint.nY);
    dSPoint = SymmetricalDot(dPoint);/*调用求对称点函数*/
    printf("symmetrical dot:%d,%d\n",dSPoint.nX,dSPoint.nY);/*输出对称点*/
}
```

运行结果如下所示。

```
Please enter two members of a Point:
3,4
symmetrical dot:-3,-4
```

7.2 位运算与位段

7.2.1 位运算

C 语言提供按位进行的逻辑运算，称为位运算。它是对字节或字中的每一个二进制位进行检测、设置或移位等操作，只适用于字符型和整数型变量以及它们的变体，对其他数据类型不适用。位运算使 C 语言同时具有高级语言与汇编语言的优点。而一般的高级语言处理数据的最小单位只能是字节。C 语言所支持的位运算符及说明如表 7-2 所示。

表 7-2 位运算符

序号	操作符	逻辑运算符含义	优先级别
1	&	按位与	8
2	|	按位或	10
3	^	按位异或	9
4	～	按位求反	2
5	>>	右移	5
6	<<	左移	

1. 按位与（&）

该操作的作用是将两个操作数的对应位（按从右向左进行对位，位数不够则在左侧补 0，下面的位操作运算情况相同）分别进行逻辑“与”操作，对应位均为 1 时，结果位才为 1，否则为 0。例如，计算 3&9：

```
       3:  0011
&      9:  1001
-----------------
     3&9:  0001
```

按位与主要用于将操作数中的若干位置为 0，其他位不变；或者取操作数中的若干指定位。例如，将变量 x 的最低位置零：

x=x&0376;

取出 x 的低字节（低 8 位），置于 y 中：

y=x&0377;

2. 按位或（|）

按位或操作是将两个操作数的对应位分别进行逻辑“或”操作，对应位均为 0 时，结果位才为 0，否则为 1。例如，3|9：

```
      3:   0011
|     9:   1001
-----------------
    3|9:   1011
```

使用按位或运算，可将某（些）位置为 1，其余各位不变。例如，将 int 型变量 x 的低字节置 1：

x=x|0xff;

3. 按位异或（^）

按位异或的主要作用是将对应位上值相同的位置为 0，值不同时置为 1。该操作可使操作数中的若干位翻转（原来为 1 的位变为 0，为 0 的位变为 1），其余各位不变。例如，要使 01111010 低四位翻转，可以与 00001111 进行异或：

```
     01111010
^    00001111
--------------
     01110101
```

4. 按位取反（～）

按位取反操作是将各位翻转，即原来为 1 的位变成 0，原来为 0 的位变成 1。例如：

025：0000000000010101

～025：1111111111101010

5. 按位左移（<<）

该操作是按照指定的位数将一个二进制值向左移位，左移后，低位补 0，高位舍弃。例如，表达式 5<<2 的值为 20。图 7-8 说明位移的过程。由结果可知，左移 n 位，相当于给原数值乘以 2^n。

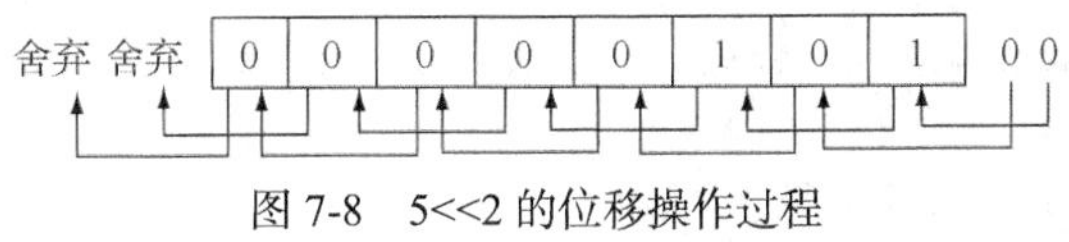

图 7-8　5<<2 的位移操作过程

6. 按位右移（>>）

按位右移是按照指定的位数将一个数的二进制值向右移位，右移后，移出的低位舍弃。对无符号数和有符号中的正数，高位补 0，例如，表达式 20 >> 2 的值为 5；有符号数中的负数，取决于所使用的系统：补 0 的称为“逻辑右移”，补 1 的称为“算术右移”。VC++6.0 与 GCC 编译器中均采用算术右移，如-5>>1 的值为-3，-5>>2 的值为-2。图 7-9 说明按位右移两位的过程。

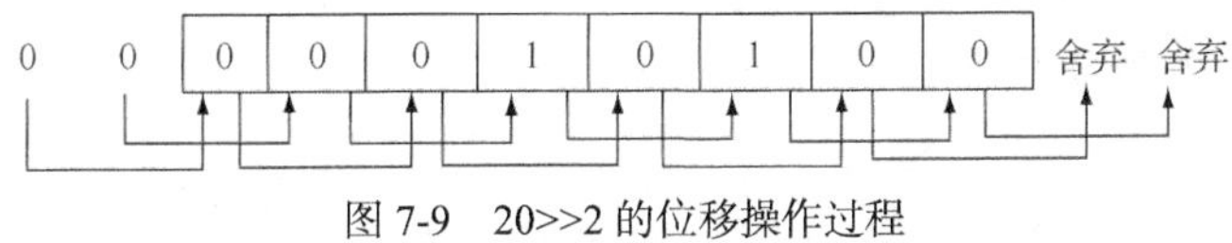

图 7-9　20>>2 的位移操作过程

【例 7-7】从键盘上输入 1 个正整数给 int 型变量 nNum，输出由 8～11 位构成的数（从低位开始编号，0 起始号）。

✧ 问题分析

使变量 nNum 右移 8 位，将 8～11 位移到低 4 位上。为确保 8～11 位精确输出，应再构造 1 个低 4 位为 1、其余各位为 0 的整数，使其与 nNum 进行按位与运算，从而屏蔽其高位数。

✧ 程序实现

程序清单 7-7 MoveBit.c

```
/*  purpose: 输入一个整数，输出其 8～11 位的数
    author : Wang wei
    created: 2008/08/10 15:58:22*/
#include "stdio.h"
void main(void)
{
    int nNum, nMask;
    printf("Input a integer number:");
    scanf("%d",&nNum);
    nNum = nNum >> 8;                        /*右移 8 位，将 8～11 位移到低 4 位上*/
    nMask = ~ ( ~0 << 4);                    /*0 求反各位均为 1，左移 4 位，低 4 位补 0*/
    printf("result=0x%x\n", nNum & nMask);   /*用十六进制表示输出结果*/
}
```

运行结果如下所示。

```
Input a integer number:536
result=0x2
```

7.2.2 位段

使用位运算可以对一个字节内的某几位进行取值或运算，但是需要事先进行一系列的运算设计，比较复杂且容易出错。C 语言提供了一种直接定位到某一位的数据类型——位段，可以更容易地对一个或几个字节内的某一位或某几位进行操作。在定义结构体时，以位为单位声明成员所占的内存长度，这样的类型就称为位段或位域结构。位段类型定义的一般形式如下。

```
struct 位段名{
    int(unsigned) 变量名 1:整型常数 1;
    int(unsigned) 变量名 2:整型常数 2;
              ……
    int(unsigned) 变量名 n:整型常数 n;
}
```

其中，对于位段类型的定义有如下要求。

（1）位段成员类型必须指定为 unsigned 或 int 类型。

（2）成员的位数由“:”后整型常数来指定，但必须是 1～8 范围内的数。

（3）一个位段成员必须存储在一个字节单元内，不能跨单元。

（4）当整型常数为 0 时，即“unsigned :0;”，有特殊的含义——使紧随其后的下一个位段成员存储在新起的一个字节里，无论上一个字节剩余多少位。

（5）可以为位段类型定义无名成员。

（6）位段成员不能是数组。

例如：

```
struct bitdata{
    unsigned a:2;
    unsigned b:5;
    unsigned c:3;
    unsigned d:2;
```

```
}bX;
```

需要特别注意的是，位段成员变量 a 和 b 共 7 位，不满一个字节，还剩 1 位，但紧接其后的位段成员 c 却需要 3 位，这时系统会另外起一个存储单元来存放位段成员 c。依据同样的规律，第二个存储单元也会出现 3 位空闲，如图 7-10 所示。

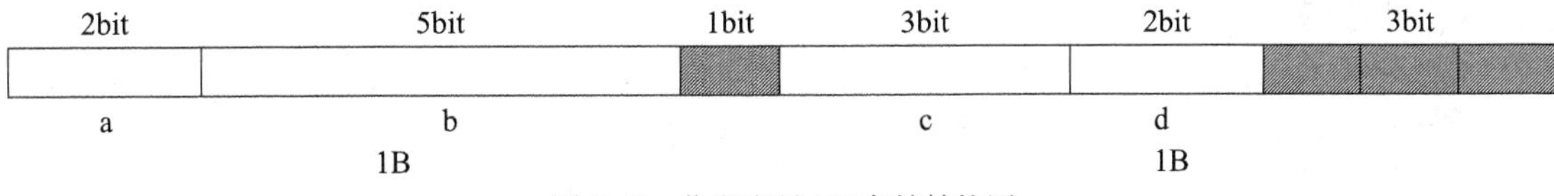

图 7-10　位段变量 bX 存储结构图

此时变量 bX 中的 4 个成员可以像结构体成员那样进行引用，也可以进行相应的数值运算及输入输出。但注意不要超出位段成员的数值范围，如 bX.a 的取值只能是 0～3，因为两位二进制最大表示的数为 3。

对于位段类型定义要求（4）可以有如下定义。

```
struct bitdata{
     unsigned a:2;
     unsigned b:3;
     unsigned:0;
     unsigned c:3;
}bX;
```

虽然位段成员 a、b、c 可以存放在一个存储单元内，但使用“unsigned :0;”可使 c 从下一个存储单元开始存放。

对于位段类型定义要求（5）可以有如下定义。

```
struct bitdata{
     unsigned a:2;
     unsigned b:3;
     unsigned:5;
     unsigned c:3;
}bX;
```

无名成员“unsigned :5;”表示 5 个二进位空闲不用，但实际上只有三个空闲位，请读者想一想为什么。

【例 7-8】定义一个位段，它含有 4 个成员，分别为 a 占 2 位，b 占 3 位，c 占 4 位，d 占 1 位，对位段成员 a、b 赋值，并进行加法运算，输出结果。

✧　程序实现

程序清单 7-8　MoveBit.c

```
/*  purpose: 位段练习
    author : Zhang Xiaodong
    created: 2017/07/24 15:58:22*/
#include "stdio.h"
struct pack{
     unsigned  a: 2;
     unsigned  b: 3;
     unsigned  c: 4;
     unsigned  d: 1;
}data;
main()
{
     data.a=9;
```

```
    data.b=2;
    printf("%d\n",data.a+data.b);
}
```

程序运行结果如下。

```
3
```

✧ 程序解读

位段变量 data 成员 a 只有 2 位，最大值为 3（二进制为 11），9 的二进制为 1001。当 data.a=9 时，实际上只把 01 赋给了 a。而成员 b 有 3 位，足以存下 2。所以，data.a+data.b=3。

7.3 共用体

共用体又称联合体，是将不同数据类型组合在一起，这些不同类型的成员在内存中所占用的起始单元是相同的。

7.3.1 共用体类型定义

共用体的类型关键字是 union，其定义形式为

```
union 共用体名{
    类型成员 1;
    类型成员 2;
    ……
    类型 n 成员 n;
};
```

例如，学校单位共用体定义如下：

```
union unit{
    int nClass;
    char cOffice[10];
} ;
```

上面的共用体类型定义中，nClass 和 cOffice 根据学校人员不同，只需填写一个即可。对于学生需要填写 nClass（班号），对于教师需要填写 cOffice（教研室）。如图 7-11 所示。

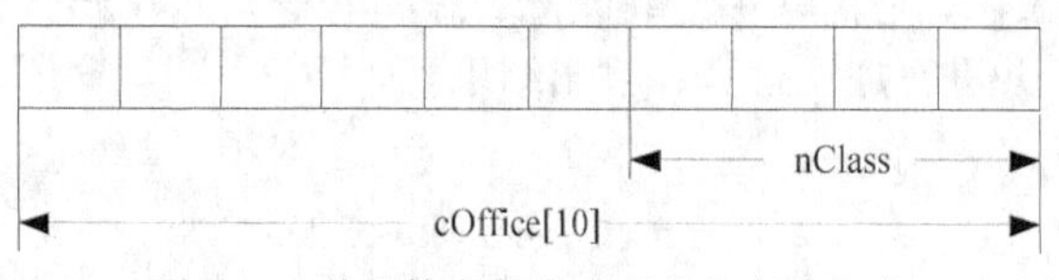

图 7-11 共用体变量在内存中的存储方式

7.3.2 共用体变量定义

共用体变量的定义和结构变量的定义方式类似。例如：

```
union unit{
    int nClass;
    char cOffice[10];
} ;
union unit uDepartment;
```

```
union unit{
    int nClass;
    char cOffice[10];
} uDepartment;
```

```
union {
    int nClass;
    char cOffice[10];
} uDepartment;
```

共用体变量 uDepartment 的三种定义方式等价。uDepartment 的长度等于其成员中最长的长度，即等于 cOffice 数组的长度，共 10 个字节。uDepartment 被赋予整型值时，只使用 4 个字节；而被

赋予字符串时，最多可用 10 个字节。

7.3.3　共用体变量的赋值和引用

对共用体变量的赋值和引用只能对成员进行，对成员的引用方式如下。

```
共用体变量名.成员名
```

【例 7-9】设计一张有教师与学生通用的表格，数据项有姓名、年龄、职业、教研室/班级。输入人员数据，再以表格形式输出。

✧　问题分析

对于学生需要填写班级（整型数据），对于教师需要填写教研室（字符串）。

✧　程序设计描述

用一个结构体数组 iPersonInfo 存放人员数据，该结构体共有四个成员：cName（姓名）、nAge（年龄）、cJob（职业）和 uDepa（教研室/班级）。其中 uDepa 是一个共用体变量，由两个成员组成：一个为整型量 nClass，另一个为字符数组 cOffice。具体流程图如图 7-12 所示。

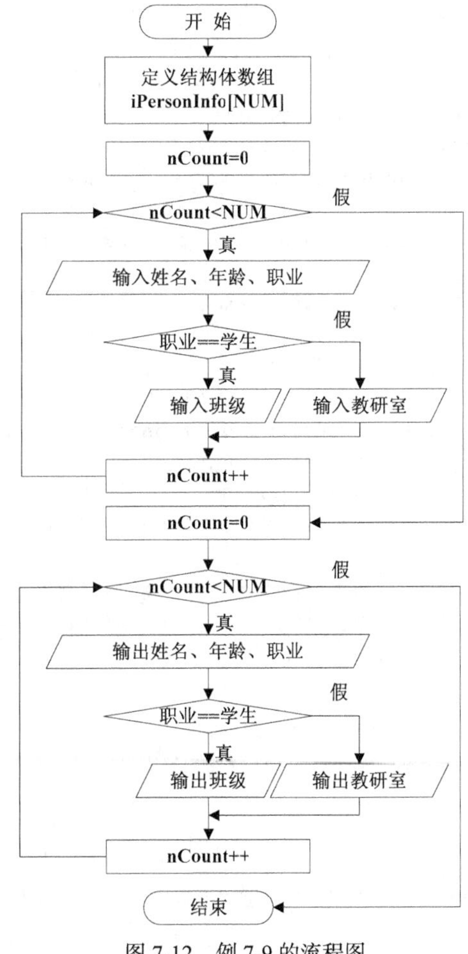

图 7-12　例 7-9 的流程图

✧　程序实现

程序清单 7-9　PersonInfo.c

```
/* purpose: 学习共用体的赋值与引用
 author : Zhanghua
```

```
  created: 2008/09/20*/
#include<stdio.h>
#define NUM 2
struct info/*结构体*/
{
    char cName[10];
    int nAge;
    char cJob;
    union unit/*共用体*/
    {
        int nClass;
        char cOffice[10];
    } uDepa;
}iPersonInfo[NUM];
void main(){
     int nCount;
     for(nCount=0;nCount<NUM;nCount++)
     {
         printf("input Name,Age,Job and Class/Office\n");
         scanf("%s%d%c",iPersonInfo[nCount].cName,&iPersonInfo[nCount].nAge,
               &iPersonInfo[nCount].cJob);
         if(iPersonInfo[nCount].cJob=='s')
              scanf("%d",&iPersonInfo[nCount].uDepa.nClass);
         else
              scanf("%s",iPersonInfo[nCount].uDepa.cOffice);
     }
     printf("Name\tAge\tJob\tClass/Office\n");
     for(nCount=0;nCount<NUM;nCount++)
     {
         printf("%s\t",iPersonInfo[nCount].cName);
         printf("%d\t",iPersonInfo[nCount].nAge);
         printf("%c\t",iPersonInfo[nCount].cJob);
         if(iPersonInfo[nCount].cJob=='s')
              printf("%d\n",iPersonInfo[nCount].uDepa.nClass);
         else
              printf("%s\n",iPersonInfo[nCount].uDepa.cOffice);
     }
}
```

运行结果如下所示。

```
input Name,Age,Job and Class/Office
张三
19
s
4101
input Name,Age,Job and Class/Office
李四
45
t
软件组
Name    Age     Job     Class/Office
张三    19       s          4101
李四    45       t          软件组
```

✧　程序解读

由这个例子，可以总结出共用体的一些注意事项：

（1）一个共用体变量的值就是最近赋值的某一个成员值。正因如此，在声明共用体变量并对它进行初始化时，只能给其中的一个成员赋值。

（2）可以使用指向共用体变量的指针，指向共用体变量的首地址。共用体变量的首地址和它的各成员的首地址相同。

7.4　枚举

“枚举”就是一一列举的意思。枚举类型就是一一列举出所有可能用到的数据值，然后据此定义的变量就只能使用列举出的值，相当于常量。

1．枚举类型定义

枚举类型关键字为 enum，定义形式如下：

```
enum {元素 1, 元素 2, …, 元素 n};
```

例如：

```
enum week{sun,mon,tue,wed,thu,fri,sat};
```

其中，“sun,mon,tue,wed,thu,fri,sat”这六个枚举元素称为枚举常量。每个枚举常量代表一定的数值，系统按顺序给它们的值分别是“0,1,2,3,4,5,6”。如果不希望得到系统默认的值，也可以在声明时直接赋值。例如：

```
enum week{sun=7,mon=1,tue=2,wed=3,thu=4,fri=5,sat=6};
```

不管哪种声明方式，枚举常量都具有确定的值，因此也可以参与合理的数值运算。

2．枚举变量定义

枚举变量的定义同样也有三种方式。例如：

```
enum week  workday,weekday;
```

或

```
enum week{sun,mon,tue,wed,thu,fri,sat}workday,weekday;
```

或

```
enum {sun,mon,tue,wed,thu,fri,sat}workday,weekday;
```

以上定义的枚举变量 workday、weekday 的值只能是 sun 到 sat 其中之一，不能超出这个范围。

7.5　自定义类型

C 语言允许用 typedef 声明一个新的类型名代替已有的类型名，这些已有的类型名可以是整型、实型、字符型、结构体类型等。声明新类型名的形式为

```
typedef  类型名新类型名;
```

其中，“类型名”是已经声明了的合法的类型，而“新类型名”只要是合法的 C 语言标识符即可。例如：

```
typedef  int  INTEGER;
typedef  char  CHARACTER;
```

在使用自定义类型时，需要注意以下几方面。

（1）typedef 语句并未产生新的类型，只是为某已知类型起了一个别名。

（2）为了加以区分，新的类型名一般采用大写形式。

（3）利用 typedef 也可以为构造数据类型声明一个新名称。例如：

```
typedef struct{
     int iNum;
     char cName[20];
     float fScore;
}STUDENT;
```

这样就可以用 STUDENT 定义这种结构体类型的变量或数组。例如：

```
STUDENT  stu1,stu2,stu[30];
```

位段、共用体及枚举类型都可以用这种方法声明一个简洁的别名。

7.6　应用实例

让我们继续对学生成绩档案管理系统进行升级。第 6 章 6.6.2 小节中声明了 6 个数组来存储数据，而且巧妙地运用了学号与下标之间的对应关系，才在保证程序高效运行的前提下，解决了排序与输出等问题。然而，这些技术仍然有难以解决的问题，比如涉及院级或学校级全体学生的排序输出、不同院系学生转换专业等。如果运用本章的知识解决这些问题，将会发现容易很多。

按照第 4 章图 4-2 所示的学生成绩档案管理功能，以结构体数组为数据存储方式来解决录入学生基本信息、按学号查询、修改学生基本信息、删除学生基本信息、录入成绩、修改成绩、浏览、排序及统计等功能。由于功能较多，将不再按以前先把所有模块全部设计完成后再全部实现它们的方法，而是按模块分类，在每个模块里进行设计、实现，这样既便于调试，也显得更为紧凑和连贯。

1．主要数据存储结构定义

（1）建立学生结构体：

```
typedef struct STUDENT                       /*学生结构体*/
{
     int nNum ;                              /*学号*/
     char cName[20];                         /*姓名*/
     float fCLanguage,fMath,fEnglish ;       /*C 语言、高数、英语三门课成绩*/
}stu;
```

（2）为了实现对多个学生进行管理，需要定义一个结构体数组来存储每个学生的各项数据：

```
#define NUM 32   /*宏 NUM 代表学生人数*/
stu sStud[NUM];  /*sStud 是具有 NUM 个元素的学生结构体数组名*/
```

（3）设置一个计数值：**int nCount=0;**，每增加一名学生就对此变量加 1。但减少一名学生并不对 nCount 进行减 1 的操作。变量 nCount 只是用来记录已输入多少数据，并不区分其是否有效。判断其是否为有效数据，要依据结构体 sStud 的成员变量 nNum 的值是否为 0。具体方法请看下述模块流程分析。

2．各模块流程分析

（1）录入学生基本信息

✧　程序设计描述

录入学生基本信息就是输入学生结构体数组中的某个元素的学号和姓名。在录入时需要验证数组是否已满（已满则结束循环）。流程图如图 7-13 所示。实际录入过程中，可能存在学号输入重复的情况，因此还需要加入对这项的验证功能，留待读者自行完善。

✧　程序实现

程序清单 7-10　StudNew()函数

```
/* StudNew(): 增加学生信息*/
void StudNew(stu sS[])
```

```
{
    while(nCount<NUM)
    {   /*录入学号和姓名*/
        printf("学号:");
        scanf("%d",&sS[nCount].nNum);
        printf("姓名:");
        scanf("%s",sS[nCount].cName);
        nCount++;
    }
}
```

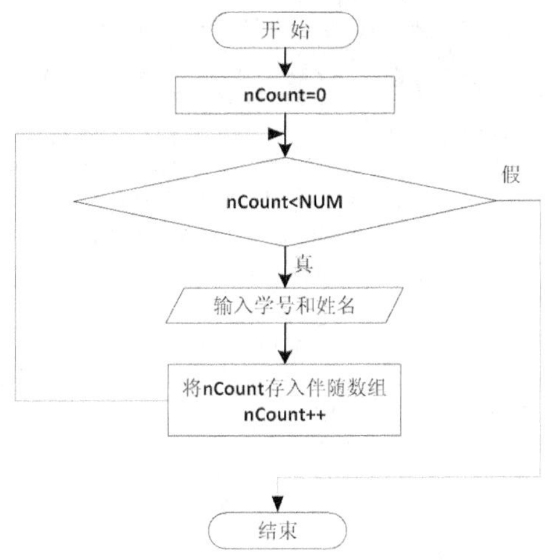

图 7-13　录入学生基本信息流程图

（2）按学号查询

✧　程序设计描述

修改（包括删除等操作）前必须首先明确被修改的对象是谁，所以要根据用户给出的条件进行查询。本程序是根据学号进行查询的，查到后，先列出学生的全部信息（基本信息和各门课的成绩），然后将检索到的该学生的结构体数组下标返回到主调函数中等待下一步操作。流程图如图 7-14 所示。其中有两个返回值，在实际执行时只能有一个起作用。

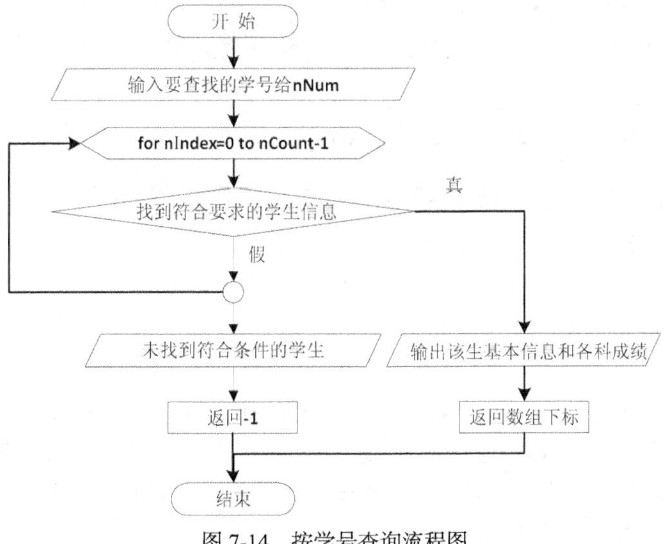

图 7-14　按学号查询流程图

✧ 程序实现

程序清单 7-11　SearchStud()函数

```
/* SearchStud(void): 按学号查找学生信息，查找成功，返回结构体数组下标，否则返回-1*/
int SearchStud(stu sS[])
{
    int nIndex,nNumber;       /*nIndex: 存储 sS 数组元素下标; nNumber:存储学号*/
    printf("请输入学生学号:");
    scanf("%d",&nNumber);
    for(nIndex=0;nIndex<nCount;nIndex++)
    {
        if(sS[nIndex].nNum==nNumber&&sS[nIndex].nNum!=0)/*找到学号*/
        {
            printf("学号:%10d\n",sS[nIndex].nNum);
            printf("姓名:%10s\n",sS[nIndex].cName);
            printf("C 语言成绩:%5.2f\n",sS [nIndex].fCLanguage);
            printf("高数成绩:%5.2f\n",sS[nIndex].fMath);
            printf("英语成绩:%5.2f\n",sS[nIndex].fEnglish);
            getch();
            return nIndex;
        }
    }
    printf("\n 输入错误或学号不存在.\n");
    return -1;                    /*没有找到学号*/
}
```

（3）修改学生基本信息

✧ 程序实现

修改学生基本信息流程相对简单，只需要根据学号等信息在 sS 数组中找到要修改的学生元素（调用函数 SearchStud()），然后为该元素添加新的学号和姓名成员值，代码如程序清单 7-12 所示。严格来说，学号是不允许随便修改的，本系统暂不考虑该约束限制。

程序清单 7-12　StudEdit()函数

```
/*StudEdit()函数: 修改学生信息*/
void StudEdit(stu sS[])
{
    int nIndex;/*待修改学生在数组中的下标*/
    printf("修改学生基本信息");
    if((nIndex=SearchStud (sS))!=-1)/*如果按学号找到待修改学生所在数组元素下标*/
    {
        printf("\n 请重新输入新信息:\n 学号:");
        scanf("%d",&sS[nIndex].nNum);
        printf("姓名:");
        scanf("%s",&sS[nIndex].cName);
    }
    getch();
}
```

（4）删除学生基本信息

✧ 程序实现

删除学生基本信息流程同修改学生基本信息流程一样，调用函数 SearchStud()找到要删除的学生元素，然后将该元素的学号置 0。学号为 0 的元素表明是无效数据。从管理的角度讲，删除一个学生的信息，一般不需要进行物理删除，而是根据具体情况加上代表删除的标志，进行逻辑删除即可。代码如程序清单 7-13 所示。

程序清单 7-13　StudDel ()函数

```
/* StudDel(): 删除学生信息*/
void StudDel(stu sS[])
{
	int nIndex;                              /*待删除学生在数组中的下标*/
	char cSure[2];
	if((nIndex=SearchStud(sS))!=-1)  /*如果按学号找到待删除学生所在数组元素下标*/
	{
		printf("您确定删除该学生? Y/N(N)");       /*更友善的设计方式*/
		scanf("%s",cSure);
		strupr(cSure);                       /*将输入转换成大写*/
		if (cSure[0]=='Y')
		{
			sS[nIndex].nNum=0;               /*将该生学号置 0,代表删除*/
			printf("\n!该学生已注销.\n");
		}else
			printf("\n!该学生注销失败.\n");
	}
	getch();
}
```

（5）录入成绩

✧　程序设计描述

在第 5 章中，学生成绩的录入是一个学生一次录入三门功课。但实际应用中，老师录入成绩时是以班（或年级）为单位录完一门功课后再录下一门的。因此，这里改为依次为每个学生录入用户选定的某一门课的成绩，从结构体数组的角度看，就是对 sS 数组的每个元素的某个指定的成绩成员进行赋值。流程图如图 7-15 所示。

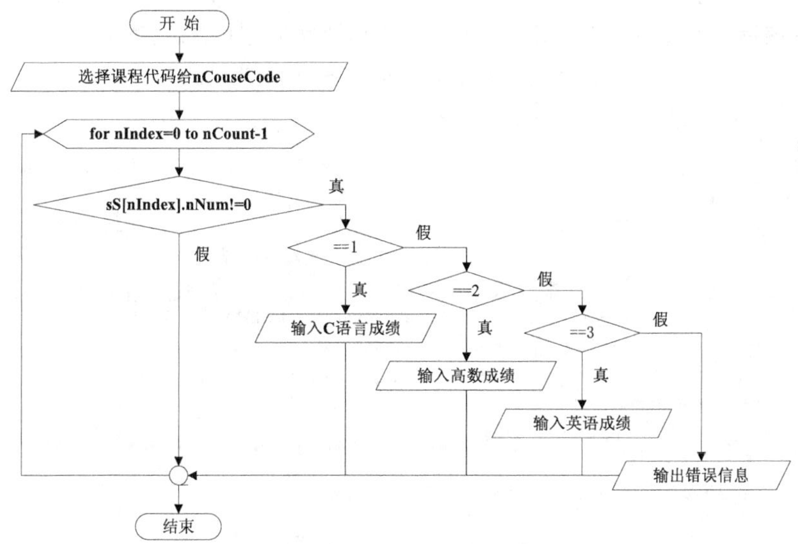

图 7-15　录入成绩流程图

✧　程序实现

程序清单 7-14　ScoreNew ()函数

```
/*ScoreNew(): 成绩录入，按顺序连续录入*/
void ScoreNew(stu sS[])
{
	int nCouseCode,nIndex;
```

```
    /*nCouseCode 为课程代码,nIndex 为循环变量,存储 sS 数组元素下标*/
    float fTemp;                        /*成绩临时变量*/
    printf("\n 请用数字键选择课程\n1-C 语言 2-高数 3-英语\n");
    scanf("%d",&nCouseCode);
    for(nIndex=0;nIndex<nCount;nIndex++)
    {
        if(sS[nIndex].nNum!=0)         /*录入学号不为 0 的学生的成绩*/
        {
            printf("学号:%d 姓名:%s 成绩:",sS[nIndex].nNum,sS[nIndex].cName);
            scanf("%f",&fTemp);
            switch(nCouseCode)          /*根据课程代码将临时成绩赋给对应的课程成绩变量*/
            {
                case 1 : sS[nIndex].fCLanguage=fTemp;break;
                case 2 : sS[nIndex].fMath=fTemp;break;
                case 3 : sS[nIndex].fEnglish=fTemp;break;
                default: printf("科目选择错误!");
            }
        }
    }
}
```

思考 由流程图和程序实现可看到每次循环都要进行课程的判断，循环次数越多，判断次数也越多，程序效率受到影响。可不可以将课程判断放到循环之外呢？

（6）修改成绩

✧ 程序实现

修改成绩是指修改某一个学生的成绩，流程与修改学生基本信息基本一致，不再详细分析。唯一要说明的是，系统对具体修改哪一门课的成绩未做约束，即修改一次，就要求重新填写某学生所有课程的成绩，因此还需读者进一步完善。代码如程序清单 7-15 所示。

程序清单 7-15　ScoreEdit()函数

```
/* ScoreEdit(): 成绩修改，先查询，再修改*/
void ScoreEdit(stu sS[])
{
    int nIndex;                         /*待修改学生在数组中的下标*/
    if((nIndex=SearchStud(sS))!=-1)     /*如果按学号找到待修改学生所在数组元素下标*/
    {                                   /*从新录入各科成绩*/
        printf("C 语言:%f 高数:%f 英语:%f\n",sS[nIndex].fCLanguage,
                  sS[nIndex].fMath,sS[nIndex].fEnglish);
        printf("\n 请重新输入成绩:\nC 语言:");
        scanf("%f",&sS[nIndex].fCLanguage);
        printf("高数:");
        scanf("%f",&sS[nIndex].fMath);
        printf("英语:");
        scanf("%f",&sS[nIndex].fEnglish);
    }
}
```

（7）浏览

✧ 程序实现

浏览功能是指查看所有学生的全部信息（基本信息、各单科成绩及总成绩），输出时要排除无效数据（编号为 0），代码如程序清单 7-16 所示。

程序清单 7-16　OutPut ()函数

```
/*OutPut(): 将学生成绩信息打印到屏幕上*/
void OutPut(stu sS[])
```

```
{    int i,k;
     printf("学生成绩单\n");
     printf("------------------------------------------------------------\n");
     printf("  序号 学号 姓名 英语 高数      C语言 平均成绩\n");
     printf("------------------------------------------------------------\n");
     for(i=0;i<nCount;i++)
     {
          if (sS[i].nNum!=0)
          {
               printf("%5d",k++);                         //顺序号
               printf("%12d",sS[i].nNum);                 //输出学号
               printf("%10s",sS[i].cName);                //输出姓名
               printf("%10.2f",sS[i].fEnglish);           //输出外语成绩
               printf("%10.2f",sS[i].fMath);              //输出高数成绩
               printf("%10.2f",sS[i].fCLanguage);         //输出 C 语言成绩
               printf("%10.2f",(sS[i].fCLanguage+         //输出平均成绩
                    sS[i].fEnglish+sS[i].fMath)/3);
               printf("\n");
          }
     }
     printf("------------------------------------------------------------\n");
}
```

（8）排序

本程序使用选择排序，实现方法与第 6 章 6.2.2 小节中介绍的一样。此处需要注意以下几点。

- 参数为结构体数组。形实结合时，传递的是数组的首地址。
- 数组赋值必须是单个访问的，结构体数组也不例外。
- 对数组 sS[]排序与第 6 章所使用的方法完全一样，按学号从小到大升序排例的，无效数据对排序结果不产生影响。

代码如程序清单 7-17 所示。

程序清单 7-17 SelectSort ()函数

```
/*  SelectSort()函数: 选择排序(学号按升序排列,其他降序排列)*/
void SelectSort(stu sS[])
{
     int i;       /*外层循环变量,代表数组元素下标,也代表选择排序需要比较的趟数*/
     int j;       /*内层循环变量,代表数组元素下标,也代表选择排序每趟需要比较的次数*/
     int k;       /*每趟比较得到的最小值元素的下标*/
     stu nTemp;   /*交换时的临时变量*/
     for(i=0;i<=nCount-1;i++)
     {
          k=i;                                       /* 记住当前位置 */
          for(j=i+1;j<nCount;j++)
               if(sS[j].nNum < sS[k].nNum)           /* 寻找适合当前位置的元素 */
                    k=j;
          if(k!=i)                    /* 找到适合当前位置的元素且不与当前位置重合*/
               {
                    nTemp= sS[k];                    /* 调换位置 */
                    sS[k]= sS[i];
                    sS[i]=nTemp;
               }
     }
}
```

（9）统计

统计功能是指统计出每门功课成绩为优秀、良好、中等、及格、不及格的学生人数及该课程

的平均分。方法与第 6 章 6.6.2 小节中介绍的一样，区别仅在于第 6 章是对数组的操作，本节是对结构体的操作。代码如程序清单 7-18 所示。

程序清单 7-18 ScoreStatis()函数

```
/* ScoreStatis(): 统计分按不同科目统计优秀、良好、中等、及格与不及格的学生数量*/
void ScoreStatis(stu sS[])
{
    float fSum[3]={0};          //统计每门课的总成绩，共三门课
    int nScore[3][5]={0};      //记录每门课 5 个等级的人数，共三门课
    int i,iTemp=0;
    char course[3][10]={"英语","高数","C 语言"};
    for(i=0;i<nCount;i++)
    {
        if (sS[i].nNum!=0)
        {
            fSum[0]+=sS[i].fEnglish;
            fSum[1]+=sS[i].fMath;
            fSum[2]+=sS[i].fCLanguage;
            if(sS[i].fEnglish==100)
                nScore[0][4]++;
            else if(sS[i].fEnglish<60)
                nScore[0][0]++;
            else
                nScore[0][(int)(sS[i].fEnglish-50)/10]++;//需要加括号

            if(sS[i].fMath==100)
                nScore[1][4]++;
            else if(sS[i].fMath<60)
                nScore[1][0]++;
            else
                nScore[1][(int)(sS[i].fMath-50)/10]++;//需要加括号

            if(sS[i].fCLanguage==100)
                nScore[2][4]++;
            else if(sS[i].fCLanguage<60)
                nScore[2][0]++;
            else
                nScore[2][(int)(sS[i].fCLanguage-50)/10]++;//需要加括号
            iTemp++;                    //记录有效人数
        }
    }
    printf("\n");
    printf("                        统计结果\n");
    printf("     -----------------------------------------------------\n");
    printf("      课程 平均成绩 优秀 良好 中等 及格 不及格\n");
    printf("     -----------------------------------------------------\n");
    for(i=0;i<3;i++)
    {
        printf("      %s\t%3.1f\t%d\t%d\t%d\t%d\t%d\n",course[i],fSum[i]/iTemp,
                nScore[i][4],nScore[i][3],nScore[i][2],nScore[i][1],nScore[i][0]);
    }
    printf("     -----------------------------------------------------\n");
}
```

（10）简单的测试程序

程序清单 7-19 StudTest.c

```
/*  简单的测试程序，按顺序调用每一个函数*/
```

```
#include <stdio.h>
#include <conio.h>
#include <string.h>
#define NUM 32
int nCount=0;
typedef struct STUDENT                          /*学生结构体*/
{
     int nNum ;                                 /*学号*/
     char cName[20];                            /*姓名*/
     float fCLanguage,fMath,fEnglish;           /*C 语言、高数、英语三门课成绩*/
}stu;
/*其他函数在此定义，定义在主函数之前可以不声明*/
void main()
{
     int i;
     stu sStud[NUM];                 //定义学生结构体数组
     printf("录入学生信息\n");
     sStud[0].nNum=1;                //能够进入新增学生录入循环
     StudNew(sStud);                 //新增学生信息
     for(i=0;i<3;i++)
          ScoreNew(sStud);           //新增学生成绩,三门功课
     printf("按任意键继续······\n");
     getch();
     printf("查询学生信息\n");
     SearchStud(sStud);              //查找学生信息
     printf("按任意键继续······\n");
     getch();
     printf("编辑学生基本信息\n");
     StudEdit(sStud);                //编辑学生信息
     printf("按任意键继续······\n");
     getch();
     printf("删除学生信息\n");
     StudDel(sStud);                 //删除学生信息
     printf("按任意键继续······\n");
     getch();
     printf("编辑学生成绩信息\n");
     ScoreEdit(sStud);               //编辑学生成绩
     OutPut(sStud);                  //输出学生信息
     printf("按任意键继续······\n");
     getch();
     printf("按学号排序\n");
     SelectSort(sStud);              //按学号排序
     OutPut(sStud);                  //排完序后，再次输出
     printf("按任意键继续······\n");
     getch();
     printf("统计学生成绩信息\n");
     ScoreStatis(sStud);             //统计结果并输出
}
```

程序运行结果如下。

```
录入学生信息
学号:7
姓名:Zhang
学号:6
姓名:Wang
学号:3
姓名:niu
```

```
学号:4
姓名:haha
学号:2
姓名:rensheng

请用数字键选择课程
1-C 语言 2-高数 3-英语
1
学号:7 姓名:Zhang 成绩:95
学号:6 姓名:Wang 成绩:84
学号:3 姓名:niu 成绩:90
学号:4 姓名:haha 成绩:78
学号:2 姓名:rensheng 成绩:66

请用数字键选择课程
1-C 语言 2-高数 3-英语
2
学号:7 姓名:Zhang 成绩:91
学号:6 姓名:Wang 成绩:85
学号:3 姓名:niu 成绩:93
学号:4 姓名:haha 成绩:79
学号:2 姓名:rensheng 成绩:62

请用数字键选择课程
1-C 语言 2-高数 3-英语
3
学号:7 姓名:Zhang 成绩:79
学号:6 姓名:Wang 成绩:90
学号:3 姓名:niu 成绩:89
学号:4 姓名:haha 成绩:73
学号:2 姓名:rensheng 成绩:89
请输入学生学号:3
学号:        3
姓名:      niu
C 语言成绩:90.00
高数成绩:93.00
英语成绩:89.00
按任意键继续……
编辑学生基本信息
修改学生基本信息请输入学生学号:4
学号:        4
姓名:     haha
C 语言成绩:78.00
高数成绩:79.00
英语成绩:73.00

请重新输入新信息:
学号:1
姓名:zheng
按任意键继续……
删除学生信息
请输入学生学号:3
学号:        3
姓名:      niu
C 语言成绩:90.00
高数成绩:93.00
英语成绩:89.00
```

```
您确定删除该学生? Y/N(N)y

!该学生已注销.
按任意键继续……
编辑学生成绩信息
请输入学生学号:2
学号:      2
姓名:  rensheng
C语言成绩:65.00
高数成绩:62.00
英语成绩:89.00
C语言:65.000000 高数:62.000000 英语:89.000000

请重新输入成绩:
C语言:62
高数:60
英语:55
                              学生成绩单
------------------------------------------------------------------
序号    学号      姓名       英语       高数       C语言     平均成绩
------------------------------------------------------------------
   1     7      Zhang      79.00     91.00     95.00     88.33
   2     6      Wang       90.00     85.00     84.00     86.33
   4     1      zheng      73.00     79.00     78.00     76.67
   5     2      rensheng   55.00     62.00     65.00     60.67
------------------------------------------------------------------
按任意键继续……
按学号排序
                              学生成绩单
------------------------------------------------------------------
序号    学号       姓名          英语       高数       C语言     平均成绩
------------------------------------------------------------------
   1     1       Zheng        73.00     79.00     79.00     77.00
   2     2       rensheng     55.00     62.00     65.00     60.67
   3     6       Wang         90.00     85.00     84.00     86.33
   4     7       zhang        79.00     91.00     95.00     88.33
------------------------------------------------------------------
按任意键继续……
统计学生成绩信息
                              统计结果
------------------------------------------------------------------
课程   平均成绩   优秀    良好    中等    及格    不及格
------------------------------------------------------------------
英语    74.3      1      0      2      0      1
高数    79.3      1      1      1      1      0
C语言   80.8      1      1      1      1      0
------------------------------------------------------------------
```

✧　程序解读

（1）按学习进度，读者应该可以按照第 4 章的规划和菜单实现，模仿第 4、5、6 章的做法，把函数代码添加到自己所编写的程序中，并在适当的地方进行调用。

（2）排序函数 SelectSort()中，可以按学号和各科成绩进行排序。但实际应用时，学号为字符串变量，像第 6 章那样，它的排序方法与浮点型（或整型）是不同的，需要用到字符串处理函数。它可按照学号由小到大的数据存储顺序来排序，然而学生成绩通常是按从大到小的次序来排列的，因此 SelectSort()函数中排序有待完善。

（3）排序函数 SelectSort()中，无效数据（结构体 sS[i].nNum=0）也参与排序，虽然不影响排序的结果，但会降低排序效率。不过，通常删除的学生信息不多，影响不会很大。

（4）系统中的删除操作没有进行物理删除，被删的元素仍然占据数组空间，且不能被新录入的数据使用。在删除操作比较多的情况下会浪费很多空间。第 5 章中介绍的数组物理删除方法，需要把被删除元素后面的所有成员向前移动，让后一个元素覆盖前一个元素，并使 nCount 减 1。这种方法对于结构体数组来说需要消耗大量的时间，所以用数组存储数据的程序并不适合频繁的插入与删除操作。而第 8 章中介绍的链表非常有利于这样的操作。

（5）在学生信息删除函数 StudDel()中，删除学生信息时要让用户确认，这是一种比较人性化的设计。一般来说，删除操作都是非常危险的，应该给用户再次思考的机会，以防误删。其实，以本程序的删除方式，删除的信息还可以再找回来。你知道怎么做吗？

（6）在组成能够独立运行的代码段时，别忘了添加头文件，如"stdio.h""stdlib.h""string.h""Conio.h""windows.h"等。

思考

对于数组的物理删除是比较耗时的，但适合于存储空间不够用、必须得清除无效数据的情况，试编写一个函数能够实现此项功能，然后以菜单的形式进行调用。

7.7 本章小结

本章主要介绍了 C 语言中的结构体、共用体等各种构造数据类型的概念及使用方法，总结如下。

1. 知识层面

（1）结构体：结构体类型是最常见的构造数据类型，其特点是允许将若干类型相同或不同的数据项作为一个整体进行处理，用于描述某个实体对象的具体属性，是本章的重点。涉及的主要内容有结构体类型定义、结构体变量、结构体数组、结构体指针及结构体与函数。

（2）位段：位段是一类特殊的结构体，以二进制位为单位为其成员分配内存，其定义、说明及使用的方式都与结构体类似。需要注意的是，一个位段不允许跨两个字节，因此，位段的长度不能大于一个字节的长度，即一个位段不能超过 8bits。

（3）共用体：关于共用体，可以和结构体进行对比，两者在类型定义、变量定义和引用上有一些相似之处，但两者有本质上的区别。

① 结构体和共用体都是由多个不同的数据类型成员组成，但在任何一个时刻，共用体只可能存放一个被选中的成员，而结构体的所有成员在同一时刻都可用。

② 对于共用体的不同成员赋值，将会对其他成员重写覆盖，而结构体的不同成员赋值是互不影响的。

（4）枚举：枚举类型仅适用于取值有限即可穷举的数据，每个枚举元素都有一个常整数值。

（5）自定义类型 typedef：typedef 并不能创造一个新类型，只是定义已有类型的一个别名。

2. 方法层面

（1）结构体类型定义的语法格式。

（2）结构体变量定义、初始化及引用的方法。

（3）结构体数组的定义和初始化方法。

（4）可以设置一个结构体指针变量指向一个结构体变量或结构体数组。如果结构体指针变量 pointer 指向了结构体变量 var，则以下 3 种引用结构体成员方式等价：

```
var.成员
pointer->成员
(*pointer).成员
```

如果结构体指针变量已经指向某一结构体数组，则 pointer+1 指向结构体数组的下一个元素，而不是当前元素的下一个成员。

（5）结构体变量作函数参数和返回值的方式。

练习与思考 7

1. 选择题

（1）定义一个结构体变量时，系统分配给它的内存大小是（　　）。

（A）各成员所需内存量的总和　　（B）成员中占内存量最大者所需的容量

（C）结构中第一个成员所需内存容量　　（D）结构中最后一个成员所需内存容量

（2）在 C 程序中，使用结构体的目的是（　　）。

（A）将一组相关的数据作为一个整体，以便程序使用

（B）将一组相同数据类型的数据作为一个整体，以便程序使用

（C）将一组数据作为一个整体，以便其中的成员共享存储空间

（D）将一组数值一一列举出来，该类型变量的值只限于列举的数值范围内

（3）若有如下定义，则正确的赋值语句为（　　）。

```
struct date2
{   long i;
    char c;
}two;
struct date1
{   int cat;
    struct date2 three;
}one;
```

（A）one.three.c='A';　　（B）one.two.three.c='A';

（C）three.c='A';　　（D）one.c='A';

（4）以下对 C 语言共用体类型数据的描述中，不正确的是（　　）。

（A）共用体变量占的内存大小等于最大的成员的容量

（B）共用体类型可以出现在结构体类型定义中

（C）共用体变量不能在定义时初始化

（D）同一共用体中各成员的首地址相同

（5）下列程序段的输出结果为（　　）。

```
struct date
{  int a;
   char s[5];
}arg={27, "abcd"};
arg.a -= 5;
strcpy(arg.s, "ABCD");
printf("%d, %s\n", arg.a, arg.s);
```

（A）22, ABCD　　（B）27, abcd　　（C）22, abcd　　（D）27, ABCD

（6）以下程序段在 VC++6.0 中的运行结果是（　　）。

```
struct st_type
{   char name[10];
    float score[3];
};
union u_type
{   int i;
```

```
    unsigned char ch;
    struct st_type student;
  } t;
printf("%d\n", sizeof(t));
```

（A）25　　（B）24　　（C）3　　（D）22

（7）以下程序段的运行结果是（　　）。

```
enum weekday { aa, bb=2, cc, dd, ee }week=ee;
printf("%d\n", week);
```

（A）4　　（B）5　　（C）ee　　（D）0

（8）以下对枚举类型名的定义中正确的是（　　）。

（A）enum a={sum, mon, tue};　　（B）enum a {sum=9, mon=-1, tue};

（C）enum a={"sum", "mon", "tue"};　　（D）enum a {"sum", "mon", "tue"};

（9）下列关于 typedef 语句的描述，错误的是（　　）。

（A）用 typedef 只是对原有的类型起个新名，并没有生成新的数据类型

（B）typedef 可以用于变量的定义

（C）typedef 定义类型名可嵌套定义

（D）利用 typedef 定义类型名可以增加程序的可读性

（10）若 typedef char STRING[255]; STRING s;，则 s 是（　　）。

（A）字符指针数组变量　　（B）字符数组

（C）字符变量　　（D）字符指针变量

2. 填空题

（1）以下程序段的输出结果是____________。

```
union example
 {   struct { int x, y;} in;
     int a;
     int b;
 }e;
 e.a=1;   e.b=2;
 e.in.x = e.a * e.b;
 e.in.y = e.a + e.b;
 printf("%d, %d",e.in.x, e.in.y);
```

（2）以下程序的运行结果是____________。

```
main()
{   enum em {em1=3, em2=1, em3};
    char *aa[]={"AA", "BB", "CC", "DD"};
    printf("%s%s%s\n", aa[em1], aa[em2], aa[em3]);
}
```

3. 编程题

（1）利用结构体类型编制程序，实现输入三个学生的学号、数学、语文、英语成绩，然后计算每个学生的总成绩以及平均成绩，并按总分由大到小输出成绩表。

（2）定义一个结构体变量，包括年、月、日成员，将其转换成这一年的第几天并输出。应注意闰年的二月有 29 天，表达式“(year%4 == 0 && year%100 != 0) || (year%400)==0”值为真，即为闰年，其中 year 表示年号。

（3）有一个 unsigned long 类型整数，分别将其前 2 个字节和后 2 个字节作为两个 unsigned int 类型整数输出（设一个 int 型数据占 2 个字节）。

（4）定义枚举类型 money，用枚举元素代表人民币的面值，包括 1、2、5 分，1、2、5 角，1、2、5、10、20、50、100 元。

第 8 章 综合设计与应用

内容提示

关键词

- ❖ 作用域、全局变量、局部变量
- ❖ 存储类别、自动变量、静态变量、寄存器变量
- ❖ 指针数组、数组指针
- ❖ 链表

难点

- ❖ 作用域、静态变量
- ❖ 数组指针
- ❖ 链表

本章是对前面章节所学知识的补充与提升，可以使读者对普通变量和指针变量的使用有一个全面的认识，如变量的作用域与存储类别、数组指针和指针数组、链表等；对熟知的主函数 main()进行扩展，学习和使用它的另外一种表达形式——带指针参数和返回值的 main()函数，以及对其他一些相关知识进行介绍。

8.1 变量的作用域与存储类别

8.1.1 变量的作用域

变量作为程序中被命名的实体能否被使用、怎样被使用，是变量的作用域所要讨论的问题。此外，变量还具有存储类别等属性，存储类别决定了变量的存储位置和存储方式。

变量可以被识别、能够起作用的范围称为变量的作用域。在 C 语言标准中，根据变量在源程序中可能出现的位置，将源程序划分成四个不同的区域，分别是文件域、函数域、块域和函数原型域。

1. 文件域

文件域：变量在一个源文件的区域内起作用。

在函数外声明的变量具有文件域。具有文件域的变量在源文件中有效的范围是从声明它的位置开始到源文件尾。这样的变量也被称为全局变量或外部变量。如

```
int a,b;                /*全局变量*/
void f1()               /*函数 f1*/
{
```

```
    a=b=5;
    ……
}
float x,y;              /*全局变量*/
int f2()                /*函数 f2*/
{
    x=a+1;
    ……
}
void main()             /*主函数*/
{
    printf("%d,%d,%f,%f",a,b,x,y);
    ……
}
```

这里 a、b、x、y 都是全局变量。a、b 定义在源程序最前面，可以在 f1、f2 及 main 内使用。x、y 声明在函数 f1 之后，所以它们在 f1 内无效。那么有没有办法使 f1 也可以引用 x、y 呢？解决的方法是在 f1 内加上对 x、y 的引用声明，声明关键字是 extern，如

```
int a,b;                /*全局变量*/
void f1()               /*函数 f1*/
{
    extern float x,y;/*全局变量引用声明，保证函数 f1 可以合法引用 x，y*/
    x=a+1;
    ……
}
float x,y;              /*全局变量*/
    ……
```

还可以把 extern float x,y;放在源文件的开始，如

```
extern float x,y;    /*全局变量引用声明，保证从此开始的所有函数都可以合法引用 x，y */
int a,b;             /*全局变量*/
void f1()            /*函数 f1*/
{
    x=a+1;
    ……
}
float x,y;
    ……
```

这里把全局变量 x、y 的引用声明放在源文件的开始，使得全局变量 x、y 可以被该文件的任何函数引用，函数 f1 自然也不例外。全局变量引用声明语句 **extern float x,y;**也可以写成 **extern x,y;**，两种声明方式等价。

在大型程序开发中，还存在多文件程序中全局变量的引用声明问题。如图 8-1 所示，main.c 中声明了全局变量 A。如果在 abc.c 中使用 A，则需要在 abc.c 中用 **extern int A**;对 A 进行引用声明，这样系统会将 main.c 中定义的全局变量 A 的作用域扩展到 abc.c。

综上所述，在所有函数之外声明的变量是全局变量，其作用域是从声明开始到整个文件结束。如果一个函数不在某全局变量的作用域之内，同时又要引用这个全局变量，则需要加上对该全局变量的引用声明，声明的位置可以在函数的内部，也可以在函数定义之前的任意全局位置（一般为源文件的开始）。引用声明的一般形式为

```
extern 数据类型 全局变量名;
```

或

```
extern 全局变量名;
```

main.c

```
#include<stdio.h>
int A;    /* 声明全局变量A*/
void main(void)
{
     void abc();   /* 函数声明*/
     abc();        /* 函数调用*/
     printf("%d",A);
}
```

abc.c

```
extern int A;   /*全局变量A引用声明*/
extern int B;   /*全局变量B引用声明*/
void abc() /* 函数定义*/
{
     A=B*10;
}
/*声明静态全局变量B，只在本文件内可以使用 */
int B=6;
```

图 8-1　多文件程序中全局变量的引用声明举例

2. 函数域

函数域：变量在一个函数定义的区域内起作用。

C 语言中只有标号（后跟冒号“:”的标识符）具有函数域，这意味着 goto 语句不能在不同的函数之间跳来跳去，以确保 C 语言的模块化程序结构的独立性。如

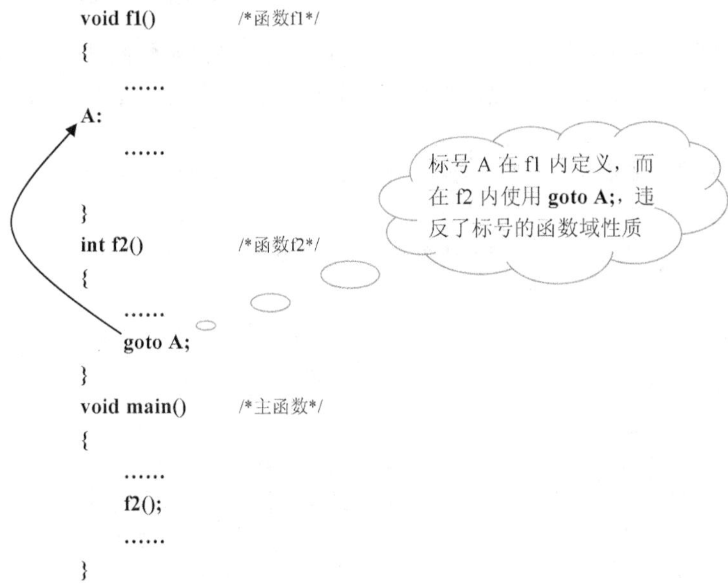

void f1()　/*函数f1*/
{
......
A:
......
}
int f2()　/*函数f2*/
{
......
goto A;
}
void main()　/*主函数*/
{
......
f2();
......
}
标号 A 在 f1 内定义，而在 f2 内使用 goto A;，违反了标号的函数域性质

3. 块域

块域：变量在块语句中从左花括号开始到右花括号结束的区域内起作用。

函数的形参和在块语句中声明的变量具有块域，它们只在块域内可识别，块外不可识别。具有块域的变量称为局部变量或内部变量。例如：

```
int f1(int a)          /*函数 f1*/
{
     int b,c;
     ......
}
int f2(int x)          /*函数 f2*/
{
```

```
        int y,z;
        ……
    }
    void main()
    {
        int m,n;
        ……
    }
```

在函数 f1 中，a、b、c 有效；在函数 f2 中，x、y、z 有效；在主函数 main 中，m、n 有效。它们都是局部变量。

允许在不同的块中使用相同的变量名，它们代表不同的对象，被分配不同的存储单元，互不干扰。例 8-1 中的变量 k 就是这种情况。

4．函数原型域

函数原型域：变量在函数原型声明语句的范围内起作用。

对于已经定义好的函数，在调用之前需要对其进行原型声明。在函数原型声明语句中，声明为参数的变量具有函数原型域。例如：

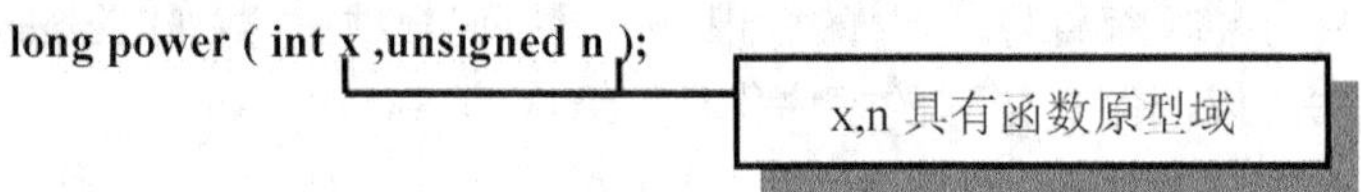
long power (int x ,unsigned n);
x,n 具有函数原型域

函数原型声明语句中的参数变量并没有实际意义，因为在该函数原型声明语句以外，用作参数的变量是不可识别的。所以，函数原型声明语句中的参数名可以省略，如 **long power(int, unsigned);**。

【例 8-1】分析程序清单 8-1 中变量 k 的作用域，并写出程序运行结果。

✧ 程序实现

程序清单 8-1　VarScope.c

```
/*  purpose: 学习局部变量的作用域
    author : Zhanghua
    created: 2008/09/20 */
#include<stdio.h>
void main()
{
    int i=2,j=3,k;
    k=i+j;
    {
        int k=8;
        printf("%d\n",k);
    }
    printf("%d\n",k);
}
```

运行结果如下所示。

```
8
5
```

✧ 程序解读

上面的程序在 main 中和无名块内均定义了一个变量 k。在无名块外由 main 定义的 k 起作用，值为 i 和 j 的和，结果为 5；而在块内则由该块内部定义的 k 起作用，值为 8。实际上，通过变量声明的位置，可以很容易地辨别出变量的作用域。语句块内的 k 屏蔽了 main()内的 k，使得块内不能引用块外的同名变量，这一现象被称为变量的屏蔽作用。两个 k 是不同的变量，存于不同的内存位置。

思考

结合变量的作用域，考虑函数调用之前，为什么需要先声明？

8.1.2　变量的存储类别

在 C 语言中，每个变量有两个属性：数据类型和数据的存储类别。数据类型已在前面的章节中详细描述过，这里介绍存储类别。

1. 存储类别的概念

变量的存储类别决定了变量的存储位置和存储方式。变量的存储位置有两个：内存的数据区和寄存器（参见寄存器存储类别）。内存中供用户使用的存储区如表 8-1 所示。变量的存储方式也有两种：静态和动态。在程序运行时，变量的存储方式如表 8-2 所示。

表 8-1　　用户存储区

用户存储区	存储内容	生存期
程序区	可执行程序	程序执行开始到程序执行完毕
静态存储区	全局变量、静态变量	从变量生成开始到程序结束为止，占据固定存储单元
动态存储区	函数形式参数、自动变量(未经 static 定义的局部变量)、函数调用时的现场保护和返回地址	用时生成，用完回收（从函数调用开始分配动态存储空间到函数返回结束时释放空间）

表 8-2　　变量的存储方式

变量的存储方式	变量类型	存储位置	特别说明
静态方式	静态变量	静态存储区	系统总是为没有赋初值的整型静态变量初始化 0
动态方式	动态变量	动态存储区	不为动态变量初始化，也没有人为地对动态变量赋初值，则在为它赋值之前，它的值是不确定的

2. 存储类别的声明

声明变量的存储类别，一般是与声明变量的类型同时进行，方法是在变量的类型说明符前加上适当的存储类别说明符，每个变量只能有一种存储类别，一般形式是：

```
存储类别说明符 数据类型说明符 变量名 1,变量名 2,…,变量名 n ;
```

C 语言中，变量有四种存储类别说明符。

（1）自动存储类别

自动存储类别用 auto 声明。被声明为自动存储类别的变量称为自动变量。自动存储类别是变量默认的存储类别。在前面介绍的许多例子中，变量都默认为自动变量。例如：

```
int a,b,c;          /* 默认为有自动存储类别的自动变量*/
auto int a,b,c;  /* 显式声明自动变量*/
```

（2）寄存器存储类别

寄存器是计算机 CPU 中的重要部件，数量很少，速度快。计算机中的数据操作最终是在寄存器中完成的。如果将变量声明成寄存器存储类别，就可直接将变量存放在寄存器中，从而避免反复读写内存，加快操作的速度。对现代 C 编译器而言，编译器会根据变量使用的频繁程度自动安排变量的寄存器存储类别。当然，也可以自己定义寄存器存储类别，声明它的关键字为 register。例如：

```
register int a,b,c;/* 一般只对 int 的变量做 register 声明*/
```

（3）外部存储类别

当某个源文件中的函数要使用定义在另一个源文件中的全局变量或函数时，可以在该文件中用 extern 进行引用声明。关于对全局变量的引用声明，详见 8.1.1 小节中的文件域部分的内容。

这里再补充一下对其他源文件中函数的调用。如果一个函数可以被其他源文件调用，该函数就称为外部函数。定义外部函数时，在函数最左面加关键字 extern，表明该函数是一个外部函数，例如：

```
extern int Add(int a,int b)
{
    return a+b;
}
```

C 语言规定，函数被默认为具有外部连接性。如果在定义函数时省略 extern 关键字，则默认其为外部函数。事实上，前面章节中所用的函数均为外部函数。图 8-2 是一个调用其他文件外部函数的简单例子，这里 main.c 的 main 函数调用了 printhello.c 的外部函数 PrintHello。

main.c

```
#include<stdio.h>
extern void PrintHello();/* extern可以省略*/
voidmain()
{
    PrintHello ();
}
```

printhello.c

```
#include<stdio.h>
extern void PrintHello ()/* extern  可以省略*/
{
    printf("Hello!\n");
}
```

图 8-2　外部函数举例

（4）静态存储类别

静态存储类别用 static 关键字修饰。

在局部变量前面加关键字 static 进行声明，该变量就是一个静态局部变量。静态局部变量的特点是它位于静态存储区，在函数调用结束后，它的值仍然存在，并可能影响到下一次调用的过程。静态局部变量和动态局部变量的另一个不同是对初值的处理。如果一个 auto 变量在定义时没有赋初值，那么它是一个随机值。静态局部变量如果没有赋初值，编译器将自动将其赋值为 0（对于数值型变量）或空字符（对于字符型变量）。

【例 8-2】写出程序清单 8-2 的运行结果，并说明程序的执行过程。

✧　程序实现

程序清单 8-2　StaticVar.c

```
/* purpose: 静态局部变量
author : Zhanghua
created: 2008/09/20*/
#include <stdio.h>
int f(int nParam)
{
    static int nSum=1;            /*静态局部变量*/
    nSum=nSum+nParam;
```

```
    return nSum;
}
void main()
{
    printf("%d\n",f(1));
    printf("%d\n",f(1));
}
```

运行结果如下所示。

```
2
3
```

✧　程序解读

main 函数两次调用函数 f，得到不同的返回值。在这段程序中，**static int nSum=1;**定义了静态局部变量 nSum，并将它初始化为 1。由于 nSum 是静态变量，保存在静态存储区，程序开始运行时 nSum 就存在，也就是说，**static int nSum=1;**在函数 f 首次被调用时就已经执行完毕；当再次调用函数 f 时，**static int nSum=1;**这条语句不再执行。下面分析一下程序的执行过程。

（1）程序开始后，首先为 int 型变量 nSum 在静态存储区里分配内存，并赋初值 1。

（2）程序进入 main 函数后，执行第一个 printf 语句，首次调用函数 f，将实际参数 1 传递给 f 的形式参数 nParam。

（3）程序进入函数 f 后，由于 nSum 是静态变量，因此跳过 **static int nSum=1;**，执行 **nSum=nSum+nParam;**，得到 nSum 的值为 2。

（4）函数返回 2，主程序打印输出 2。由于 nSum 是静态变量，函数返回后它仍然存在，且值为 2。

（5）程序执行第二个 printf 语句，再次调用函数 f，仍然传递 1 给 nParam。

（6）进入函数后，nSum 的值是上次调用后的 2，因此执行 **nSum=nSum+i;**后 nSum 的值变为 3，函数返回 3，主程序打印输出 3。

（7）程序结束，释放静态变量 nSum。

从这个例子可以看出，静态局部变量是一种比较特殊的变量。从作用域来看，它是一种局部变量，因此它的作用域只能是当前的函数。也就是说，只能在当前函数内使用这个局部变量，其他函数不能引用。但是，静态局部变量存放在静态存储区，它的生存期比较长，从程序开始运行，它就开始存在，待程序结束后，它被释放。从这个意义上说，它具有类似全局变量的效果。一般来说，在程序中尽量不用或少用静态局部变量。原因主要有：static 局部变量的生存期长，比较浪费内存；使用 static 局部变量会导致函数的多次调用之间发生联系，使代码的可读性降低。

如果希望当前文件中的全局变量不能被其他文件使用，可以在全局变量的定义前加上关键字 static，这样该全局变量就是一个静态全局变量。图 8-3 所示的程序将会导致链接出错，原因是文件 main.c 里已经明确定义了 nSum 是一个 static 全局变量，它不能被其他文件使用，而 sum.c 里又试图对 nSum 进行 extern 引用声明，导致出错。需要注意的是，不论全局变量前是否有 static 声明，该全局变量都存放在静态存储区，生存期都是相同的。

如果一个函数只能被本文件中的其他函数调用，该函数就称为内部函数。定义内部函数时，在函数最左面加关键字 static，表明该函数是一个内部函数，如

```
static int Add(int nLeft,int nRight)
{
   return nLeft+nRight;
}
```

这样，Add 只能被本文件的函数调用，任何其他文件试图调用 Add 函数都是非法的。

main.c

```
#include<stdio.h>
/*定义静态全局变量nSum，只限本文件使用*/
static int nSum=0;
void Sum(int nParam);
void main()
{
    Sum(2);
    Sum(3);
    printf("%d", nSum);
}
```

sum.c

```
/*声明引用main.c中的静态全局变量nSum，报错*/
extern int nSum;
void Sum(int nParam)
{
    nSum+=nParam;
}
```

图 8-3 静态全局变量举例

8.2 指针与数组

8.2.1 一维数组与指针

由于数组元素也是一个变量，因此定义指向数组元素的指针与定义指向变量的指针相同。例如，

```
int anArr[9], *pointer;
pointer=&anArr[0];        /* pointer 指向 anArr[0] */
*pointer=100;             /* 给 pointer 指向的数组元素 anArr[0]赋值*/
anArr[1]= *pointer +10;   /* 引用 pointer 指向的数组元素的值给 anArr[1]赋值*/
```

由于 C 语言中的一维数组名代表数组的首地址，即数组的第一个元素所在存储单元的地址，所以&anArr[0]与 anArr 是等价的，pointer=&anArr[0]也可写为 pointer=anArr。

按照 C 语言的规定，当指针变量 pointer 指向数组中的某一元素时，pointer+1 则指向下一个元素，pointer+n 指向后面第 n 个元素，一维数组与指针的关系如图 8-4 所示；同样，pointer-1 指向前一个元素，而 pointer-n 则指向前面第 n 个元素。当指针移动步长为 1 时，系统内部移动的字节数取决于指针变量 pointer 的类型。若为字符型，则指针移动 1 个字节；若为整型，则指针移动 sizeof(int)个字节。

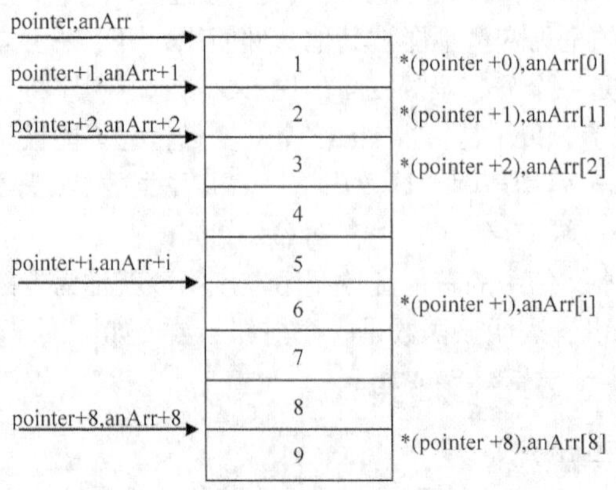

图 8-4 一维数组与指针关系示意图

综上所述，若指针变量 pointer 指向的是数组的第一个元素，则 pointer+1 和 pointer+i 分别代表下标为 1（数组下标是从 0 开始的）和下标为 i 的元素的地址，取相应内存单元的值的方法为*(pointer+1)和*(pointer+i)。因此，完全可以使用指针方式访问数组。

【例 8-3】定义一个一维整型数组 anArr，有 5 个元素，用数组名法从键盘接收并输出该数组元素。

✧　问题分析

由于一维数组名是数组的首地址，与指针具有相同的意义，anArr+i 可以表示相对于首地址的数据单元偏移量（如 char 型+1 偏移 1 个字节；int 型+1 偏移 4 个字节；依此类推。对于不能确定长度的类型，如结构体，可以用 sizeof 进行计算），所以对数组元素值的访问可以用 anArr[i]，也可用*(anArr+i)，anArr+i 为 anArr[i]的地址，这种方法称为**数组名法**。实际上，系统在编译时就是把数组元素 anArr[i]转换成*(anArr+i)来处理，也就是说，通过下标形式访问数组元素是通过指针形式实现的，即按数组首地址加上相对位移量得到第 i 个元素的地址，然后访问对应存储单元的内容。可以说下标运算就是指针运算，它是指针运算的另一种表示方法。

✧　程序设计描述

实现流程图如图 8-5 所示。

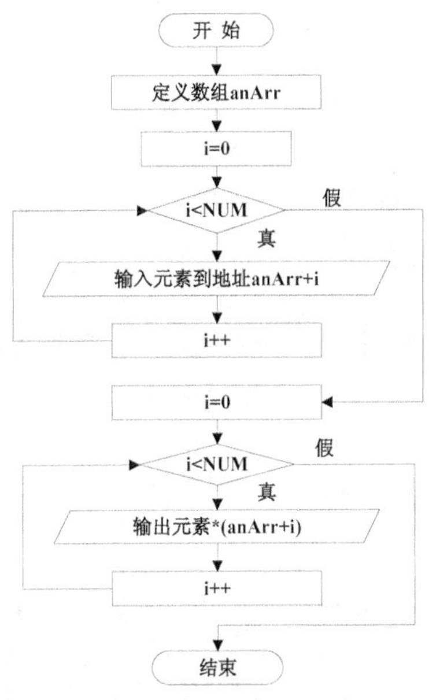

图 8-5　例 8-3 的流程图

✧　程序实现

程序清单 8-3　ArrIOByArrNam.c

```
/*  purpose: 数组名法实现数组元素的录入与输出
    author : Zhanghua
    created: 2008/09/20*/
#include "stdio.h"
#define NUM 5
void main()
{
     int anArr[NUM],i;
     printf("input elements of anArr:");
     for(i=0;i<NUM;i++)
          scanf("%d",anArr+i);
     for(i=0;i<NUM;i++)
```

```
        printf("%-4d", *(anArr+i));
}
```

运行结果如下所示。

```
input elements of anArr:12 5 6 7 89
12  5   6   7   89
```

【例 8-4】定义一个一维整型数组 anArr，有 5 个元素，用指针变量法从键盘接收并输出该数组元素。

✧ 问题分析

在例 8-3 中，通过数组名法访问数组元素，实际上与下标法相比，只是书写上有区别而已。本例采用指针变量法实现。首先定义一个指针变量 pointer，让其指向数组的首地址，然后在接收和输出数组元素的过程中，使用 pointer++移动指针，每循环一次，指针变量 pointer 都会向下移动一个元素。

✧ 程序实现

程序清单 8-4　ArrIOByPoint.c

```
/*  purpose: 指针变量法实现数组元素的录入与输出
    author : Zhanghua
    created: 2008/09/20    */
#include "stdio.h"
#define NUM 5
void main()
{
     int anArr[NUM],*pointer;
     printf("input elements of anArr:");
     for(pointer=anArr;pointer<anArr+NUM;pointer++)
         scanf("%d",pointer);
     for(pointer=anArr;pointer<anArr+NUM;pointer++)
         printf("%-4d",*pointer);
}
```

运行结果如下所示。

```
input elements of nArr:12 3 5 6 8
12  3   5   6   8
```

✧ 程序解读

（1）第一个 for 循环结束时，pointer 已指向最后一个元素 anArr[NUM-1]的下一个存储单元，因而在第二个循环开始时，指针变量 pointer 必须重新赋值，使其指向数组的第一个元素，即 **pointer=anArr** 或 **pointer=&anArr[0]**，因此要特别注意指针变量的当前值。

（2）当 pointer 指向数组 anArr 的首地址时，表示数组元素 anArr[i]有四种形式：

```
anArr[i]    *(anArr+i)    *(pointer+i)    pointer[i]
```

（3）指针变量与数组名相比，可以进行自加、自减或赋值运算。比如 pointer++或 pointer=pointer+n，它们分别表示指针变量 pointer 指向下一个元素和指向后面第 n 个元素。而数组名一旦被定义，其所代表的地址是不能改变的，移动运算 anArr++是错误的。虽然*(anArr+i)也能访问数组中每个元素，但它是通过 i 的变化来实现的。

8.2.2　多维数组与指针

1. 多维数组的地址表示——行地址与列地址

下面以二维数组为例介绍多维数组的地址表示。设有整型二维数组 anArr[2][2]，其定义与输出代码如程序清单 8-5 所示。在 VC++6.0 编译工具下的 watch1 窗口查看，得到数组 anArr 的内存状态如图 8-6 所示。通过图 8-6 可以看出，二维数组 anArr 被分解为具有 2 个元素 anArr[0]和 anArr[1]

的一维数组，同时每个元素又是一个包含 2 个元素的一维数组。可见，C 语言把一个二维数组分解为多个一维数组来处理。

程序清单 8-5　Understd2DArr.c

```
/*  purpose: 设置断点单步调试，查看二维数组的地址表示
    author : Zhanghua
    created: 2008/09/20   */
#include "stdio.h"
void main()
{
    int anArr[2][2]={0,1,2,3};
    int i=0,j=0;
    for(i=0;i<2;i++)
        for(j=0;j<2;j++)
            printf("%5d",anArr[i][j]);
}
```

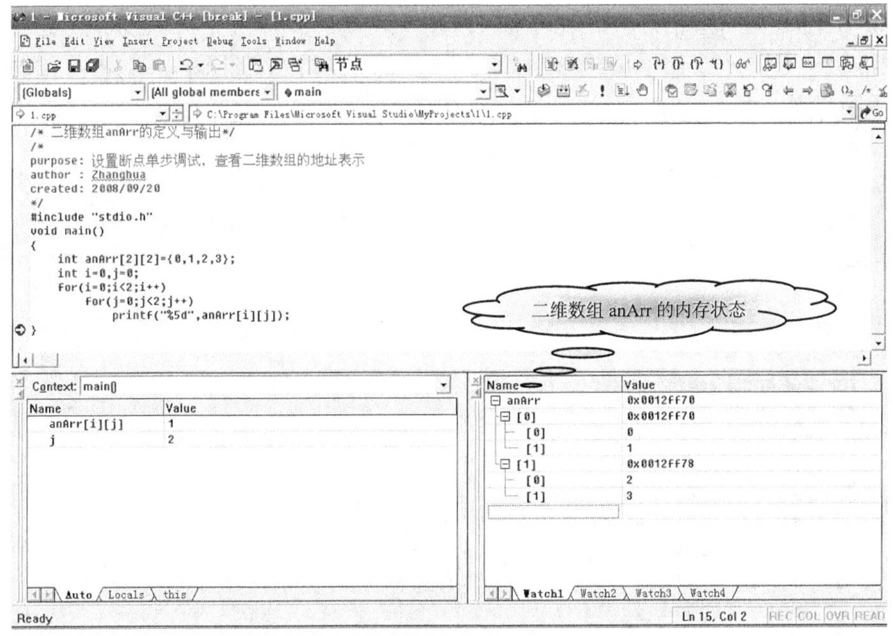

图 8-6　数组 anArr 的内存状态

这里 anArr 是二维数组名，第 0 行的首地址等于 0x0012ff70。anArr[0]是第一个一维数组的数组名和首地址，因此也为 0x0012ff70。*(anArr+0)或*anArr 是与 anArr[0]等效的，都表示一维数组 anArr[0]第 0 号元素的首地址也为 0x0012ff70。&anArr[0][0]是二维数组 anArr 第 0 行 0 列元素首地址，同样是 0x0012ff70。同理，anArr+1 是二维数组第 1 行的首地址，等于 0x0012ff78。anArr[1]是第二个一维数组的数组名和首地址，因此也为 0x0012ff78。&anArr[1][0]是二维数组 anArr 第 1 行 0 列元素地址，也是 0x0012ff78。

通过上面的分析，可以得出以下结论。

（1）二维数组中，anArr+i，anArr[i]，*(anArr+i)，&anArr[i][0]的地址值是相等的。但 anArr+i 在 C 语言中有特定的语义：代表第 i 行的首地址。

（2）anArr[i]，*(anArr+i)的含义是列地址，可以看成 anArr[i]+0、*(anArr+i)+0，代表第 i 行第 0 列的首地址；&anArr[i][0]是元素 anArr[i][0]地址。

（3）由（2）可知，anArr[0]可以看成 anArr[0]+0，是一维数组 anArr[0]的第 0 号元素的首地址，而 anArr[0]+1 则是 anArr[0]的第 1 号元素首地址，由此可得出 anArr[i]+j 是一维数组 anArr[i]的第 j 号元素首地址，它等于&anArr[i][j]。由 anArr[i]==*(anArr+i)得 anArr[i]+j==*(anArr+i)+j。由于*(anArr+i)+j 是二维数组 anArr 的第 i 行 j 列元素的首地址，所以要取得该元素的值可以用*(*(anArr+i)+j)。

（4）C 语言规定，&anArr[i]是一种地址计算方法，表示数组 anArr 第 i 行首地址(anArr+i=&anArr[i])。

上述规则综合起来，就是传说中的 C 语言的“语法糖”（Syntactic sugar）。它丰富了编程时对数据访问的手段，而且多数情况下会提高运算效率。

2. 用列指针访问二维数组元素

由于 C 语言中的二维数组元素是以行优先方式连续存储的，且在内存中元素的存储仍然是线性的。这一点从图 8-6 不难看出，因此可以定义一个指针变量 pointer 指向二维数组的第一个元素。那么对于一个每行有 n 个元素的数组来说，它的第 i 行第 j 列元素的地址可表示为 pointer+i*n+j，而元素的值为*(pointer+i*n+j)，使用 pointer++这样的语句可以逐一访问二维数组的元素。

【例 8-5】定义一个 2 行 2 列的整型数组 anArr，通过列指针变量输入并输出各元素的值。

✧ 程序实现

程序清单 8-6 ArrIOByColPoint.c

```
/*  purpose: 用列指针实现二维数组的各元素的输入与输出
    author : Zhanghua
    created: 2008/09/20  */
#include "stdio.h"
void main()
{
     int i,j;
     int anArr[2][2];
     int *pointer;
     pointer=anArr[0];/*pointer 指向二维数组的第一个元素的地址*/
     printf("请输入各元素：");
     for(i=0;i<2;i++)
          for(j=0;j<2;j++)
               scanf("%d",pointer+i*2+j);
     for(pointer=*anArr;pointer<*anArr+2*2; pointer++)
          printf("%4d",*pointer);
}
```

运行结果如下所示。

```
请输入各元素：0 1 2 3
   0   1   2   3
```

3. 用行指针访问二维数组元素

为了便于访问二维数组，C 语言中还专门设置了指向由 n 个元素组成的一维数组的指针。定义格式为

```
类型说明符 (*指针名)[常量];
```

其中“类型说明符”表示行指针所指一维数组的数据类型。“*”表示其后的变量是指针类型。“常量”规定了行指针所指一维数组的长度。应注意“（*指针变量名）”两边的括号不可少，由于“[]”的优先级高于“*”，如缺少括号，则表示的是指针数组，意义就完全不同了。例如：

```
int nArr[3][4];
int (*pointer)[4];/*行指针*/
pointer=nArr;
```

“()”括号的优先级与“[]”相同，按照从左到右的顺序运算，使得*首先与 pointer 结合，说明 pointer 是一个指针变量，再与[]结合，说明它指向包含 4 个整型元素的一维数组。行指针变量只能指向一维数组。pointer+1 指向的是下一个一维数组，即指针移动的不是一个元素，而是一行元素。因此，行指针变量和二维数组中每行的名字作用是相同的。若 anArr 为二维数组，设 pointer=anArr，则 i 行 j 列的元素地址为*(pointer+i)+j，取其值为*(*(pointer+i)+j),与 anArr[i][j]等效。

【例 8-6】定义一个 3 行 4 列的二维整型数组 anArr，通过行指针变量输出各元素的值。

✧　程序实现

程序清单 8-7　ArrOutByRowPoint.c

```
/*  purpose: 用行指针实现二维数组的各元素的输出
    author : Zhanghua
    created: 2008/09/20  */
#include "stdio.h"
void main()
{
    int anArr[3][4]={1,2,3,4,5,6,7,8,9,10,11,12},(*pointer)[4];
    int i,j;
    pointer=anArr;
    for(i=0;i<3;i++)
    {
        for(j=0;j<4;j++)
            printf("%4d",*(*(pointer+i)+j));
    }
}
```

运行结果如下所示。

```
   1   2   3   4   5   6   7   8   9  10  11  12
```

8.2.3　指针数组

指针数组是一个数组，只不过数组中的元素都是相同的指针类型。其定义形式为

```
[存储类型] 数据类型 *数组名[元素个数]
```

例如：

```
int *pointer[5];
```

由于“[]”的优先级比“*”高，所以 pointer 先和“[]”结合，表明这是一个有 5 个元素的数组。其中，每个元素都是指向整型变量的指针。

【例 8-7】用指针数组将多个字符串按字典顺序排序。

✧　问题分析

定义一个指针数组，数组中的每个元素指向 1 个字符串，然后对指针数组中的元素进行字符串比较并排序即可，它的特点就是字符串的数目确定，但是字符串的长度可以自定义。这里采用交换排序，关于排序流程与第 6 章中的冒泡排序流程类似，此处不再给出。

✧　程序实现

程序清单 8-8　PointArr.c

```
/*  purpose: 学习指针数组
    author : Zhanghua
    created: 2008/09/20  */
#include <stdio.h>
#include <string.h>
#define N 5
void main()
{
```

```
    char *pcCompL[N] = {"Pascal","Basic","Fortran","Java","Visual C"};
    char *pcTemp;
    int i,j;
    for(i=0; i<N-1; i++)
    {
        for(j = i+1; j<N; j++)
        {
            if(strcmp(pcCompL[j], pcCompL[i]) < 0)
            {
                pcTemp=pcCompL[i];
                pcCompL[i]=pcCompL[j];
                pcCompL[j]=pcTemp;
            }
        }
    }
    for(i=0; i<N; i++)
        printf("%s\n", pcCompL[i]);
}
```

运行结果如下所示。

```
Basic
Fortran
Java
Pascal
Visual C
```

✧ 程序解读

（1）虽然比较的是字符串，但交换的是指针，其为长整数类型，采用赋值语句速度要快于字符串交换。

（2）指针交换是数组元素值的交换，即地址交换，不影响内存单元中原有的字符串，如图 8-7 所示。

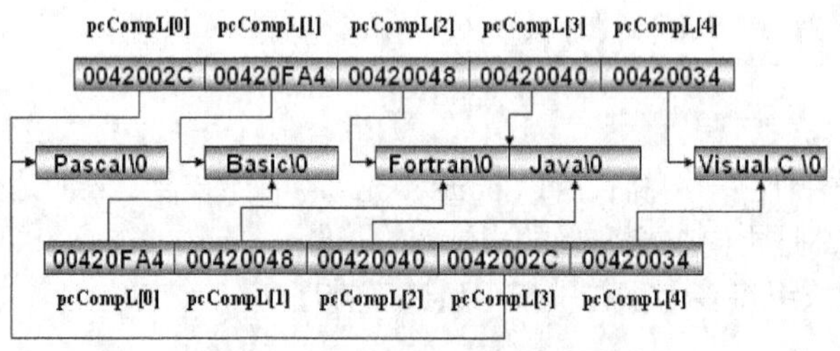

图 8-7 指针数组排序结果示意图

（3）由上述说明及图示可知，本例中指针的运算不依赖于比较值，即字符串的大小（长短），其速度为一定值。与字符交换相比，字符串越长，指针运算的优势就越明显。

思考

（1）例 8-7 中的排序过程中，数组元素的存储地址是否也变化？如何对它们进行观察？

（2）试用指针数组改写第 6 章 6.2.1 小节和 6.2.2 小节中的两个排序算法。

8.3 函数 main()中的参数

8.2 节的指针数组与数组指针中，较为详细地讨论了指针与数组之间的关系，其涵盖了指针处理批量数据的多种表达，如*pointer[n]、(*pointer)[n]等。它们都可以作为函数的参数，在不同函数之间传递。作为程序执行的入口和出口的 main 函数也可以带参数，其中一个参数是指针数组。程序清单 8-9 使用了带参数的主函数。试运行这段代码，看看会产生什么样的结果？这个结果说明了什么？它是否正确？以前所使用的 main 函数都是不带参数，此处怎么又带上参数了呢？带参数的主函数有什么特殊的意义吗？

程序清单 8-9　MainLine.c

```
/*  purpose: 指针数组作 main 函数参数，支持命令行的输入和输出方式
    author : Zhang Xiaodong
    created: 2008/08/10 14:31:08  */
#include <stdio.h>
#include <stdlib.h>
void main(int argc ,char *argv[])
{
    int  i;
    for(i=0;i<argc;++i)
        printf("Args[%d]:%s\n",i,argv[i]);
}
```

运行结果如下所示。

```
Args[0]:D:\C_EXEC\CLANGUAGE\8_9\Debug\8_9.exe
```

结果没有报任何错误，但也没有产生预期的结果。为了弄明白到底怎么回事儿，先做一个回顾。在 Windows 操作系统环境下，想要运行一个应用程序，比如 Word 文字编辑器，可以采取以下办法。

（1）单击“开始”按钮，在“运行”文本框中输入“winword”，如图 8-8 所示。

图 8-8　运行 winword.exe

（2）单击“开始”按钮，找到“所有程序”，在列表框中选择 Microsoft Office，在下一级列表框中选择 Microsoft Office Word2010，即可打开。

（3）在图 8-8 的右边"运行"文本框中输入"CMD"，打开命令行界面，在命令行界面输入下列两行命令：

```
C:\>cd C:\Program Files\Microsoft Office\OFFICE11
C:\>winword
```

也可以打开 Word 文字编辑器。

在这三种方式中，可能读者已经很熟悉前两种，第 3 种却有些陌生，它就是此处要讲述的命令行参数及其处理。在操作系统中，要求执行一个命令时，所提供的命令行里往往不仅仅是一个命令名，还可能提供其他信息。如使用列目录命令 dir 时，可能写为

```
C:\> dir \windows\system /p
```

命令行中的\windows\system /p 以字符序列的形式出现，它们就是命令行参数。C 语言用命令行参数机制来处理这些参数。C 程序把命令行里的字符看成由空格分隔的若干字段，每段被看作一个命令参数。命令本身是编号为 0 的参数，后面的参数依次编号。在程序启动后，main()还没有开始执行前，这些命令行参数被看作一组字符串，可以按规定方式使用它们，去处理各个命令行参数。

C 程序通过函数 main()的参数获取命令行参数。前面写的程序里的 main()都没有参数，表明不处理命令行参数。实际上，main 可以有两个参数，原型如下

```
int main(int argc , char *argv[]);
```

通常都用 argc 和 argv 作为 main()函数的参数名。但根据我们对函数性质的了解，这两个参数的名字可以是任意的，但它们的类型必须是确定的。只要在定义 main()时写出上面这样类型正确的头部，就能保证在程序启动执行时正确地得到命令行参数的信息。

当程序被装入内存准备执行时，main()的这两个参数将被自动给定：argc 的值是启动命令行中的命令参数的个数；指针 argv 指向一个字符指针数组，数组里共有 argc+1 个字符指针，其中前 argc 个指针分别指向表示各个命令参数的字符串，当其值为最后一个空指针，表示数组的结束。

对于本例题来说，首先应该在命令行方式下，进入到已生成本程序可执行文件（MainLine.exe）的文件夹中，然后运行带参数的程序。键入命令和执行结果如下所示。

```
D:\>cd D:\C_exec\clanguage\MainLine\Debug
D:\C_exec\clanguage\MainLine\Debug>MainLine program is OK.
Args[0]:MainLine
Args[1]:program
Args[2]:is
Args[3]:OK.
```

当程序 MainLine 进入主函数 main()时，与命令行参数有关的现场情况如图 8-9 所示。参数 argc 保存着 4，数组 argv 指向一个包含 5 个成员的字符指针数组，前 4 个指针分别指向各命令行参数字符串，最后是一个空指针。这些都是在 main()开始执行前自动建立的。这样，就可以在 main()函数里通过 argc 和 argv 访问命令行里的各个参数：由 argc 可得到命令行参数的个数，由 argv 可以找到各个命令行参数的字符串。通过编号为 0 的参数还可以访问启动程序的命令本身。

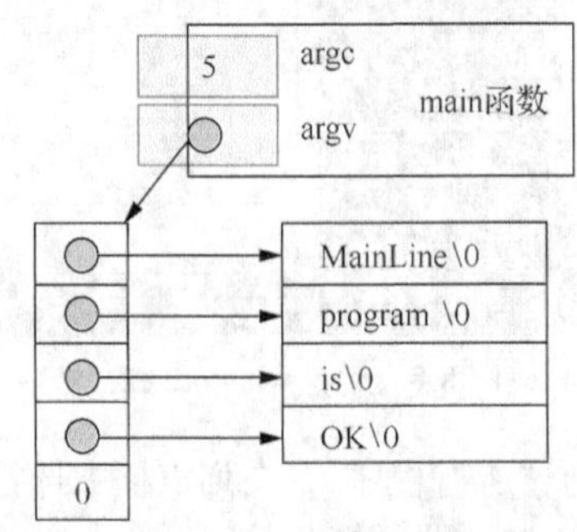

图 8-9　执行 MainLine 命令行的现场情况

到这里，前面的问题全部回答完毕。同时也可以知道 visiual studio 6.0 环境下直接运行程序的错误所在：在主函数执行之前，没给定足够的参数。

8.4　指针型函数

当一个函数的返回值是指针类型时，这个函数就是指针型函数。指针型函数的一般定义形式为：

```
函数类型    *函数名([形参表])
{
    函数体
}
```

函数类型表明函数返回指针的类型（如整型或浮点型指针等）；函数名和*表示的是一个指针型函数；参数表是可选的，表明函数的形参列表。

【例 8-8】某高校从大学一年级任意抽出 3 个人进行高数、外语和 C 语言考试，找出其中至少有一项成绩不合格者。要求使用指针函数实现。

✧　问题分析

根据题意，参加考试的共有 3 人，每人学习 3 门功课，有 3 门功课的成绩，用一行来存放一个人 3 门功课的成绩，从而形成一个 3×3 的矩阵。在查找时，只要在某一行中找到第一个小于 60 的数就能保证此人至少有一门功课不及格，不再继续查找。

✧　程序设计描述

（1）设函数名为 FindNoPass()，传入参数为指向由 3 个 int 型元素组成的行指针变量，在函数中设临时指针变量指向该行的下一行，通过传入参数访问该行中的所有元素。

（2）如果在访问列元素时，发现有小于 60 的元素，则给临时指针变量重新赋值为传入的参数，并中断循环。

（3）返回值有两种情况：一种是有不合格成绩的，返回值与传入参数相同；另一种是没有不合格成绩的，返回值为指向下一行的首地址。

流程图如图 8-10 所示。

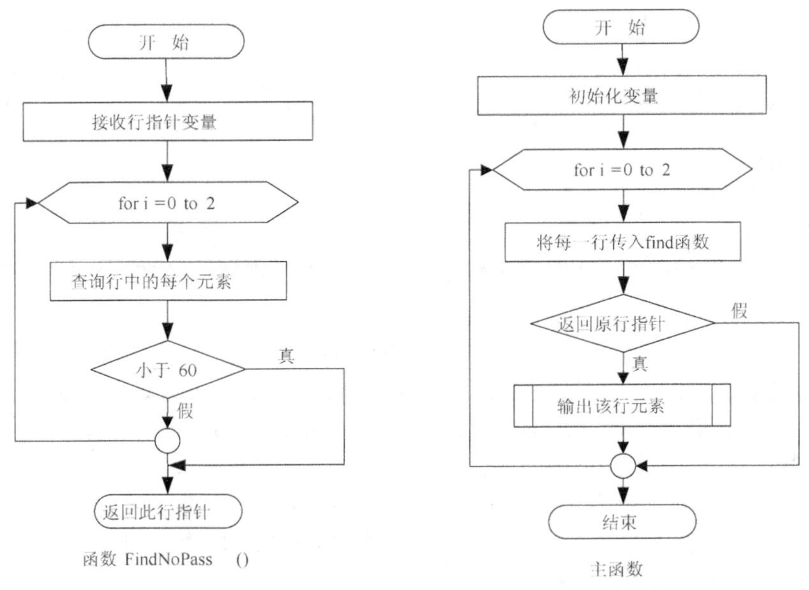

图 8-10　例 8-8 的程序流程图

✧ 程序实现

程序清单 8-10 程序 FindNoPass.c

```
/* purpose: 返回指针类型函数
   author : Zhang Xiaodong
   created: 2008/08/10 14:31:08  */
#include <stdio.h>
#include <stdlib.h>
int  *FindNoPass( int  (*pcRow)[3] )
{
    int i=0, *pcCol;                        /*定义一个(列)指针变量 pnt_col */
    pcCol=*(pcRow+1);                       /*使 pnt_col 指向下一行之首(作标志用)*/
    for(; i<3; i++)
        if(*(*pcRow+i)<60)                  /*某项成绩不合格*/
        {
            pcCol=*pcRow;                   /*使 pnt_col 指向本行之首*/
            break;                          /*退出循环*/
        }
        return(pcCol);
}

void main(void)
{   int nGrade[3][3]={{95,65,75},{65,75,45},{75,80,90}};
    int i,j,*pnPoint;                       /*定义一个(列)指针变量 pointer */
    for(i=0; i<3; i++)                      /*控制每个学生*/
    {
        pnPoint = FindNoPass  (nGrade+i);           /*用行指针作实参，调用 seek()函数*/
        if(pnPoint ==*(nGrade+i))                   /*该学生至少有一项成绩不合格*/
        {
            printf("No.%d grade list:", i+1);       /*输出该学生的序号和各项成绩*/
            for(j=0; j<3; j++)
                printf("%d ",*(pnPoint +j));
            printf("\n");
        }
    }
}
```

程序运行结果如下所示。

```
No.2 grade list:65 75 45
```

✧ 程序解读

到目前为止，这是读者所见到的比较复杂的一个关于指针的例题，为此还需做进一步的讲解。

主函数中用 pnPoint=FindNoPass(nGrade+i); 语句调用 FindNoPass()函数，将实参 nGrade+i（行指针）的值赋给形参 pcRow（行指针变量），使形参 pcRow 指向 nGrade 数组的第 i 行。

在指针函数 FindNoPass()的 pcCol=*(pcRow+1);语句中，*(pcRow+1)将行指针转换为列指针，指向 nGrade 数组的第 i+1 行第 0 列，并将值赋给（列）指针变量 pcCol。在 if(*(*pcRow+i)<60)中，pcRow 是一个行指针，指向数组 nGrade 的第 i 行；*pcRow 使指针由行转换为列，指向数组 nGrade 的某行 0 列；*pcRow+i 变为某行 i 列；通过*(*pcRow+i)取出数值（即为数组元素 nGrade[x][i]的值，x 是传入参数所指向行的下标）。

8.5　链表

8.5.1　链表的概念

由第 7 章可知，结构体可以将各种不同的数据类型组织在一起，其成员变量可以是基本数据类型，也可以是构造数据类型，这其中就包括结构体。7.1.1 小节中还提到结构体可以嵌套定义，那么有这样一个问题：结构体内的成员类型可以是其本身吗？请看程序清单 8-11 及其编译结果图（见图 8-11）。

程序清单 8-11　StuTest.c

```
#include "stdio.h"
#include "stdlib.h"
struct  student{
    int     nNum;
    char    cName[20];
    int     nScoreAvg;
    struct  student sStu1;
};
void main()
{
   printf("仅用来测试! ");
}
```

其编译结果如图 8-11 所示。

```
Compiling...
exampt.cpp
D:\书\尹雪\张小东\书中例题\exampt8\exampt.cpp(7) : error C2460: 'stu1' : uses 'student', which is being defined
        D:\书\尹雪\张小东\书中例题\exampt8\exampt.cpp(3) : see declaration of 'student'
Error executing cl.exe.

exampt8.exe - 1 error(s), 0 warning(s)

Build  Debug  Find in Files 1  Find in Files 2  Results
```

图 8-11　程序 StuTest.c 编译结果

✧　程序解读

错误提示的意思为：用正在定义的 student 声明成员变量 stu1 有错误。这样，可以得到结论：结构体内的成员不可以用“自己”去定义。

现在把上述结构体的定义做一点变化，代码如图 8-12 所示。

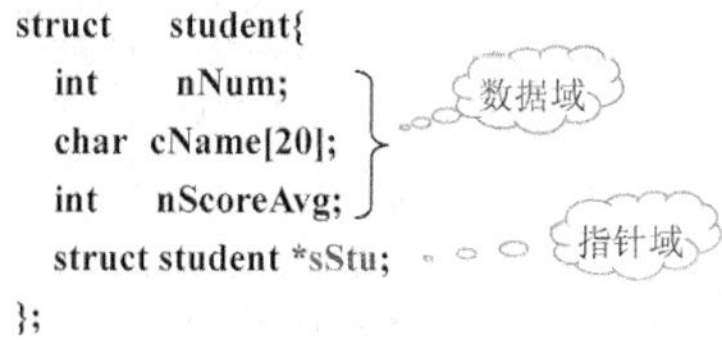

图 8-12　结点定义

再次进行编译，发现编译通过了，程序可以运行了。原来，编译器在进行编译时，需要对每个变量（无论是普通变量，还是结构体的成员变量）进行检查，找到变量类型的定义。基本变量类型由系统定义，编译时会在指定位置找到。自定义类型由用户定义，需要在用户的相关文件中找到。程序清单 8-11 中，结构体定义还没有定义完成，是不完整的，不能用其声明变量。但它的指针形式却是可以的。因为指针变量本身是个地址变量，长度是固定的（占 4 字节），类型由系统指定。至于其指向单元的类型，要到分配内存单元时才要考虑，而结构体定义时，不为其分配内存单元，所以编译时不需要检验。

这个奇妙的指针可以指向什么样的内存单元呢？如果声明多个这样的结构体变量，用结构体内部的这个指针串起来，如图 8-13 所示，就会形成一种常用的数据结构——链表。链表中的每个结构体变量被称为结点。第一个结点的指针变量存储第二个结点的首地址，第二个结点的指针变量存储第三个结点的首地址……由于最后一个结点不指向任何地址，所以值为空。如图 8-13 所示，结点中的指针变量称为指针域，存放其他信息的变量统称为数据域。

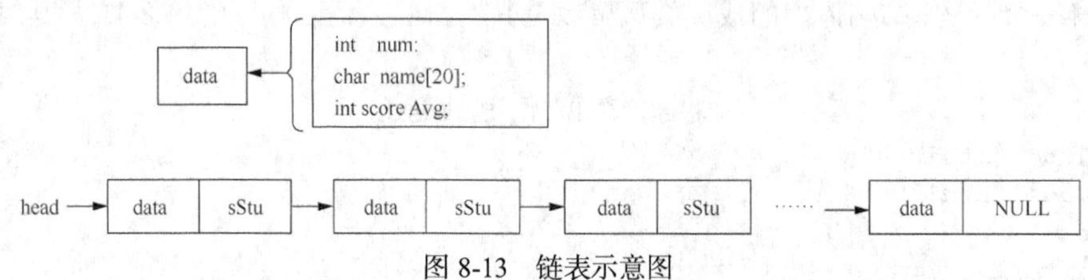

图 8-13　链表示意图

可采用动态分配的办法为一个结点分配内存空间。对于一个班级来说，有多少个学生就应该建立多少个结点。如果某学生退学，可删去该结点，并释放该结点占用的存储空间。结点之间可以用指针域进行连接。不同的班级可以根据实际情况申请合适的内存资源。这样就节约了宝贵的内存资源。不过，由于结点单元的不断申请和释放，结点间的地址会变得不连续。

根据上面的分析，可以得出以下结论。

（1）链表是一种物理存储单元不一定连续的多数据存储结构，不同数据元素的逻辑顺序是连续的，通过各结点指针域进行连接。链表由一系列结点组成：结点可以在运行时动态生成。

（2）链表中的每个结点通常由两个域组成，一个称为数据域，另一个称为指针域。数据域用来存储用户的数据，而指针域是一个结构类型的指针，用来存储下一个结点的地址。结点结构定义的一般形式为：

```
struct  node
{
    数据类型    data;
    struct node *next;
};
```

8.5.2　链表的基本操作

对链表的主要操作有建立链表、查找链表、插入链表和删除链表等。下面定义一个学生结点，并据此进行详细介绍。

```
struct  student
{
      char  cNum[10];            /*学号*/
      float  fScore;             /*成绩*/
      struct  student  *next;    /*指针域*/
};
```

1. 建立链表

建立链表要经历一个从无到有的过程，需要往空链表中依次插入若干结点，并保证结点之间的前驱和后继关系。

【例 8-9】编写一个 Create()函数，按照规定的学生结点结构，创建一个学生成绩链表。

✧ 问题分析

首先向系统申请一个结点的空间，然后向数据域输入信息（学号 cNum、成绩 fScore），并将指针域置为 NULL（链尾标志），最后将新结点插入到链表尾，完成链表的建立过程。这里，需要用到 3 个指针变量：pHead、pNew、pTail。

（1）pHead——头指针变量，指向链表的第一个结点，用作函数返回值。由于单链表中每个结点的存储地址存放在其前趋结点 next 域中，而开始结点无前驱，故应让头指针 head 指向开始结点。链表可以由头指针唯一确定，因此用 Create()函数建立完链表后，应该返回链表的头指针。

（2）pNew——指向新申请的结点。

（3）pTail——指向链表的尾结点，可用 pTail->next=pNew 实现将新申请的结点插入到链表尾，使之成为新的尾结点。

✧ 程序设计描述

根据问题分析，建立链表流程，如图 8-14 所示。如果输入的学号为 0，表示链表建立完毕。

为了验证链表建立的正确性，还需要一个链表顺序输出功能，由函数 Display()实现。它的功能是从头到尾依次输出链表各结点的数据域。参数为头结点指针 pHead。实现流程如图 8-15 所示。

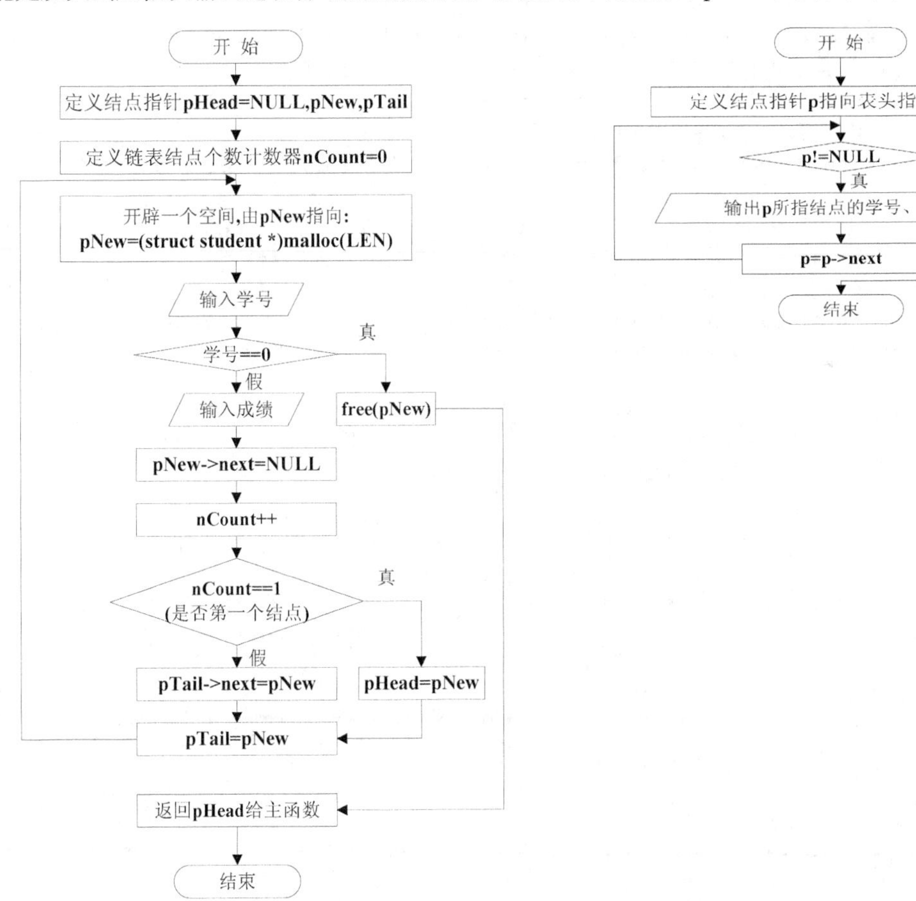

图 8-14　学生链表的建立　　　　图 8-15　学生链表的顺序输出

✧ 程序实现

程序清单 8-12　CreateLinkList.c

```
#define   LEN     sizeof(struct student)    /*定义结点长度*/
```

```
#define  NULL  0
#include  <stdio.h>
#include  <stdlib.h>
#include  <string.h>
/*定义学生结点结构*/
struct  student
{
    char  cNum[10];                              /*学号*/
    float  fScore;                               /*成绩*/
    struct  student  *next;                      /*指针域*/
};
/*Create()函数：创建一个链表*/
/*返回值：返回链表的头指针*/
struct student *Create()
{
    struct student *pHead=NULL,*pNew,*pTail;
    int nCount=0;                                /*链表中的结点个数(初值为 0)*/
    while(1)
    {
        pNew=(struct student *)malloc(LEN);      /*申请一个新结点的空间*/
        /*1. 输入结点数据域的各数据项*/
        printf("Input the number of student Num.%d(9 bytes): ", nCount+1);
        scanf("%9s", pNew->cNum);
        if(strcmp(pNew->cNum,"0")==0)            /*如果学号为 0，则退出*/
        {
            free(pNew);                          /*释放最后申请的结点空间*/
            break;                               /*结束 while 循环*/
        }
        printf("Input the Score of the student Num.%d: ", nCount+1);
        scanf("%f", &pNew->fScore);
        nCount++;                                /*结点个数加 1*/
        /*2. 置新结点的指针域为空*/
        pNew->next=NULL;
        /*3. 将新结点插入到链表尾，并设置新的尾指针*/
        if(nCount==1)
            pHead=pNew;                          /*是第一个结点，置头指针*/
        else
            pTail->next=pNew;                    /*非首结点，将新结点插入到链表尾*/
        pTail=pNew;                              /*设置新的尾结点*/
    }
    return pHead;
}
/*Display()函数：从头到尾输出链表*/
/*形参：pHead 头结点*/
/*返回值：无返回值给主调函数*/
void Display(struct student *pHead)
{
    struct student *p;
    p=pHead;                                     /*指向头结点*/
    printf("学号\t\t 成绩\n");
    while(p!=NULL)                               /*循环输出*/
    {
        printf("%s\t",p->cNum);
```

```
        printf("%.1f\n",p->fScore);
        p=p->next;                              /*指向下一个结点*/
    }
}
void main()
{
    struct student *pHead;                      /*链表头指针*/
    pHead=Create();                             /*建立链表*/
    Display(pHead);                             /*输出链表*/
}
```

运行结果如下所示。

```
Input the number of student Num.1(9 bytes): 080410201
Input the Score of the student Num.1: 85
Input the number of student Num.2(9 bytes): 080410202
Input the Score of the student Num.2: 78
Input the number of student Num.3(9 bytes): 080410203
Input the Score of the student Num.3: 90
Input the number of student Num.4(9 bytes): 0
学号            成绩
080410201       85.0
080410202       78.0
080410203       90.0
```

2. 查找链表

查找链表是按给定的结点索引号或检索条件，查找某个结点。如果找到指定的结点，则查找成功；否则查找失败。链表的实现不同于数组，数组可采用下标直接进行定位，而链表每次都要从头开始，需要知道链表的头指针。链表的指针域包含后继结点的存储地址，可依次对每个结点的数据域进行检测。

【例 8-10】编写一个 Search()函数，按照规定的学生结点结构，实现按学号查找。

✧　程序设计描述

根据题意，可以确定查找的内容是学号，查找的起始点就从链表头指针指向的第一个结点开始。执行过程中，如果内容匹配，则返回找到结点的地址，否则返回 NULL。查找流程如图 8-16 所示。

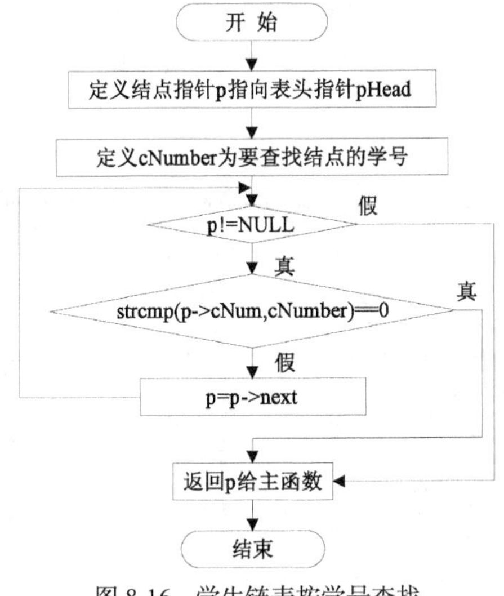

图 8-16　学生链表按学号查找

✧ 程序实现

程序清单 8-13 SearchLinkList.c

```
/*注意：相关宏定义，学生结点定义，链表建立函数，见程序清单 8-12，限于篇幅，这里不再重复给出*/
/*Search()函数：按学号查找链表*/
/*形参：cNumber 学号，pHead 头结点*/
/*返回值：返回查找到的结点给主调函数*/
struct student * Search(char *cNumber,struct student *pHead)
{   struct student *p;
    p=pHead;
    while(p!=NULL)
    {
        if(strcmp(p->cNum,cNumber)==0)
            break;                              /*找到,结束循环*/
        p=p->next;
    }
    return p;        /*返回 p 给主调函数，循环正常结束，p=NUll，否则 p 为找到结点的地址*/
}

void main()
{
  struct student *pHead;                        /*链表头指针*/
  struct student *pFind;                        /*存放查找结果*/
  char cStuNum[10];                             /*待查找的学号*/
  printf("建立链表\n");
  pHead=Create();                               /*建立链表*/
  printf("查找链表\n");
  printf("请输入要查找的学号(9 bytes):");
  scanf("%s",cStuNum);
  pFind = Search(cStuNum,pHead);
  if(pFind!=NULL)
  {
      printf("\n 找到\n");
      printf("学号\t\t 成绩\n");
      printf("%s\t",pFind->cNum);
      printf("%.1f\n",pFind->fScore);
  }
  else{
      printf("\n 没找到\n");
  }
}
```

运行结果如下所示。

```
建立链表
Input the number of student Num.1(9 bytes): 080410201
Input the Score of the student Num.1: 78
Input the number of student Num.2(9 bytes): 080410202
Input the Score of the student Num.2: 88
Input the number of student Num.3(9 bytes): 080410203
Input the Score of the student Num.3: 93
Input the number of student Num.4(9 bytes): 0
查找链表
请输入要查找的学号(9 bytes):080410202
找到
学号            成绩
080410202       88.0
```

3. 插入链表

向链表中插入结点分为 3 种情况。

（1）在链表最前端插入，如图 8-17 所示。插入前到插入后的变化通过如下代码来实现。

```
pNewnode->next = pHead;
pHead = pNewnode;
```

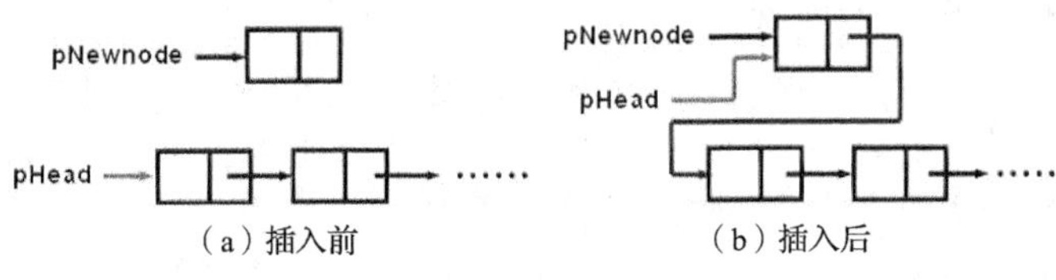

图 8-17　在链表最前端插入示意图

（2）在链表中间插入，如图 8-18 所示。根据链表的特性，中间插入需要找到插入点。设 p 为找到的插入点，则下述语句可完成中间插入。

```
pNewnode->next = p->next;
p->next = pNewnode;
```

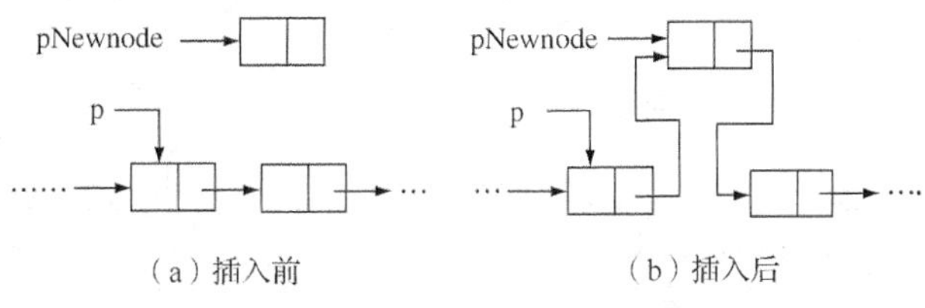

图 8-18　在链表中间插入示意图

（3）在链表末尾插入，如图 8-19 所示。与（2）相同，在找到指向链表的末尾结点的指针 p 后，通过如下代码来实现。

```
pNewnode->next = p->next;
p->next = pNewnode;
```

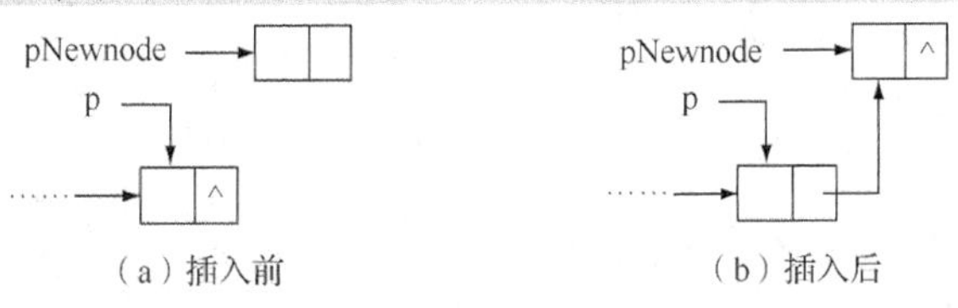

图 8-19　在链表最末尾插入示意图

【例 8-11】编写一个 insert()函数，按照学号从小到大的顺序，将学生结点插入链表。

✧　程序设计描述

插入应该明确插入的内容和插入的位置。通过将插入结点的学号与链表中各结点的学号的比较，可以决定插入的位置。结点插入流程图如图 8-20 所示。

✧　程序实现

程序清单 8-14　InsertLinkList.c

```
/*注意：相关宏定义、学生结点定义，链表建立函数，链表顺序输出函数，见程序清单 8-12，限于篇幅，这里不再重复给出*/
/*Insert()函数：按学号插入链表*/
/*形参：pNew 待插结点，pHead 头结点*/
/*返回值：返回头结点给主调函数*/
struct student * Insert(struct student *pNewode,struct student *pHead)
{
```

```
    struct student *p,*q;                                    /*q代表p的前驱结点*/
    p=pHead;
    q=p;
    if(p==NULL)                                              /*链表为空的情况*/
    {
        pHead=pNewode;
        pHead->next=NULL;
    }
    else{
        /*待插结点的学号小于头结点的学号，则在头结点前插入*/
        if(strcmp(p->cNum,pNewode->cNum)>0)
        {
            pNewode->next=pHead;
            pHead=pNewode;
        }
        else
        {
            /*寻找待查结点的前驱结点q*/
            while(p!=NULL&&strcmp(p->cNum,pNewode->cNum)<0)
            {   q=p;
                p=p->next;                               /*p指向当前结点的下一个结点*/

            }
            pNewode->next=q->next;                       /*在链表中间或末尾插入结点*/
            q->next=pNewode;
        }

    }
    return pHead;
}
void main()
{
    struct student *pHead;                               /*链表头指针*/
    struct student *pNew;                                /*指向插入结点*/
    printf("建立链表\n");
    pHead=Create();                                      /*建立链表*/
    printf("输出插入前的链表\n");
    Display(pHead);
    printf("插入链表\n");
    pNew=(struct student *)malloc(LEN);                  /*申请一个待插入结点的空间*/
    /*输入待插入结点数据域的各数据项*/
    printf("Input the number of student(9 bytes): ");
    scanf("%9s", pNew->cNum);
    printf("Input the Score of the student: ");
    scanf("%f", &pNew->fScore);
    pHead=Insert(pNew,pHead);                            /*插入链表*/
    printf("输出插入后的链表\n");
    Display(pHead);
}
```

运行结果如下所示。

```
建立链表
Input the number of student Num.1(9 bytes): 080410201
Input the Score of the student Num.1: 87
```

```
Input the number of student Num.2(9 bytes): 080410203
Input the Score of the student Num.2: 85
Input the number of student Num.3(9 bytes): 080410204
Input the Score of the student Num.3: 78
Input the number of student Num.4(9 bytes): 0
输出插入前的链表
学号            成绩
080410201       87.0
080410203       85.0
080410204       78.0
插入链表
Input the number of student(9 bytes): 080410202
Input the Score of the student: 82
输出插入后的链表
学号            成绩
080410201       87.0
080410202       82.0
080410203       85.0
080410204       78.0
```

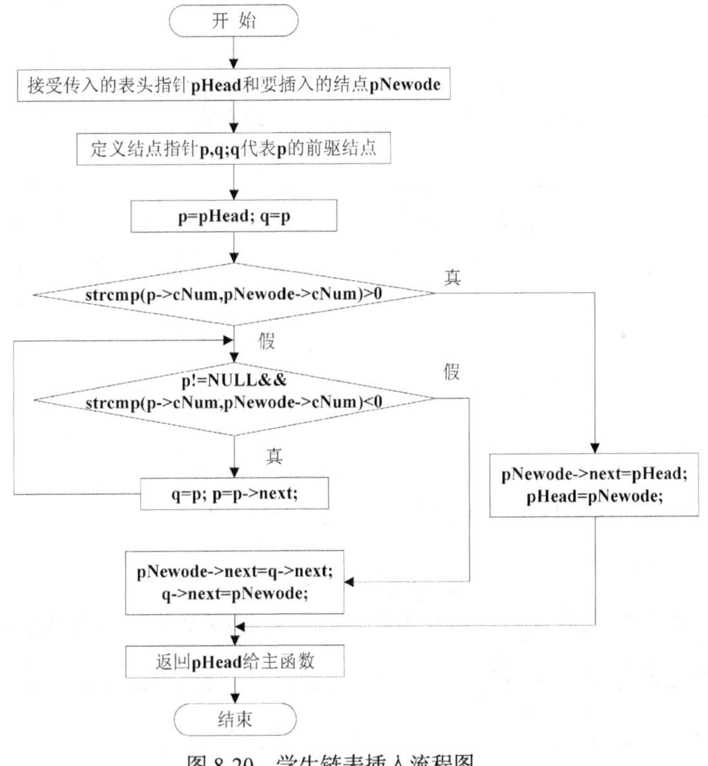

图 8-20　学生链表插入流程图

4. 删除链表

链表结点的删除意味着必须将某个要删除结点前后的连接打断，彻底去掉该结点，再使前后指针变量重新连接，完成链表结点的删除任务。删除链表结点同插入链表结点一样，也分为 3 种情况。

（1）删除链表的第一个结点。如图 8-21 所示，删除前到删除后的变化通过如下代码来实现。

```
pHead=delnode->next;
free(delnode);
```

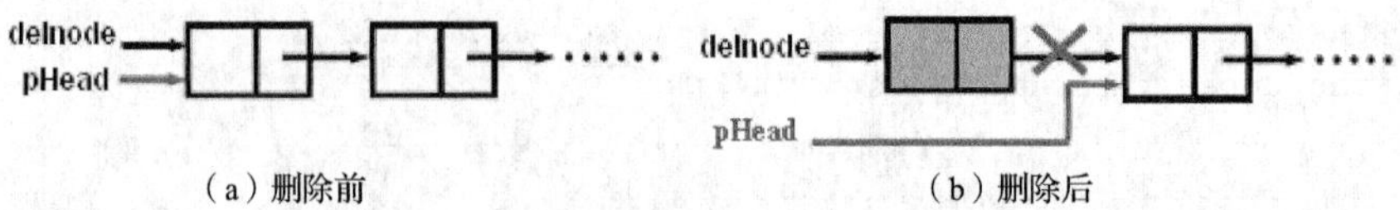

图 8-21　删除链表第一个结点示意图

（2）删除链表的某个中间结点。如图 8-22 所示，删除前到删除后的变化通过如下代码来实现。

```
p->next=delnode->next;          /*p 是 delnode 的前驱*/
free(delnode);
```

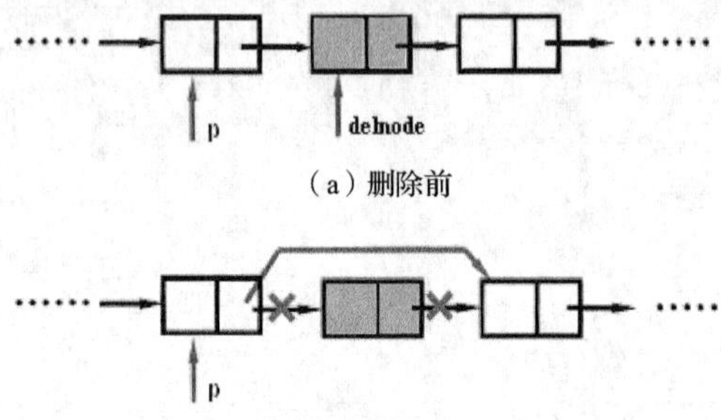

图 8-22　删除链表中间结点示意图

（3）删除链表的末尾结点。如图 8-23 所示，删除前到删除后的变化通过如下代码来实现。

```
p->next=delnode->next;          /*p 是 delnode 的前驱，其实 delnode->next=NULL */
free(delnode);
```

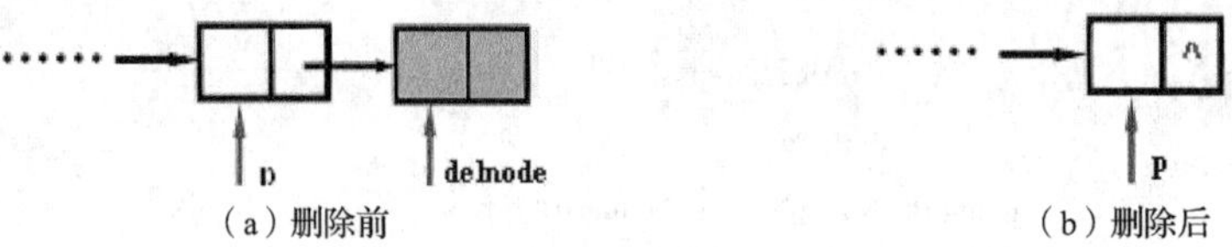

图 8-23　删除链表尾结点示意图

【例 8-12】编写一个 Del()函数，按照输入的学号找到需要删除的结点，并进行删除。

✧　程序设计描述

根据要删除的学号，在链表中找到对应的结点 delnode 及其前驱结点 p，再根据 delnode 可能的 3 种情况执行相应的删除操作。删除流程图如图 8-24 所示。

✧　程序实现

程序清单 8-15　DelLinkList.c

```
/*注意：相关宏定义、学生结点定义，链表建立函数，链表顺序输出函数，见程序清单 8-12，限于篇幅，
这里不再重复给出*/
/*Del()函数：根据学号删除链表*/
/*形参：cNumber 学号，pHead 头结点*/
/*返回值：返回头结点给主调函数*/
struct student * Del(char *cNumber,struct student *pHead)
{
    struct student *p,*delnode;                    /*p 代表 delnode 的前驱结点*/
    p=pHead;
    delnode=p;
    if(p==NULL)                                    /*链表为空的情况*/
    {
        printf("链表为空\n");
    }
    else
```

```
    {
        if(strcmp(delnode->cNum,cNumber)==0) /*输入的学号等于头结点的学号，则删除头结点)*/
        {
            pHead=delnode->next;
            free(delnode);
        }
        else
        {
            /*寻找待删除结点 delnode*/
            while(delnode!=NULL&&strcmp(delnode->cNum,cNumber)!=0)
            {
                p=delnode;
                delnode=delnode->next;          /*p 指向当前结点的下一个结点*/

            }
            if(delnode==NULL)                   /*没有找到*/
            {
                printf("学号不存在\n");
            }
            else                                /*找到学号，在链表中间或末尾删除结点*/
            {
                p->next=delnode->next;          /*p 是 delnode 的前驱*/
                free(delnode);
            }
        }

    }
    return pHead;
}
void main()
{
    struct student *pHead;                      /*链表头指针*/
    char cStuNum[10];                           /*删除结点的学号*/
    printf("建立链表\n");
    pHead=Create();                             /*建立链表*/
    printf("输出删除前的链表\n");
    Display(pHead);
    printf("删除链表\n");
    /*输入要删除结点的学号*/
    printf("Input the number of student which you will delete (9 bytes): ");
    scanf("%9s",cStuNum);
    pHead=Del(cStuNum,pHead);                   /*删除链表*/
    printf("输出删除后的链表\n");
    Display(pHead);
}
```

运行结果如下所示。

```
输出删除前的链表
学号          成绩
040410101     89.0
040410102     66.0
040410103     88.0
删除链表
Input the number of student which you will delete (9 bytes): 040410102
输出删除后的链表
```

```
学号           成绩
040410101      89.0
040410103      88.0
```

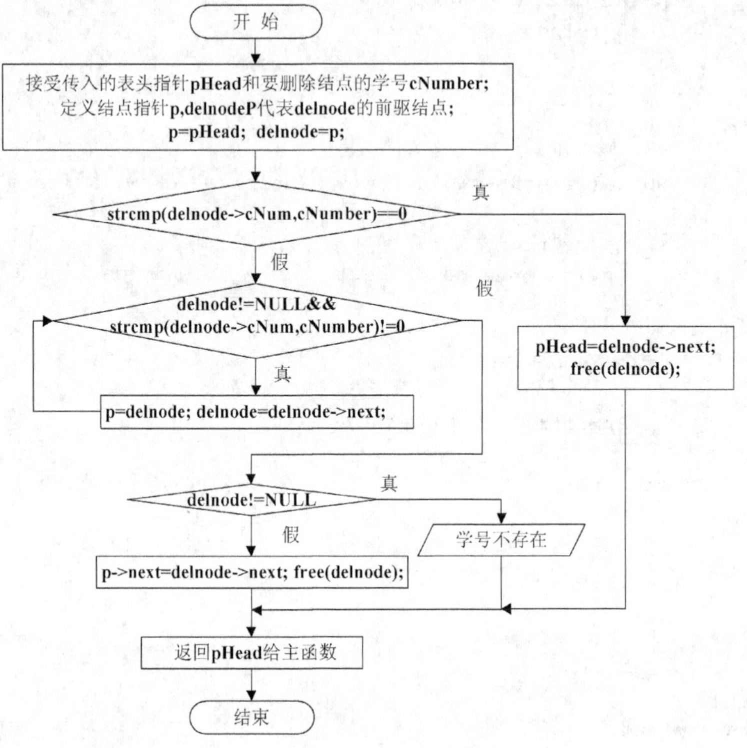

图 8-24　学生链表删除流程图

注意，删除时要先建立链表，才能有上述结果。

8.5.3　带头结点链表简介

头结点是在链表的开始结点之前附加一个结点，如图 8-25 所示。

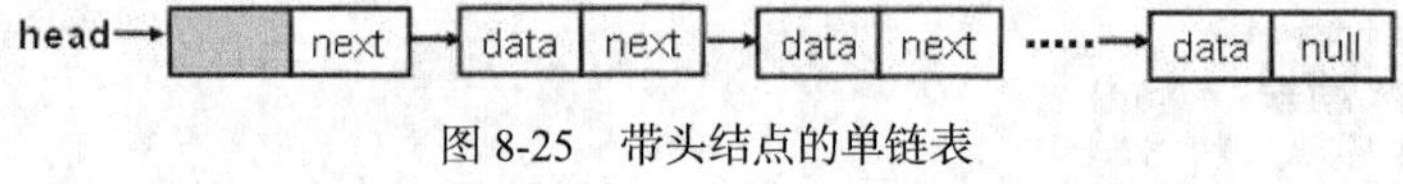

图 8-25　带头结点的单链表

设置表头结点的目的是统一空表与非空表、表头和表中位置的操作形式，简化链表操作的实现。进一步说明如下。

（1）无论链表是否为空，其头指针都是指向头结点的非空指针（空表中头结点的指针域为空），因此空表和非空表的处理也就统一了。带头结点链表的空与非空的示意图如图 8-26 所示。

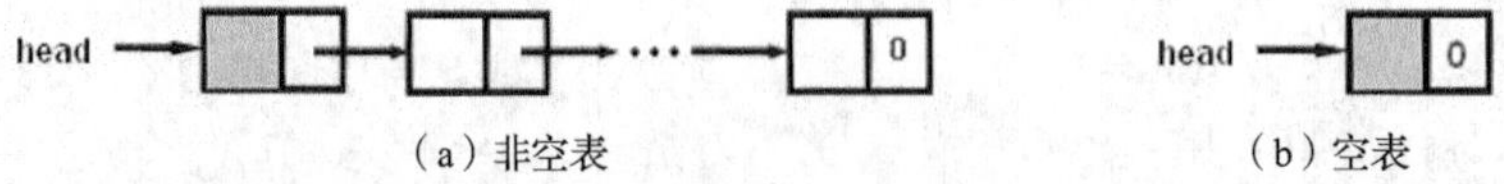

（a）非空表　　（b）空表

图 8-26　带头结点的单链表的空表与非空表示意图

（2）由于开始结点的位置被存放在头结点的指针域中，所以在链表的第一个位置上的操作和链表其他位置上操作一致，无须进行特殊处理。针对空表和非空表，图 8-27 描述了单链表中插入新结点的情况。图 8-28 描述了单链表中删除结点的情况。

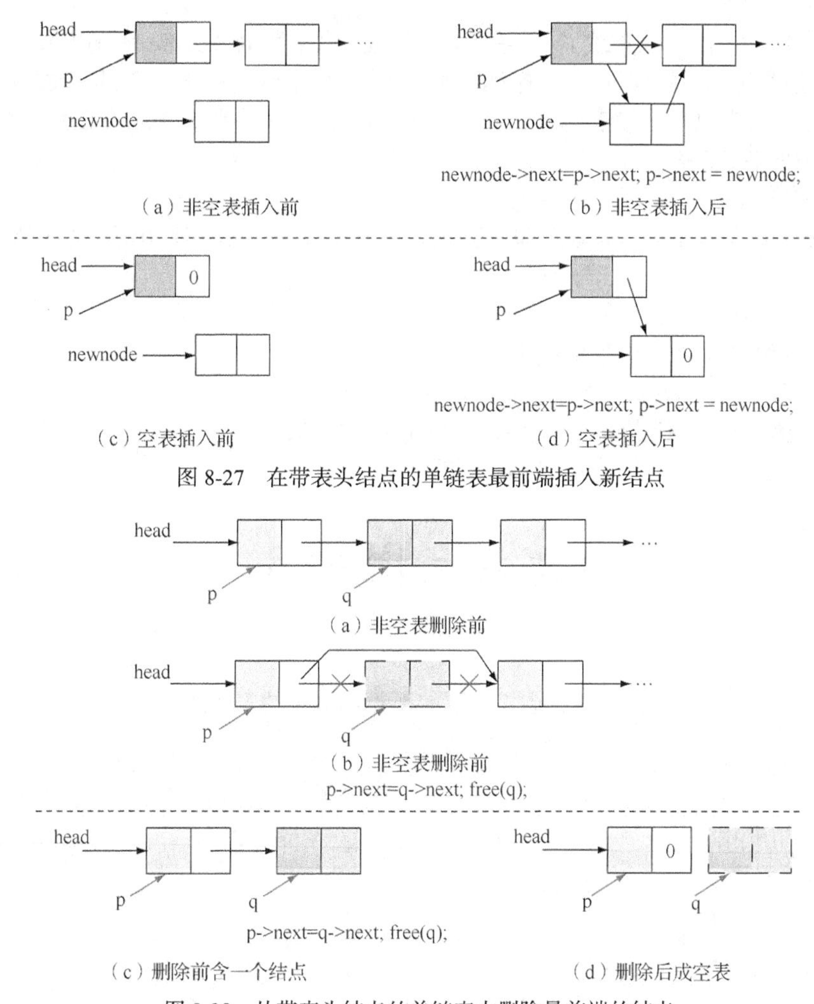

图 8-27　在带表头结点的单链表最前端插入新结点

图 8-28　从带表头结点的单链表中删除最前端的结点

在前面不带头结点的链表的建立、查找、插入和删除的基础上，理解和实现带头结点的链表的各种操作显得更容易和快捷，这里就不再一一举例了。感兴趣的读者可以自行完成。

8.6　本章小结

本章是在前面所学知识基础上的补充与提高，重点讲解了如下几方面内容。

1．知识层面

（1）变量的作用域：主要探讨了变量的文件域和块域。文件域主要涉及全局变量，块域主要涉及局部变量。

（2）变量的存储类别：主要讲解了变量的存储方式和存储位置。C 语言中涉及变量存储类别的关键字有自动类别关键字 auto、寄存器类别关键字 register、静态类别关键字 static、外部存储类别关键字 extern。程序运行时，静态变量和外部变量存储于内存的静态存储区，自动变量存储于内存的动态存储区，寄存器变量存储于 CPU 的寄存器中。

（3）指针与数组：该部分以二维数组为切入点介绍了行指针、列指针及二者的简单应用，还介绍了指针数组的含义及形式，要求能与行指针在形式上加以区别。

（4）带参的 main 函数：介绍了带参的 main 函数中各参数的意义和简单应用。

（5）指针型函数：指针型函数是指函数的返回值是一块数据区的地址，进而可以访问其中的数据。

（6）链表：详细讲解了链表的概念，以及链表对应的一些基本操作，包括建立链表、查询链表、插入链表和删除链表。

2. 方法层面

（1）分析变量的作用域和存储类别的方法，尤其是 static 关键字作用于全局变量和局部变量上的特殊意义。

（2）行指针、列指针在多维数组上的灵活运用。

（3）指针数组的含义及灵活运用。

（4）使程序以命令行方式运行的方法。

（5）运用指针型函数把大量数据返回给主调函数的方法。

（6）建立链表、查询链表、插入链表和删除链表的方法。

练习与思考 8

1. 选择题

（1）有以下定义及语句，则对数组 a 元素的不正确引用的表达式是（　　）。

```
int a[4][5],*p[4],j;
for(j=0;j<4;j++)
    p[j]=a[j];
```

（A）p[0][0]　　（B）*(a+3)[4]　　（C）*(p[1]+2)　　（D）*(&a[0][0]+3)

（2）有以下程序：

```
#include
struct tt
{int x;struct tt *y;} *p;
struct tt a[4]={20,a+1,15,a+2,30,a+3,17,a};
main()
{   int i;
    p=a;
    for(i=1;i<=2;i++) {printf("%d,",p->x); p=p->y;}
}
```

程序的运行结果是（　　）。

（A）20,30,　　（B）30,17,　　（C）15,30,　　（D）20,15,

2. 填空题

（1）以下程序段的输出结果是________。

```
#include <stdio.h>
#define F(a,b) printf("%d,%d\n",a,b)
void main()
{
    int a[3][4]={{1,2,3,4},{5,6,7,8},{9,10,11,12}};
    F(a,a[0]);
    F(*a,*(a+0));
    F(a[1],*(a+1));
    F(*a[1],**(a+1));
    F(*(a[1]+1),*(*(a+1)+1));
    F(*a,**a);
}
```

（2）以下程序运行时，输入 i=1,j=2（回车）的结果是________。

```
#include <stdio.h>
void main()
{
    int a[3][4]={{1,2,3,4},{5,6,7,8},{9,10,11,12}};
    int (*p)[4],i,j;
    p=a;
    scanf("i=%d,j=%d",&i,&j);
    printf("a[%d][%d]=%d\n",i,j,*(*(p+i)+j));
}
```

（3）以下程序运行后的输出结果是________。

```
struct NODE
{   int k;
    struct NODE *link;
};
main()
{   struct NODE m[5],*p=m,*q=m+4;
    int i=0;
    while(p!=q){
        p->k=++i; p++;
        q->k=i++; q--;
    }
    q->k=i;
    for(i=0;i<5;i++) printf("%d",m[i].k);
    printf("\n");
}
```

（4）以下程序运行后的输出结果是________。

```
struct NODE
{   int num;
    struct NODE *next;
};
main()
{   struct NODE s[3]={{1, '\0'},{2, '\0'},{3, '\0'}},*p,*q,*r;
    int sum=0;
    s[0].next=s+1; s[1].next=s+2; s[2].next=s;
    p=s; q=p->next; r=q->next;
    sum+=q->next->num; sum+=r->next->next->num;
    printf("%d\n", sum);
}
```

（5）以下程序运行后的输出结果是________。

```
#include"stdlib.h"
main()
{   char *s1,*s2,m;
    s1=s2=(char*)malloc(sizeof(char));
    *s1=15;
    *s2=20;
    m=*s1+*s2;
    printf("%d\n",m);
}
```

3. 编程题

27 人围成一个圈，从第 1 个人开始顺序报号，凡报号为 3 和 3 的倍数者退出圈子，找出最后留在圈子中的人原来的序号（用链表方式实现）。

4. 简答题

调试运行下列程序，并回答问题。

```
#include "string.h"
#include "stdio.h"
void change (char,cs[ ])
{
    int j=0, k, temp;
    printf ("\n Input a string:" );
    scanf ("%s" ,cs);
    while (cs[j] !='\0')
        j++;
    for (k=0; k<j/2; k++)
    {
        temp=cs[k];
        cs[k]=cs[j-k-1];
        cs[j-k-1]=temp;
    }
    printf ("%s\n" ,cs);
}
void fc (char fstr[],char fs1[],char fs2[],char fs3[],char fs4[])
{
   char string[20];
   static int r ;
   r=strcmp(fs1, fs2);
   strcpy (fstr, fs3) ;
   strcat (fstr, fs4) ;
   printf ("\nstrcat(s3, s4)=%s" ,fstr);
   if (r= =0)  printf ("\ns1=s2");
   else     printf ("\ns1!=s2");
   change(string);
   main ( )
   {
       char str[30], s1[10], s2[10];
       static char s3[ ]="language1";
       static char s4[ ]="language2";
       printf ("\n Input s1, s2:" );
       scanf("%s%s",s1,s2);
       fc(str, s1, s2, s3, s4);
   }
}
```

请回答：

（1）程序中属于“地址传递”的参数是哪些？

（2）字符数组 string 的作用域在哪里？

（3）变量 r 的生存期是什么？

（4）若将数组 str[30]定义为 str[15]，将会出现什么情况？

（5）本程序的功能是什么？

5. 思考题

试分析下列程序的运行结果，并回答变量 i 分别在两个程序中的作用。

程序 1

```
main( )
{
```

```
    int i;
    void prt1( );
    for(i=0;i<5;i++)
        prt1();
}
void prt1( )
{
    int i;
    void prt2( );
    for(i=0;i<5;i++)
        prt2( );
    printf("\n");
}
void prt2( )
{
    printf("%c",'*');
}
```

程序 2

```
int i;
main( )
{
    void prt1( );
    for(i=0;i<5;i++)
        prt1();
}
void prt1( )
{
    void prt2( );
    for(i=0;i<5;i++)
        prt2( );
        printf("\n");
}
void prt2( )
{
    printf("%c",'*');
}
```

第 9 章 数据永久性存储

内容提示

关键词

- ❖ 文件、文本文件和二进制文件
- ❖ 文件打开/关闭函数
- ❖ 文件读写函数
- ❖ 文件随机定位函数
- ❖ 文件结束标识测试函数

难点

- ❖ 文件结构体类型指针与文件内部读写位置指针的区分
- ❖ 文件操作函数的合法合理调用

文件是一种重要的数据组织形式。程序、文档、表格、图片、声音及视频等各种数字信息几乎都是以文件的形式存在于各种存储设备中。利用 C 语言编写程序，可以实现对文件的各种操作，如从选定的文件中读取所需的数据信息，创建新的文件并把某些数据信息以特定的格式保存于该文件中等。本章将介绍用于文件操作的一些关键的库函数及如何利用这些函数编写程序实现对文件的各种操作。

9.1 数据的永久性存储

计算机中的存储设备可以分为两种，一种是临时性存储设备，通常称为内部存储设备，如寄存器（Register）、高速缓存（Cache）和内存储器（Memory）等。临时性存储设备有一个共同的特性，就是它们都依赖于电信号来存储数据信息，一旦断电，数据将会立即丢失。如果想把这些数据永久性地保存起来，就必须把这些数据存储到另一种存储设备——永久性存储设备中，通常称为外部存储设备，如磁盘存储器（Disk）、光盘存储器（CD、DVD 等）和闪存（Flash）等。文件是永久性存储设备中数据管理的基本存储单位。文件能够大量、永久性地保存数据信息，并能够通过各种文件操作功能来管理和使用这些数据。

简单地说，文件是指存储在永久性存储设备上的具有名称（文件名）的一组相关数据的集合，通常也被称为磁盘文件。文件不仅可以长久性地保存数据信息，还可以实现数据的共享。文件都是通过操作系统进行调度管理的，使用时，只要给出文件存储路径和文件名就可以了。

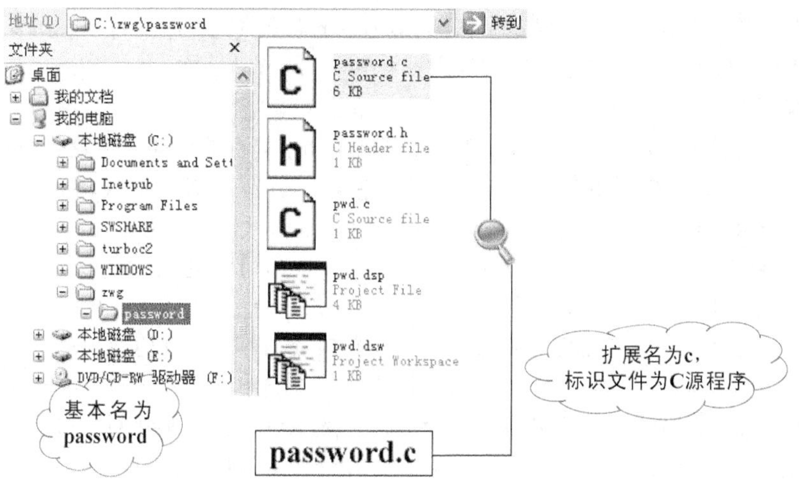

图 9-1　文件路径及文件名

操作系统是通过文件名及相应的存储路径对文件进行管理的。文件名由两部分组成：基本名和扩展名，中间用圆点符号“.”进行连接。其中基本名由用户根据实际需要命名，而扩展名则表征了文件的类型。图 9-1 给出了一个简单的加密程序的 2 个 C 源程序文件、1 个自定义头文件和部分 Visual C++工程文件。以其中的“password.c”为例，password 是基本名，c 是扩展名，标识该文件为 C 源程序文件（所有 C 源程序文件的扩展名均为 c）。文件通常置于目录（文件夹）下。同一个目录下，所有文件的文件名必须是唯一的。文件的路径由目录名构成，分为两种：一种是绝对路径，指从文件所在磁盘根目录开始到该文件所在目录为止所经过的所有目录名，用反斜杠符号“\”进行分隔；另一种是相对路径，从当前目录开始到文件所在目录的路径。两种路径构成方式加上文件名后都可以用来访问文件。如图 9-1 所示，当前目录为 password，若要访问 C 源程序文件 password.c，采用绝对路径加文件名访问为：

```
C:\zwg\password\password.c
```

采用相对路径加文件名访问为：

```
password.c
```

此外，在相对路径中，还可用“..”表示当前目录的上级目录。若上级目录 zwg 中有个可执行文件 pwd.exe，可用下面给出的相对路径形式来访问它：

```
..\pwd.exe
```

9.2　文件组织方式

在 C 语言中，文件被看作是一个有序的字节（字符）流，即由一个一个的字节或字符数据顺序组成，并且不同类型的文件具有不同的存储格式。

根据编码方式，文件可以分为两种：一种是文本文件（ASCII 码文件），另一种是二进制文件。文本文件中存放的是各字符对应的 ASCII 码值，是一个有序的字符序列（字符流），各字符均占用 1 个字节，典型的文本文件通常以.txt（Text 文本文件）、.c（C 语言源程序文件）、.h（C/C++语言头文件）、.cpp（C++语言源程序文件）和.ini（Initialization File，初始化文件）等为文件扩展名，可以直接用记事本打开查看文件内容。而二进制文件则直接依据数据在内存中的存放形式原样存储到文件中，中间无需经过字符转换。二进制文件中，1 个字节并不一定对应 1 个字符，不能直接输出字符形式。典型的二进制文件通常具有.exe（可执行程序文件）、.dll（动态链接库文件）、.lib（静态链接库文件）、.dat（通常为数据文件）、.bmp（图像文件）、.jpg（图像文件）等众多文件扩展名形式。

图 9-2 给出了整数 200808 在文本文件及二进制文件中的存储形式。整数 200808 在内存中占用 4 个字节（在 Visual C++ 6.0 中，整型数据占用 4 个字节），存放形式为 0000000,00000011,00010000,01101000（十六进制为 0x00031068），其文本形式占用 6 个字节，存放形式为 00110010,00110000,00110000,00111000,00110000, 00111000（十六进制为 0x323030383038），把数据从内存输出到文本文件中，中间需要经过字符转换过程（字符转换是指把一个字节的二进制数据转换成一个对应 ASCII 码值的字符或把一个字符转换成与其 ASCII 值相等的一个字节的二进制数据），每个字符占用 1 个字节，因此 200808 以文本形式输出时占用 6 个字节；而其二进制文件形式与内存存放形式完全一致，只占用 4 个字节。一般来说，文本文件便于对字符型数据进行操作，但存储量较大，读或写时均需进行字符转换，操作速度较慢；而二进制文件存储量小，操作速度快，因此，在计算机系统中，大部分文件都是以二进制形式存在的。

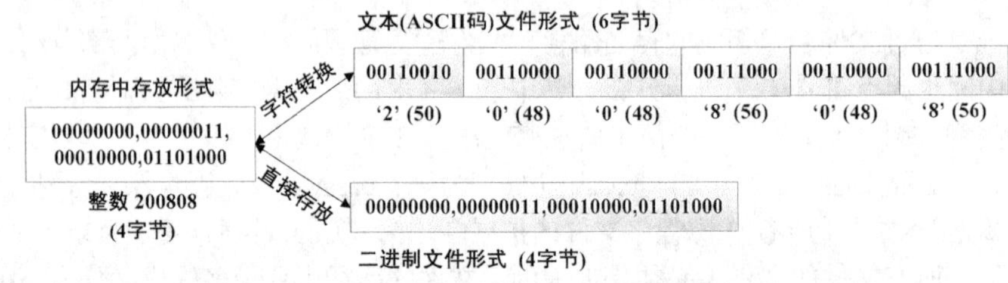

图 9-2 文本文件和二进制文件的存储格式

二进制文件如果直接用记事本以文本形式打开，大多情况下显示的是乱码。图 9-3 所示是用 Windows 自带的记事本软件以文本方式打开网络通信软件 QQ 的主程序——二进制文件 QQ.exe 所显示的内容，由于中间经过了字符转换过程，所以大部分显示的是乱码，只有极少部分是正常显示的。这是因为这部分文件数据中每个二进制字节刚好能对应上相应的字符。总之，要想获取二进制文件的内容，必须按照相应的存储方式对其进行正确的访问操作。

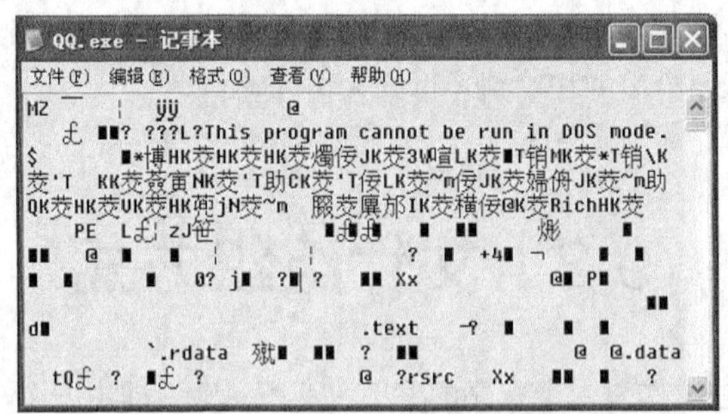

图 9-3 以文本形式打开二进制文件 QQ.exe

除了编码方式不同外，不同类型的文件也具有不同的存储格式（一般称为文件格式）。很多文件采用公开的标准文件格式，如图片文件采用 bmp、jpg、gif 等文件格式，声音文件采用 wav、mp3 等文件格式。对于这些类型的文件，只用按照公开的标准文件格式就可以正确访问它们。但有些文件的格式是非公开的，甚至是加密的，如 Microsoft Word 的 doc 文件格式等。这种类型的文件通常由特定文件格式定义区域（也就是通常所说的文件头）和数据区域组成，相当于把数据“打包”起来，一般只能用专门的应用程序来访问，其他程序如果不知道文件“打包”格式，则是“无从下手”的。当然，我们也可以自己编程来控制所创建文件的“打包”格式。如果不公开这个“个人特色”格式，那么就可以对文件中数据信息起到一定的保护作用，相当于实现一种简单的“文件加密”功能。

总之，在通过 C 语言编程实现对文件的访问时，必须严格按照文件原有的编码方式及文件存储格式对文件进行访问操作，才能正确读写文件数据。

9.3 文件操作

文件操作包括读文件和写文件等。读文件是指从文件中把数据信息读入内存中，以供程序调用；写文件是指把内存中的数据信息输出到永久性存储设备上的文件中，起到保存数据和实现数据共享的作用。

C 语言采用文件缓冲系统进行读/写文件操作。如图 9-4 所示，读文件时，先批量把数据从磁盘文件读入到输入文件缓冲区中，然后程序就可以从输入文件缓冲区中调用相应数据。相对应地，写文件时，首先把数据输出到输出文件缓冲区中，然后把输出文件缓冲区中的数据批量写到磁盘文件中。至于这个过程具体是怎样管理和实现的，就由计算机“大管家”——操作系统来负责调控了，对于编程人员来说是“透明”的。

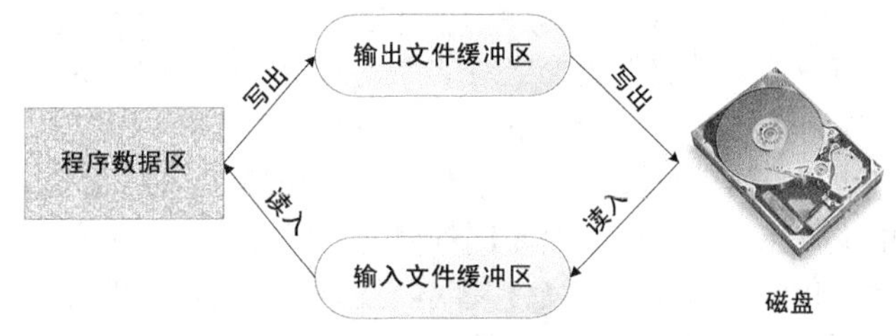

图 9-4 文本缓冲系统示意图

在用 C 语言编程实现对文件的操作时，必须把标准输入/输出头文件（Standard Input/Output）stdio.h 包含到程序中。在 stdio.h 中定义了文件结构体类型 FILE、一些文件操作宏常量及文件操作函数的原型声明等，极大地方便了程序员使用 C 语言来编程实现对文件的访问操作。

为了提高 C 程序的兼容性和扩展其可移植性，在输入/输出头文件 io.h 和 fcntl.h 中还定义了一族操作系统级的文件操作函数，包括打开文件函数 open()、读文件函数 read()、写文件函数 write()、关闭文件函数 close()、文件定位函数 lseek()等。关于其函数原型、具体定义及调用方法，感兴趣的读者可以查看相关的文献资料。由于这些函数定义在操作系统级上，使用方式具有通用性，基本上可以适用于所有的操作系统。而 ANSI C 中提供的以字符“f”开头命名的一族文件操作函数，实质上是包装了这些操作系统级文件操作函数，因此执行效率略低一些，但是操作功能更强大。

9.3.1 标准输入输出头文件 stdio.h

头文件 stdio.h 定义了文件结构体类型 FILE，用来保存文件的文件名、文件的状态和文件当前的读写位置等相关文件信息。文件结构体类型 FILE 的具体定义如下。

```
struct _iobuf {
        char *_ptr;             //文件输入的下一个位置
        int   _cnt;             //当前缓冲区的相对位置
        char *_base;            //指基础位置(文件的起始位置)
```

```
            int   _flag;              //文件标志
            int   _file;              /文件的有效性验证
            int   _charbuf;           //检查缓冲区状况，如果无缓冲区，则不读取
            int   _bufsiz;            //文件的大小
            char *_tmpfname;          //临时文件名
            };
    typedef struct _iobuf  FILE;      //声明文件结构的别名
```

在 C 语言程序中，当对某个文件进行操作时，需要为其建立一个对应的文件结构体类型变量，用来存放文件管理的基本信息。但利用 C 语言的库函数编写程序对文件进行操作时，并不直接使用该文件结构体类型 FILE 定义一个普通变量来存放文件信息，而是用 FILE 定义一个指针变量（通常称为文件指针）来指向被访问的文件，并通过该文件指针变量访问文件信息。文件指针的声明形式为：

```
    FILE *fp;           /* 定义文件结构体类型指针变量 */
```

上面的语句声明了一个文件指针 fp，但 fp 指向哪个文件，目前并不知道，只有通过文件打开函数让 fp 指向某个指定文件，将 fp 与该文件关联起来，才能使用 fp。一个文件指针只能指向一个文件，若有多个文件需要操作，则必须定义相应个数的文件指针，并通过文件打开函数给它们一一赋值。一般来说，在 ANSI C 标准中，同时能打开的文件数不超过 20 个。多个文件指针可以放在一条 C 程序语句中同时声明，也可在多个 C 程序语句中分别声明。在一个 C 程序语句中同时定义多个文件指针的形式如下。

```
    FILE *fp1, *fp2, *fp3,*fp4;        /* 同时定义多个文件结构体类型指针变量*/
```

C 语言是以文件字节流（字符流）的形式对文件进行访问操作的。为了便于对文件字节流顺序访问和随机定位，在文件内部还有一个位置指针（在本书中统称为文件内部读写位置指针）指向文件当前的读写操作位置，这就是文件结构体 FILE 中的成员指针变量_ptr。这个文件内部读写位置指针与上面所说的文件指针是两个完全不同的概念。文件指针通过文件打开函数指定所指向的文件后，其值是不会变化的，除非通过文件关闭函数把它与指定文件脱离开来。而文件内部读写位置指针在文件被打开时是指向文件头部位置，也就是文件字节流的最初始位置的。随着读写操作的进行，它会自动向文件字节流后续位置移动，也就是说，其值是会自动发生变化的，直至文件的尾部，即文件字节流的结束位置。在这个过程中，不需要知道文件内部读写位置指针_ptr 的值具体是什么，只需知道它当前所指向的是文件内部的读写位置。这个位置可以根据已读写的字节数推算，也可以通过调用函数 ftell()获得。在文件的顺序读写过程中，文件内部读写位置指针也跟着顺序移动。当然，也可以通过 C 语言提供的文件随机定位函数 fseek()来改变该内部指针的当前指向，从而实现文件的随机读写操作。图 9-5 给出了文件指针与文件内部读写位置指针的一个指向示意图。

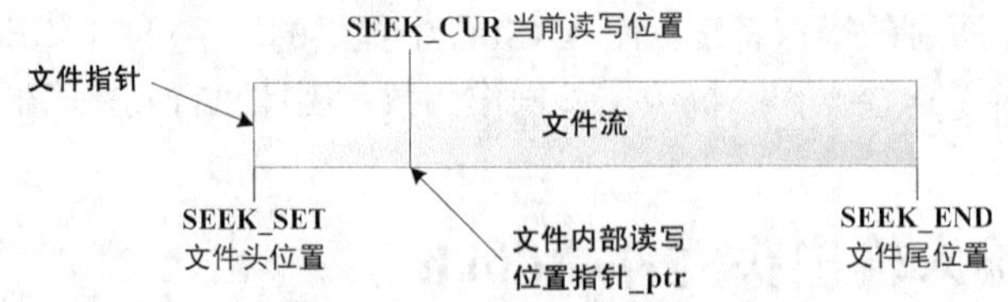

图 9-5　文件指针与文件内部读写位置指针的指向示意图

头文件 stdio.h 中还定义了一些文件操作函数中用到的宏常量，包括 3 个文件内部读写位置宏常量：

```
    #define SEEK_SET 0          /*表示文件头位置*/
    #define SEEK_CUR 1          /*表示文件内部读写位置指针当前所指向的位置*/
```

```
#define SEEK_END 2          /*表示文件尾位置*/
```

它们通常作为函数参数提供给文件随机定位函数 fseek()使用。此外，还有文件结束标识宏常量 EOF。在文件操作过程中一旦侦测到 EOF 值，则标明当前的文件内部读写位置指针已指向文件尾部，此时应该做相应的处理，否则会引起严重错误。

表 9-1　　头文件 stdio.h 定义的常用文件操作函数

函数名	功能说明	函数名	功能说明
fopen()	打开文件	fscanf()	从文件中按格式读取数据
fclose()	关闭文件	fprintf()	把数据按格式输出到文件流
feof()	文件结束标识测试	fread()	从文件中读取指定大小的数据块
ferror()	文件访问错误测试	fwrite()	向文件中写入指定大小的数据块
fgetc()	从文件中读取（输入）一个字符	rewind()	文件内部读写位置指针复位到文件头
fputc()	写入（输出）一个字符到文件中	fseek()	文件内部读写位置指针置为特定位置
fgets()	从文件中读一行或指定长度字符串	ftell()	返回文件内部读写位置指针当前位置
fputs()	写字符串到文件中		

头文件 stdio.h 中定义了若干文件操作函数，其中一些常用的函数如表 9-1 所示。下面将详细描述这些文件操作函数的原型。至于各个函数内部具体是怎么实现的，读者若有兴趣，可以自行查找相关资料。这肯定是有助于文件编程的。

9.3.2　文件打开与关闭

在 C 语言中，文件是以字节流（字符流）的形式存在的，需要有文件指针与之对应。首先，需要定义文件指针；有了文件指针变量后，必须通过文件打开函数给文件指针赋值，即让文件指针指向具体的文件；然后，就可以通过文件指针及调用相应的文件操作函数实现对文件的各种操作；在各种文件操作完毕后，必须尽快调用文件关闭函数来关闭文件，以免造成资源的浪费和文件信息的丢失。这个过程类似于洗手，打开水龙头，水流出来，洗手，洗完后关闭水龙头，否则会造成水资源的浪费。因此，一个文件有打开操作时，必须有对应的关闭操作。它们是成对出现的。

（1）文件打开函数 fopen()

```
原型：FILE *fopen( const char *filename, const char *mode );
功能：以指定方式打开所指定的文件
参数：filename ——文件路径加文件名，mode ——文件打开方式
返回值：若打开文件成功，则返回文件指针值；否则，返回 NULL(值为 0)
```

文件打开函数 fopen()的第 1 个参数 filename 为字符串，表示要打开的文件的路径及文件名，既可以是相对路径，也可以是绝对路径；第 2 个参数 mode 也为字符串，表示打开文件的方式。mode 字符串由两类字符组成：一类表示所要打开的文件类型，“t”表示文本文件（text），“b”表示二进制文件（binary），默认为打开文本文件，字符“t”一般省略。若要打开二进制文件，则必须显式说明，要把字符“b”放入 mode 字符串中。另一类组成 mode 字符串的字符有：“r”表示以只读（read only）方式打开文件；“w”表示以只写（write only）方式打开文件；“a”表示在文件末尾追加（appending）的方式打开文件；‘+’表示以可读可写方式打开文件。mode 字符串详细含义如表 9-2 所示。

表 9-2　　文件打开函数 fopen()中 mode 字符串参数的构成及对应的文件打开方式

打开方式	文本文件	二进制文件	备注
只读（输入）	r	rb	打开已存在文件，只可进行读操作。要求所读文件已存在且路径及文件名正确，否则会打开文件失败
只写（输出）	w	wb	打开空白文件，只可进行写操作。若文件已存在，则完全破坏原有文件内容后重新创建空白文件；若文件不存在，则新建空白文件。所创建文件路径及文件名由 filename 来定义
文件末尾追加数据	a	ab	打开已存在或空白文件，在文件末尾位置追加数据。若文件存在，则在末尾追加数据，原有数据不被破坏；若文件不存在，则创建空白文件。所创建文件路径及文件名由 filename 来定义
读/写（更新文件）	r+	rb+或 r+b	打开已存在文件，可进行读/写操作。要求所读写文件已存在且路径及文件名正确，否则会打开文件失败
读/写（更新文件）	w+	wb+或 w+b	打开空白文件，可进行读/写操作。若文件已存在，则完全破坏原有文件内容后重新创建空白文件；若文件不存在，则新建空白文件用于写数据。在执行读操作前必须执行写操作，即确保文件中有数据，否则会读文件失败
读/追加数据（更新文件）	a+	ab+或 a+b	打开已存在或空白文件，可读文件或追加数据。若文件已存在，则可进行读操作或在文件末尾追加数据；若文件不存在，则创建空白文件用于追加数据。所创建文件路径及文件名由 filename 来定义

对于打开的文件，在进行读/写或追加数据操作时，一定要注意文件内部读写位置指针的当前指向，并确定是否有数据可读或可进行写操作，否则会出现读写失败、造成文件数据被破坏并可能出现不可以恢复等严重错误。一般来说，在读/写时，写操作后面不可紧跟着出现读操作；同样，读操作后不可紧跟着出现写操作，否则会出现读或写失败（例子见“9.6 练习与思考”中改错题的第 2 小题）。文件打开函数 fopen()通常采用下面的可靠调用方式。

```
FILE *fp;
fp = fopen("文件路径及文件名","打开方式");
if( NULL == fp)
{
    printf("Open file error!");
    exit(-1);
}
```

假设当前文件目录为 C:\zwg，其下有一个文本文件 zwg.txt 和一个二进制文件 zwg.bin，则可以使用程序清单 9-1，分别打开这两个文件。

程序清单 9-1　openfile.c

```
/* purpose: 打开文件
author : Zhang Xiaodong
created: 2017/07/29*/
#include<stdio.h>
int main() //缺失了
{
   FILE *fp, *fpBinary;
   fp = fopen("zwg.txt","r");                    /* 以只读方式打开文本文件 */
   if( NULL == fp)
   {
        printf("Open text file 'zwg.txt' error!");
        exit(-1);
   }
   fpBinary = fopen("zwg.bin","rb+");           /* 以读/写方式打开二进制文件 */
```

```
    if( NULL == fpBinary)
    {
        printf("Open binary file 'zwg.bin' error!");
        exit(-1);
    }
}
```

以上代码中所采用的是相对路径及文件名来打开文件。若用绝对路径及文件名打开文件，则只需把 fopen()函数所在行替换成下面对应的代码。

```
fp=fopen("C:\\zwg\\zwg.txt", "r");
fpBinary=fopen("C:\\zwg\\zwg.bin", "rb+");
```

在这里，“\\” 表示反斜杠字符 “\”，其中前一个反斜杠字符表示转义的意思。函数 exit()的功能是无条件地直接退出当前程序，其中括号的参数为 0 值时，用来表示程序成功执行后正常退出，而非 0 值则表示程序出错后非正常退出。通常采用-1 值表示程序运行错误而退出。函数 exit()没有返回值，其函数原型在头文件 stdlib.h 中定义。因此，使用 exit()的程序需要包含头文件 stdlib.h。

（2）文件关闭函数 fclose()

```
原型：int fclose(FILE *stream);
功能：关闭文件
参数：stream ——文件指针
返回值：若关闭文件成功，则返回 0；否则，返回 EOF
```

文件关闭函数 fclose()关闭当前被操作的文件并释放相关资源，使文件指针 stream 与所指向的文件脱离。一个文件被关闭后就不能继续使用 stream 对它进行操作了，除非重新使用 fopen()函数将其打开并关联到 stream 上。文件打开与文件关闭是成对出现的，缺一不可。

文件关闭成功，fclose()函数返回值为 0；否则，返回值为 EOF。其调用方式为：

```
fclose(fp);        /* 关闭文件指针 fp 所指向的文件 */
```

通常来说，程序清单 9-2 给出了一段完整且可靠的文件打开及关闭通用程序代码。

程序清单 9-2　FileOpenAndClose.c

```
/*  purpose: Open and close a file
    author: Zhang Weigang
    created: 2008/09/18 11:45:08
*/
#include <stdio.h>
#include <stdlib.h>
int main(void)
{
    FILE *fp;
    int nClose;
    fp = fopen("文件路径及文件名","打开方式");
    if(NULL == fp)
    {
        printf("Open file error\n");
        exit(-1);
    }
    ......                              /* 此处可放置若干文件操作代码 */
    nClose = fclose(fp);
    if(EOF == nClose)
    {
        printf("Close file error\n");
        exit(-1);
    }
    return 0;
}
```

9.3.3 文件读/写函数

C 语言中常用的文件读/写函数主要有：

- 字符读/写函数 fgetc()和 fputc()
- 字符串读/写函数 fgets()和 fputs()
- 格式化读/写函数 fscanf()和 fprintf()
- 数据块读/写函数 fread()和 fwrite()

在详细描述这些文件读/写函数前，我们先来认识文件结束标识测试函数 feof()和文件操作错误测试函数 ferror()。

1. 文件结束标识测试函数 feof()

```
原型：int feof(FILE *stream);
功能：文件结束标识符测试
参数：stream ——文件指针
返回值：若文件内部读写位置指针正指向文件尾，则返回非 0 值；否则，返回 0 值
```

该函数用来测试文件结束标识，也就是测试文件内部读写位置指针当前是否已经指向文件末尾。若不是指向文件末尾，则 feof()的返回值为 0（逻辑假）；当且当文件内部读写位指针正指向文件的返回值为非 0 值（逻辑真）。该函数通常用在读文件操作之前，测试是否已遇到文件尾。若是，则停止文件读操作，否则会因为无数据可读而出现读操作错误。若不是，则可以正常进行读操作。feof()的普遍调用方式为：

```
if (! feof(fp))                          /* 如果没有遇到文件尾，则执行操作 */
{
    ......                               /* 文件读写操作代码 */
}
```

feof()也常用在循环判断中，比如把上面代码中的 if 换成 while，表示若没有遇到文件尾，则循环执行相应的文件读写操作。feof()函数同时适用于文本文件和二进制文件。注意，在二进制文件中只能使用该函数判断是否遇到文件尾，而不能直接使用 EOF 判断；而在文本文件中，则可以用读入的字符是否是 EOF 来判断是否遇到文件尾。

2. 文件操作错误测试函数 ferror()

```
原型：int ferror(FILE *stream);
功能：文件操作错误测试
参数：stream ——文件指针
返回值：若出现错误，则返回非 0 值；否则，返回 0 值
```

该函数用来测试对文件的某个读/写操作是否出现错误。若出现错误，则 ferror()的函数返回值为非 0 值（逻辑真）；否则，其返回值为 0（逻辑假）。ferror()常用来测试某个文件读写操作是否错误，以便进行相应的错误处理。其通常紧跟在判断是否出现错误的文件操作语句之后，普遍调用方式为：

```
文件操作函数调用语句;
if (ferror(fp))                          /* 如果文件读或写出错 */
{
        ......                           /* 文件读写错误处理程序代码 */
}
```

3. 字符读/写函数 fgetc() 和 fputc()

文件字符读/写函数 fgetc()和 fputc()用于每次从文件中读入一个字符（字节）或把一个字符（字节）写入到文件中。

（1）fgetc()函数

```
原型：int fgetc(FILE *stream);
```

```
功能：从文件中读入一个字符
参数：stream ——文件指针
返回值：成功执行，则返回所读取字符(字节)的整数值；否则，返回 EOF
```

其功能是从文件指针 stream 指向的文件流中读入 1 个字符，并将文件内部读写位置指针向后移动 1 个字节（相对于文件头位置）。在 fgetc()函数调用中，读取的文件必须是以读或读/写方式打开的。

该函数成功执行时，返回值为所读入的单个字符（字节）的整数值；如遇到文件尾或读字符出错，则返回值为 EOF。可以借助 feof()函数和 ferror()函数来进一步判断是遇到了文件尾还是读字符错误，以便于进行正确的应对处理。fgetc()的普遍调用方式为

```
ch = fgetc(fp);          /* 从文件指针 fp 所指向的文件流读取一个字符，并赋给字符型变量 ch */
```

（2）fputc()函数

```
原型：int fputc(int ch, FILE *stream);
功能：把字符 ch 写入到文件中
参数：ch ——字符，stream ——文件指针
返回值：成功执行，则返回所写入字符的整数值；否则，返回 EOF
```

其功能是把字符变量 c 中的字符写入到文件指针 stream 指向的文件流中，并将文件内部读写位置指针向后移动 1 个字节（相对于文件头位置）。在 fputc()函数调用中，要求所写入的文件必须是以写、读/写或追加数据方式打开的。

该函数成功执行时，返回值为所写入文件的单个字符（字节）的整数值；如遇到写字符出错，则返回值为 EOF。可以根据函数返回值采取相应的处理措施。fputc()的普遍调用方式为

```
fputc(ch, fp);                          /* 把字符 ch 写入到文件中 */
```

其实，fgetc()、fputc()跟 getchar()、putchar()的功能和使用方法是很相似的，只不过前 2 个函数要么是从文件中读（输入）字符，要么是写（输出）字符到文件中；而后 2 个函数中，一个是从键盘设备输入字符，一个是输出字符到显示设备。

【例 9-1】编程实现把文本文件 hit.txt 另存为新文本文件 hit_new.txt。

✧ 问题分析

把文本文件 hit.txt 另存为新文本文件 hit_new.txt 的过程，实质上就是把 hit.txt 的文件内容依次读出来并依次写入新创建的空白文件 hit_new.txt 中。

✧ 程序设计描述

定义文件指针变量 fp、fpNew，分别用来指向文件 hit.txt 和 hit_new.txt。定义整型变量 nCh，用来存放从文件 hit.txt 中读取的字符。从文件 hit.txt 中读取字符放入 nCh 中，执行成功后把 nCh 写入新文件中，此过程循环执行，当遇到 hit.txt 文件结束符时停止循环。图 9-6 给出了例 9-1 的程序流程图。程序实现代码如程序清单 9-3 所示。设文件 hit.txt 中所包含的内容为“Harbin Institute of Technology at Weihai”，并且与 C 源程序文件 SaveAs.c 在同一文件夹下。

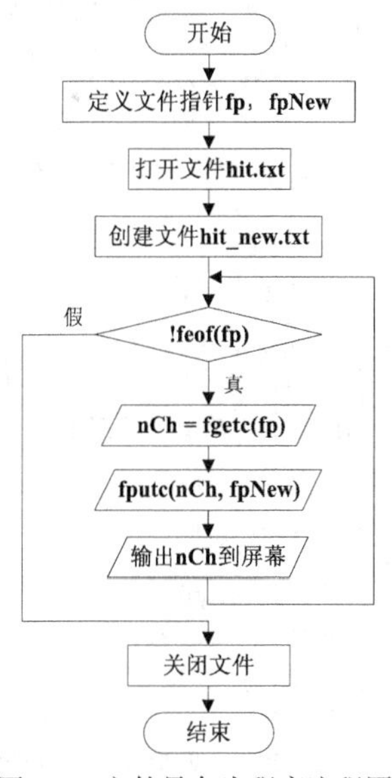

图 9-6　文件另存为程序流程图

✧ 程序实现

程序清单 9-3　SaveAs.c

```
/*  purpose: Saveas a file
    author:  Zhang Weigang
    created: 2008/09/18 22:02:08  */
```

```
#include <stdio.h>
#include <stdlib.h>
int main(void)
{
     FILE *fp, *fpNew;
     int nCh, nResult;
     fp = fopen("hit.txt","r");                    /* 以只读方式打开文件 hit.txt */
     if(NULL==fp)
     {
          printf("Open file hit.txt error\n");
          exit(-1);
     }
     fpNew = fopen("hit_new.txt","w");             /* 创建 hit_new.txt 并以只写方式打开 */
    if(NULL==fpNew)
    {
         printf("Create file hit_new.txt error\n");
         exit(-1);
    }

    while(!feof(fp))                               /* 未遇到文件尾时循环读写操作 */
    {
         nCh = fgetc(fp);                          /* 从文件 hit.txt 读取字符 */
         nResult = fputc(nCh,fpNew);               /* 把字符写到文件 hit_new.txt 中 */
         if(EOF == nResult)
         {
              printf("Write character to hit_new.txt error\n");
              exit(-1);
         }
         putchar(nCh);
    }
    fclose(fp);
    fclose(fpNew);
    printf("\nFile saveas successfully!\n");
    return 0;
}
```

运行结果如下。

```
Harbin Institute of Technology at Weihai
File saveas successfully!
```

4. 字符串读/写函数 fgets() 和 fputs()

文件字符串读/写函数 fgets()和 fputs()用于每次从文件中读入指定长度的字符串或把一个字符串写入到文件中。

（1）fgets()函数

```
原型：char *fgets(char *s, int n, FILE *stream);
功能：从文件中读入一个长度为 n-1 的字符串
参数：s ——字符串，n ——要读入的字符串总长度（空字符计算在内），stream ——文件指针
返回值：返回字符指针 s 的值
```

正常情况下，其功能是从文件指针 stream 指向的文件流中顺序读入 n-1 个字符，并在其后自动添加空字符‘\0’，构成长度为 n-1 的字符串，存入到字符指针 s 所指向的大小为 n 的字符数组中，并将文件内部读写位置指针向后移动 n-1 个字节（相对于文件头位置）。但是，若在读取 n-1 个字符的过程中遇到换行符‘\n’或文件末尾，则立即停止读入字符并自动附加空字符‘\0’到已读入的字符后面。此种情况下，所读入的字符串的实际长度小于 n-1，文件内部读写位置指针

移向下一行的开头位置或文件末尾。

该函数成功执行时返回字符指针 s，通过 s 程序就可以访问所读入的字符串。如果遇到换行符或文件末尾，且没有任何字符读入，则返回空指针 NULL；字符指针 s 所指向的字符数组内数据保持不变。若读入过程中出现错误，fgets()同样返回空指针 NULL，此时字符指针 s 所指向的字符数组内数据是不确定的。

（2）fputs()函数

```
原型：int fputs(char *s, FILE *stream);
功能：把字符串 s 写入到文件中
参数：s ——字符串，stream ——文件指针
返回值：成功执行，则返回一个非负整数值；否则，返回 EOF
```

其功能是把字符指针 s 所指向的字符串写入文件指针 stream 指向的文件流，字符串结尾的空字符不写入文件中，并将文件内部读写位置指针向后移动与字符串长度相同的字节数（相对于文件头位置）。

该函数成功执行时，返回一个非负整数值；若遇到写字符串出错，则返回值为 EOF。可根据函数返回值采取相应的处理措施。

【例 9-2】把从键盘输入的一个字符串写到文件 hit.txt 中，再从文件中把该字符串读出来显示到屏幕上。

✧　问题分析

首先通过 gets()函数获得从键盘输入的字符串，再调用 fputs()函数把该字符串写入到文件 hit.txt 中，然后使用 fgets()从文件中读取字符串并通过 puts()函数把该字符串显示到屏幕上。

✧　程序设计描述

定义文件指针变量 fp，用来指向文件 hit.txt。需要打开、关闭文件各两次。第 1 次，打开文件后把字符串写入到文件中，关闭文件。第 2 次，再次打开文件，把字符串从文件中读取出来并显示到屏幕上，然后关闭文件。图 9-7 给出了例 9-2 的程序流程图。其具体实现如程序清单 9-4 所示。

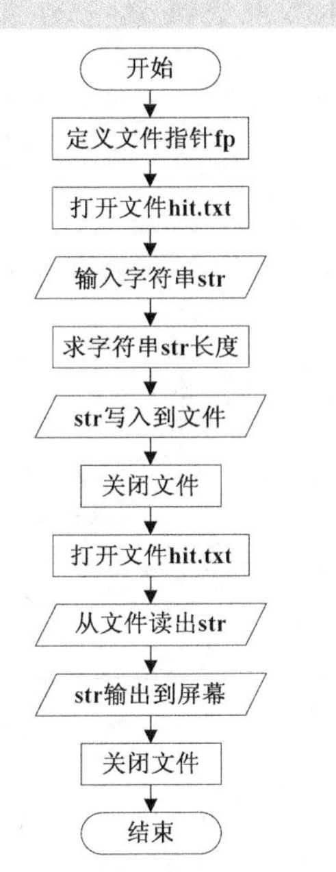

图 9-7　字符串文件读/写实例程序流程图

✧　程序实现

程序清单 9-4　StringWriteAndRead.c

```
/*  purpose: Write and read string for file
    author: Zhang Weigang
    reated: 2008/09/18 23:08:28 */
#include <stdio.h>
#include <stdlib.h>
#include <string.h>
int main(void)
{
    FILE *fp;
    char str[81], strNew[81], *pCh;
    int nResult, nLen;

    fp = fopen("hit.txt", "w+");                    /* 创建文件 hit.txt 并打开 */
    if(NULL== fp)
    {
        printf("Open file hit.txt error\n");
```

```
            exit(-1);
        }
        gets(str);                                  /* 获取键盘输入的字符串 */
        nLen = strlen(str);                         /* 计算字符串长度 */
        nResult = fputs(str, fp);                   /* 把字符串写入文件中 */
        if(EOF == nResult)
        {
            printf("Write string to hit.txt error\n");
            exit(-1);
        }
        printf("Write string to file completely\n");
        fclose(fp);

        fp = fopen("hit.txt", "r");                 /*以只读方式重新打开 hit.txt */
        if(NULL== fp)
        {
            printf("Open file hit.txt error\n");
            exit(-1);
        }
        pCh = fgets(strNew, nLen+1, fp);            /* 从文件中读取字符串 */
        if(NULL == pCh)
        {
            printf("Read string from hit.txt error\n");
            exit(-1);
        }
        /* 输出字符串到屏幕，此处也可把 pCh 替换成 strNew */
        puts(pCh);
        fclose(fp);
        return 0;
}
```

程序运行结果如下。

```
Hello, C Language
Write string to file completely
Hello, C Language
```

✧ 程序解读

在程序清单 9-4 中，文件 hit.txt 被打开和关闭了两次，这是为什么呢？有没有更简捷的方法呢？答案是肯定的，更简捷的方法只用打开和关闭一次，具体怎么实现，大家可以学完本章内容后再思考一下。

5. 格式化读/写函数 fscanf() 和 fprintf()

文件格式化读/写函数 fscanf()和 fprintf()的功能与已经学过的标准格式化输入/输出函数 scanf()和 printf()的功能及调用方式都是非常相似的，都是由函数的格式化定义字符串来控制所输入/输出数据的格式，并且要求输入/输出数据的类型与格式化定义字符串中的对应格式符相吻合。所不同的是，前两个函数的操作对象是文件，而后两个函数的操作对象分别是标准输入和输出设备，通常指的是键盘和显示器。fscanf()和 fprintf()的格式化定义字符串的详细规则及调用方式可参考 scanf()和 printf()进行。

（1）fscanf()函数

```
原型：int fscanf(FILE *stream, const char *format, … );
功能：文件格式化读取
参数：stream ——文件指针，format ——格式控制字符串，…——可变数目变量列表
返回值：成功执行，则返回所读取的字节数；否则，返回 EOF
```

从给出的函数原型可以看出，fscanf()仅是比 scanf()多了一个文件指针的参数，该参数用来指

定从哪个文件中读入格式化数据。而 scanf()则是从键盘直接输入格式化数据。fscanf()被成功执行后，返回值为所读入的字节数；若操作出错，则返回值为 EOF。

（2）fprintf()函数

```
原型：int fprintf(FILE *stream, const char *format, … );
功能：文件格式化输出
参数：stream ——文件指针，format ——格式控制字符串，…——可变数目变量列表
返回值：成功执行，则返回所写入的字节数；否则，返回一个负整数值
```

fprintf()仅是比 printf()多了一个文件指针的参数，该参数用来指定把格式化数据写入到哪个文件中。而 printf ()则直接把格式化数据输出到屏幕上显示。在这里需要注意的是，不管所写入的是文本文件还是二进制文件，fprintf()函数总是以字符串的形式把数据信息写入到文件中，而不是以数值形式存放到文件中。

fprintf ()被成功执行后，返回值为所写入的字节数；若操作出错，则返回一个负整数值。

【例 9-3】从键盘分别输入整数、浮点数、字符、字符串各一个，要求把这些数据按照键盘输入时的格式写到文件 hit.txt 中，然后从文件中把这些数据按原有格式读入并显示到屏幕上。

✧　问题分析

首先通过 scanf()函数获得从键盘输入的格式化数据，再调用 fprintf()函数把这些数据写入到文件 hit.txt 中，然后使用 fscanf()从文件中读取出数据并通过 printf()函数显示到屏幕上。其具体实现如程序清单 9-5 所示。

✧　程序实现

程序清单 9-5　FormattedFileWriteAndRead.c

```c
/*   purpose: Write and read formatted data for file
     author: Zhang Weigang
     created: 2008/09/19 21:25:20*/
#include <stdio.h>
#include <stdlib.h>
#include <string.h>
int main(void)
{
     FILE *fp;
     int nNum, nResult;
     float fData;
     char ch, str[30];

     printf("Please input an integer, a float, a char and a string like this:\n");
     printf("2008,8.08,B,Olympic\n");
     scanf("%d,%f,%c,%s", &nNum, &fData, &ch, str);   /* 从键盘格式化输入数据 */
     fp = fopen("hit.txt", "w+");                       /* 新建文本文件 */
     if(NULL==fp)  {
          printf("Open file hit.txt error\n");
          exit(-1);
     }
    nResult = fprintf(fp, "%d,%.2f,%c,%s", nNum, fData, ch, str);  /* 格式化写入文件 */
    if(nResult <0)  {
          printf("Write formatted data to hit.txt error\n");
          exit(-1);
     }
    printf("Write formatted data to file completely\n");

    nNum = 0;                                            /* 清空各变量 */
```

```
        fData = 0.0;
        ch = '\0';
        strcpy(str,"");

        fseek(fp, 0L, SEEK_SET);            /* 把文件内部读写位置指针重新定位到文件头 */

        nResult = fscanf(fp, "%d,%f,%c,%s", &nNum, &fData, &ch, str); /* 从文件格式化读入数据 */
        if(EOF == nResult) {
            printf("Read formatted data from hit.txt error\n");
            exit(-1);
        }
        printf("%d,%.2f,%c,%s\n", nNum, fData, ch, str);
        fclose(fp);
        return 0;
    }
```

程序运行结果如下。

```
Please input an integer, a float, a char and a string like this:
2008,8.08,B,Olympic
2008,8.08,B,Olympic
Write fromatted data to file completely
2008,8.08,B,Olympic
```

✧ 程序解读

在程序清单 9-5 中，文件 hit.txt 只分别被打开和关闭了一次，其中用到了文件定位函数 fseek()。有关该函数的原型及调用，请参考 9.3.4 小节。在上面的程序清单中，应该注意到 fscanf()函数被调用时，其格式化定义字符串的样式跟 scanf()函数是完全一样的；而 fprintf()函数被调用时，其格式化定义字符串的样式跟 printf()函数也是完全一致的。

6. 数据块读/写函数 fread()和 fwrite()

文件数据块读/写函数 fread()和 fwrite()主要用于整块数据的读写操作，例如，可以把一个数组中所有元素的数据值作为一整块写入到文件中或从文件中把数据整块地读取到数组中。

（1）fread()函数

```
原型：size_t fread(void *buffer, size_t size, size_t count, FILE *stream);
功能：读取文件数据块
参数：buffer ——数据存储区指针，size ——数据项字节数，count ——数据项数，
      stream ——文件指针
返回值：返回实际读取的数据项数
```

上面函数原型中出现的数据类型别名 size_t 的定义如下。

```
typedef unsigned int size_t;                    /* 定义无符号整数数据类型别名 */
```

可以用 size_t 定义一个无符号整型变量，该变量通常用来存放数据类型字节数运算符 sizeof 的结果值。

fread()函数的功能是从文件指针 stream 指向的文件流中，以整块的形式读入 count 个大小为 size 字节的数据项，存放到 buffer 指向的内存块中，并且将文件内部读写位置指针向后移动 count×size 个字节（相对于文件头位置）。

fread()函数的返回值为实际上成功读出的数据项个数。若函数被完全正确执行，则返回值等于 count；当在执行过程中（所读取的数据项数未达到 count）遇到错误或文件尾，则返回值小于所要读取的数据项个数 count。此时，可以借助函数 feof()和 ferror()判断是遇到文件尾还是执行出错。如果在函数 fread()被调用时，参数 size 或 count 的值为 0，返回值也为 0，指针 buffer 所指向的内存块内数据不发生变化。

（2）fwrite()函数

```
原型：size_t fwrite(void *buffer, size_t size, size_t count, FILE *stream);
功能：写数据块到文件中
参数：buffer ——数据存储区指针，size ——数据项字节数，count ——数据项数，
      stream ——文件指针
返回值：成功执行，则返回值等于 count；若返回值小于 count，则说明写数据出错
```

fwrite()函数的功能是把 buffer 指向的内存块中的数据以整块形式写入到文件指针 stream 指向的文件流中，具体所要写入数据项的个数由参数 count 决定，每个数据项占用的字节数由 size 决定。当函数被成功执行后，文件内部读写位置指针自动向后移动 count×size 个字节（相对于文件头）。

当 fwrite()函数被完全成功执行时，返回值等于 count。若返回值小于 count，则 fwrite()函数在执行过程中出错了，此时并不能确定文件内部读写位置指针指向何方，可采取的应对措施是把文件内部读写位置指针重新定位到 fwrite()函数此次被调用前所处的位置，然后尝试重新写数据块。

fread()和 fwrite()函数一般用于二进制文件的数据库读写操作，其中数据项大小 size 通常由 sizeof 运算得出，而不是直接指定，这样有利于增加程序代码的可移植性。

【例 9-4】现有内容为“The 2008 Beijing Olympic Games were truly exceptional Games!”（共 60 个字符，包括空格字符在内）的文本文件 hit.txt，将其加密成一个二进制文件 hit.bin。加密算法是把从文件中读出的所有字符按其在文件中的排列顺序依次加上数值 0～59。

✧　程序设计描述

由于事先已经知道所要读取的字符块的大小为 60，因此，首先通过 fread()函数从文件中获取字符数据，再使用循环来依次给读进来的字符加上相应的数值，得到加密后的字符数据块，然后通过 fwrite()函数把字符块写入到新的二进制文件中，完成加密过程。图 9-8 给出了加密程序的流程图，其具体实现如程序清单 9-6 所示。

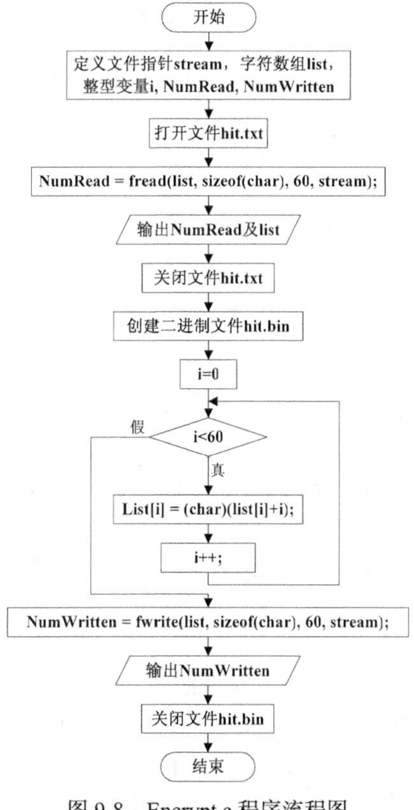

图 9-8　Encrypt.c 程序流程图

✧ 程序实现

程序清单 9-6 Encrypt.c

```
/*  purpose: Encrypt file
    author: Zhang Weigang
    created: 2008/09/20 20:00:30  */
#include <stdio.h>
int main(void)
{
     FILE *stream;
     char list[80];
     int  i, NumRead, NumWritten;
     stream = fopen("hit.txt", "r");                         /* 打开文件 */
     if(NULL != stream)
    {
         NumRead= fread(list, sizeof(char), 60, stream);  /* 从文件中读取 60 个字符 */
         printf("Number of items read = %d\n", NumRead);  /* 输出所读取的字符数 */
         printf("Contents of buffer = %.60s\n", list);    /* 输出所读取的字符块 */
         fclose(stream);
    }
    else
        printf("File could not be opened\n");
    stream = fopen( "hit.bin", "wb");                        /* 创建新的二进制文件 */
    if(NULL != stream)
    {
        for ( i = 0; i < 60; i++ )
            list[i] = (char)(list[i] + i);                   /* 通过字符运算进行简单加密 */
        NumWritten= fwrite(list, sizeof(char), 60, stream);/* 把加密后的字符块写入文件中 */
        printf("Wrote %d items\n", NumWritten);              /* 输出已写入文件的字符数 */
        fclose(stream);
    }
    else
        printf("File could not be opened\n");
    return 0;
}
```

程序运行结果如下。

```
Number of items read = 60
Contents of buffer = The 2008 Beijing Olympic Games were truly exceptional Games!
Wrote 60 items
```

程序清单 9-6 已经完成文件的加密功能，把文本文件 hit.txt 加密成了二进制文件 hit.bin。那么怎样把 hit.bin 中的内容解密呢？怎样利用 C 语言编程来实现解密功能呢？这个解密问题就留给读者来“DIY”吧。

通常来说，使用文件数据块读/写函数 fread()和 fwrite()就足够可以完成对文件的大多数操作。但 C 语言提供的其他文件读写函数在不同的情况下还是会给编程人员带来很大的便利。在文件操作编程时，应该根据实际情况选择最适宜的函数来便捷地完成相应的文件操作。

9.3.4 文件定位函数

前面介绍文件的读/写操作时，基本上都是按照顺序读/写的方式进行的，读/写文件都是从文件头开始的。也就是说，读/写操作开始时，文件内部读写位置指针都是从文件头开始的。C 语言为了提高文件操作的便捷性，还提供了用于文件随机定位的函数 rewind()和 fseek()，求相对于文件头偏移量的函数ftell()等。有了这些函数，编程人员就可以根据实际需要把文件内部读写位置指针定位到所需的位置上，继而进行读/写操作。

当文件以读/写方式打开时，文件内部读写位置指针指向文件头，随着读/写操作的进行，该指针会向文件尾方向移动；而当文件以追加数据方式打开时，文件内部读写位置指针指向文件尾的前一字节，随着写操作的进行，该指针也会相应向后面移动。

（1）函数 rewind()

```
原型：void rewind(FILE *stream);
功能：把文件内部读写位置指针无条件地重新指向文件头位置
参数：stream ——文件指针
返回值：无返回值
```

（2）函数 fseek()

```
原型：int fseek(FILE *stream, long int offset, int whence);
功能：文件内部读写位置指针置为指向一个特定的位置，该位置由函数的调用参数来决定
参数：stream ——文件指针，offset ——偏移量，whence ——文件内部预定义位置
返回值：成功执行则返回 0；否则返回非 0 值
```

fseek()函数被调用后，文件内部读写位置指针将重新指向由参数 offset 和 whence 所确定的位置，即把文件内部读写位置指针移动到距离 whence 的 offset 字节处。其中 offset 必须使用长整型整数，如 0L、100L、-100L 等，正整数表示新位置在 whence 的后面，负整数表示新位置在 whence 的前面。这里的前后均是相对于文件头来说的。参数 whence 的取值只有 3 个，那就是头文件 stdio.h 中定义的宏常量 SEEK_SET、SEEK_CUR 和 SEEK_END，分别表示文件头位置、文件内部读写位置指针当前所指向的位置及文件尾位置。在实际使用中，只有文件头是确定不变的，因此在使用 fseek()函数时应尽量使用 SEEK_SET 作为参照点 whence 的值。

一般来说，函数 rewind()可以被取代为 fseek(stream, 0L, SEEK_SET)，两者所起的效果是一样的。

学习到这里，读者知道程序清单 9-4 留下的思考题应该怎样解决吗？

（3）函数 ftell()

```
原型：long int ftell(FILE *stream);
功能：返回文件内部读写位置指针当前指向位置
参数：stream ——文件指针
返回值：成功执行则返回当前位置距离文件头的偏移量（字节数）；否则返回-1L
```

函数 fseek()和 ftell()通常用于二进制文件。

【例 9-5】计算一个二进制文件的大小（所占字节数），并在屏幕上显示出来。

✧　问题分析

计算出文件尾距离文件头的偏移量，即得到文件的大小。文件被打开时，文件内部读写位置指针指向文件头，通过调用 fseek()函数可以把它移动到文件尾，再调用 ftell()函数即可求得偏移量。其具体实现如程序清单 9-7 所示。在此使用例 9-4 中程序清单 Encrypt.c 运行完成后所得的加密二进制文件 hit.bin 作为测试文件，求其大小。

✧　程序实现

程序清单 9-7　FileSize.c

```
/*  purpose: file size
    author: Zhang Weigang
    created: 2008/09/20 23:12:30*/
#include <stdio.h>
int main(void)
{
    FILE *stream;
    long int lnFileSize;
```

```
    stream = fopen("hit.bin", "rb" );
    if(NULL != stream)
    {
        fseek(stream,0L,SEEK_END);          /* 文件内部读写位置指针指向文件尾 */
        lnFileSize = ftell(stream);         /* 求文件尾到文件头的偏移量，即文件大小 */
        printf("The file size of hit.bin is %ld bytes\n", lnFileSize);
        fclose(stream);
    }
    else
        printf("File could not be opened\n");
    return 0;
}
```

程序运行结果如下。

```
The file size of hit.bin is 60 bytes
```

除了上面所介绍的文件操作函数之外，头文件 stdio.h 还定义了很多其他文件操作函数。感兴趣的读者可以查阅相关资料。

9.4 综合应用实例

本节将以一个综合应用给出功能较全面的文件操作编程实例，希望读者能够做到“举一反三”，真正掌握 C 语言文件操作编程的“精髓”。这一综合实例来源于第 4 章 4.1.2 小节中规划的学生成绩档案管理中两个模块：读入学生信息和存储学生信息。

✧ 问题分析及设计

根据规划要求，可以通过为每个模块设计一个子函数来完成相应的功能，子函数的参数由主调函数提供。子函数中主要用到的数据类型为学生信息结构体，其定义如下。

```
typedef struct student
{
    int id;                                 /* 学号 */
    char name[20];                          /* 学生姓名 */
    float cLanguage, math, english;         /* C 语言、数学和英语成绩 */
}stu;                                       /* 学生信息结构体数据类型别名，与第 7 章相同 */
```

为了便于子函数程序的使用，给学生信息结构体类型起了一个别名：stu。

所要添加的两个子功能对应的子函数定义如下。

（1）读取学生信息的子函数 ReadStuInfo()

```
原型：int ReadStuInfo(char *filename, char *mode, STUD *stu, int num);
功能：从文件中读取学生成绩信息
参数：filename ——文件名，mode ——文件打开方式，stu ——学生结构体数组，
      num ——记录数
返回值：执行成功，则返回实际读入的记录数；否则返回-1
```

（2）把中间操作结果写入到文件中的子函数 WriteStuInfo()

```
原型：int WriteStuInfo(char *filename, char *mode, STUD *stu, int num);
功能：把学生成绩信息写入到文件中
参数：filename ——文件名，mode ——文件打开方式，stu ——学生结构体数组，num ——记录数
返回值：执行成功，则返回实际写入的记录数；否则返回-1
```

✧ 程序实现

由于学生信息是用结构体存储的，而一个结构体数据可看作是一个数据块，因此，子函数 ReadStuInfo()和 WriteStuInfo()中的文件读/写操作分别采用文件数据块读/写函数 fread()和 fwrite()

来实现。两个子函数的具体实现如程序清单 9-8 所示。

程序清单 9-8　ReadWriteStu.c

```
/*    功能：从文件中读取学生信息
      参数：文件名 filename，文件打开方式 mode，学生信息结构体数组 stu，一次读入的学生信息记
            录数 num
      返回值：执行成功，则返回实际读入的记录数，否则返回-1   */
int ReadStuInfo(char *filename, char *mode, stu *Stud; int num)
{
      FILE *fp;
      int nNumRead, nRes;

      fp = fopen(filename, mode);
      if(NULL != fp)
      {
          nNumRead = fread((void *)stud,sizeof(stu), num, fp);      /* 以数据块方式读入
                                                                      指定数目的记录 */
          if(ferror(fp))                                            /* 错误处理 */
          {
                printf("Reading error!\n");
                nRes = -1;
          }
          else
          {
                printf("There have read %d student score records.\n", nNumRead);
                nRes = nNumRead;                                  /* 已正确读入的记录数 */
          }
          fclose(fp);
      }
      else
      {
          printf("Can't open the student information file!\n");
          nRes = -1;
      }
      return nRes;
}

/*    功能：把学生信息写入到文件中
      参数：文件名 filename，文件打开方式 mode，学生信息结构体数组 stu，一次写入的学生信息记录数 num
      返回值：执行成功，则返回实际写入的记录数，否则返回-1   */
int WriteStuInfo(char *filename, char *mode, stu *stu, int num)
{
      FILE *fp;
      int nNumWritten, nRes;
      fp = fopen(filename, mode);
      if(NULL != fp)
      {
          /* 以数据块形式写入成绩记录 */
          nNumWritten = fwrite((void *)stud,sizeof(stu), num, fp);
          if(ferror(fp))                                          /* 错误处理 */
          {
                printf("Writing error!\n");
                nRes = -1;
          }
          else
```

```
            {
                printf("Written %d records successfully!\n", nNumWritten);
                nRes = nNumWritten;                /* 已成功写入的记录数 */
            }
            fclose(fp);
        }
        else
        {
            printf("Can't open the student information file, please try again!\n");
            nRes = -1;
        }
        return nRes;
    }
```

图 9-9 所示为第 4 章中给出的学生管理系统之学生档案管理子系统操作菜单。其中，操作 1 的功能是从学生信息记录文件中读取学生记录数据，可通过调用子函数 ReadStuInfo()来实现；操作 6 的功能是把学生记录数据写入到文件中，可通过调用子函数 WriteStuInfo()来实现。读者可以尝试把这两个子函数添加到第 5 章的程序代码中，实现一个较为完整的学生管理系统。

图 9-9 学生档案管理操作菜单

9.5 本章小结

在 C 语言中，文件被当作一个“字节流”处理，并且采用了文件缓冲系统，通过文件输入/输出缓冲区加快文件的读写速度。C 语言提供了功能丰富的文件操作函数，使得编程人员能够更加方便地完成对文件的操作。

1. 知识层面

（1）根据编码方式可将文件分为 ASCII 码文件（文本文件）和二进制文件。

（2）对文件的操作，必须遵从“打开文件→操作文件→关闭文件”的顺序。

（3）要注意区分文件指针和文件内部读写位置指针。

文件指针在程序中是看得见的，通过文件打开函数 fopen()对其赋值后，其值不会发生变化，直到文件被关闭后，该文件指针与当前所指向文件脱离，释放所占用的资源。

文件内部读写位置指针在程序中是看不见的，通常在文件打开时，其指向文件头（只有以追加数据方式打开时，文件内部读写位置指针才一开始就指向文件尾的前一个字节），随着读/写操作的进行，它会自动地顺序向后面移动（文件尾方向）。

2. 方法层面

（1）文件打开函数 fopen()在执行时打开指定文件，创建一个用于存放有关文件和缓冲区信息的文件结构体，并返回指向该结构体的指针（文件指针）。其他文件操作函数可以通过这个文件指针处理所打开的文件。

文件被打开时可以指定文件操作的方式，包括只读、只写、读/写和追加数据等 4 种打开方式。打开文件时一定要判断 fopen()是否成功执行，否则有可能引起不可控的错误。

（2）在文件操作完成后，必须调用文件关闭函数 fclose()来关闭打开的文件，释放所占用的资源。否则，可能会导致文件受损、数据丢失等问题。

（3）文件的读写可以按字符、字符串、数据块及指定格式化等多种形式进行。

C 语言提供了文件字符读/写函数 fgetc()和 fputc()、文件字符串读/写函数 fgets()和 fputs()、文件格式化读/写函数 fscanf()和 fprintf()以及文件数据块读/写函数 fread()和 fwrite()。

（4）为了满足文件随机定位操作的需要，C 语言还提供了一组随机定位函数，包括 rewind()、fseek()和 ftell()。通过这组函数，可以根据实际需要重置文件内部读写位置指针的指向，实现对文件中指定位置进行读/写操作。

（5）C 语言还提供了用于测试文件内部读写位置指针是否遇到文件尾的文件结束标识测试函数 feof()，以及判断文件操作过程中是否出错的错误测试函数 ferror()。

（6）由于文件操作与外部存储设备密切相关，存在一些不确定因素，随时可能会出“意外”，因此，对程序中的每一步文件操作进行错误判断及错误处理是必不可少的。

通过 C 语言提供的文件操作函数，可以实现便捷高效的文件操控编程，但是在编程中仍有很多技术细节是需要仔细考虑并在设计时加以处理的。

练习与思考 9

1. 填空题

假设在程序中有这样一些语句：

```
#include <stdio.h>
FILE *fp1, *fp2;
char ch, str[100];
int nNumRead;
fp1 = fopen("test1.txt", "r");
fp2 = fopen("test2.txt", "w");
```

并且，假设两个文件都被成功打开，请完成下面代码的空格部分。

```
a) ch = fgetc(____); /* 读取文件 test1.txt 中字符 */
b) fprintf(____, "%c\n", ____); /* 把 ch 写入文件 test2.txt 中 */
c) fclose(____); /* 关闭文件 test2.txt */
d) while(!____)fscanf(fp1, ____,____); /* 依次读入文件 test1.txt 中所有字符 */
e) nNumRead = fread(_____,_____, 1, fp1);
f) fseek(fp1, _____, _____); /* 将文件内部读写位置指针定位到文件尾*/
```

2. 选择题

（1）在 C 语言中对文件操作的一般步骤是（　　）。

（A）打开文件—操作文件—关闭文件　　（B）操作文件—修改文件—关闭文件

（C）读写文件—打开文件—关闭文件　　（D）读文件—写文件—关闭文件

（2）fscanf()函数的正确调用形式为(　　)。

（A）fscanf（fp, 格式字符串，读入变量列表）;

（B）fscanf（文件指针，格式字符串，读入变量列表）;

（C）fscanf（格式字符串，文件指针，读入变量列表）;

（D）fscanf（格式字符串，读入变量列表，fp）;

（3）以下可作为函数 fopen 中的第一参数的是（　　）。

（A）c:user\text.txt　　（B）c:\user\text.txt

（C）"c:\user\text.txt"　　（D）"c:\\user\\text.txt"

（4）若执行 fopen 函数发生错误，则函数的返回值是（　　）。

（A）地址值　　（B）NULL　　（C）1　　（D）EOF

（5）函数调用语句 fseek(fp, -10L, 2);的功能是（　　）。

（A）将文件内部读写位置指针移到离当前位置 10 个字节处

（B）将文件内部读写位置指针移到文件尾前面 10 个字节处

（C）将文件内部读写位置指针移到文件头后面 10 个字节处

（D）将文件内部读写位置指针移到文件尾后面 10 个字节处

（6）函数 fputc()调用成功时，其返回值为（　　）。

（A）EOF　　（B）1　　（C）0　　（D）所写入的字符

（7）当打开的文件被成功关闭后，函数 fclose()返回（　　）。

（A）-1　　（B）0　　（C）TRUE　　（D）1

（8）当文件内部读写位置指针指向文件尾时，函数 feof()返回（　　）。

（A）EOF　　（B）非零值　　（C）0　　（D）NULL

3. 简答题

（1）如果对 fopen()函数的返回值不进行错误检查，可能会出现什么后果？为了程序的可靠性，是否需要对程序中所有的文件操作函数进行错误检查和处理？

（2）以“a+”、“r+”、“w+”模式打开的文件都是可读可写的。哪种模式更适合用来改变文件中已有的内容？

4. 编程题

（1）修改本章中程序清单 9-4，使之只用打开文件和关闭文件各 1 次。

（2）通过命令行参数给定 2 个文件的文件名，要求把第二个文件的内容原封不动地写入到第一个文件的尾部，并且不能破坏第一个文件的原有数据。

（3）给定一个文本文件和一个字符，要求编程实现把该文件中含有此指定字符的所有数据行打印出来，并按原有样式写入到一个新的文本文件中保存起来。

（4）编程统计一个文本文件中所包含的字母、数字和其他字符的个数。

（5）某个文本文件包含若干家庭的所有家庭成员的年龄，其中同一个家庭所有成员的年龄都位于同一行，由单个空格分隔，家庭成员数不固定。例如，下面的数据：

```
51 49 24
36 35 7 3
25 25
```

描述了三个家庭的成员年龄，其中第 1 个家庭有成员 3 个，第 2 个家庭有成员 4 个，第 3 个家庭有成员 2 个。编写一个程序，计算并输出用这种文件表示的每个家庭所有成员的平均年龄。

提示：在文本文件中，回车换行符用‘\n’表示。应该一行一行地从文件中读出数据进行处理。

5. 改错题

（1）下面的程序有哪些错误？怎样改正？

```
#include <stdio.h>
int main()
{
     int *fp;
     int k;
     fp = fopen("file");
     for(k=0; k<30; k++)
          fputs(fp, "Beijing 2008");
     fclose("file");
     return 0;
}
```

（2）下面的程序代码可能会存在错误，请找出这个错误并改正。该段代码的功能是把文件 hit.txt 中的所有小写字母替换成对应的大写字母。

```
#include <stdio.h>
int main()
{
     FILE *fp;
     char ch;
     fp = fopen("hit.txt", "r+");
     if(NULL != fp)
     {
         while(fread(&ch, sizeof(char), 1, fp) == 1 && !feof(fp))
         {
             if(ch >= 'a' && ch <= 'z')
             {
                 ch -= 32;
                 fseek(fp, -1L, SEEK_CUR);
                 fwrite(&ch, sizeof(char), 1, fp);
             }
         }
    }
    fclose(fp);
    return 0;
}
```

提示：对于打开的同一个文件，在读写操作相继进行时，必须在两个操作之间插入 fseek()函数的调用。

附录 C语言参考资料

附 1　C 语言发展史及版本历程

附 1.1　C 语言的发展史

早期的系统软件主要是用汇编语言编写的，如 UNIX 操作系统。由于汇编语言依赖于计算机硬件，程序的可读性和可移植性都比较差。为了提高可读性和可移植性，人们开始考虑改用高级语言，但高级语言一般难以实现汇编语言直接对硬件进行操作的某些功能，如对内存地址的操作、位（bit）操作等。于是，设想能否找到一种兼具高级语言与汇编语言双重优点的语言来代替汇编语言。C 语言就在这种情况下应运而生了，之后成为国际上广泛流行的计算机高级语言。

D. M. Ritchie

C 语言是在 B 语言的基础上发展起来的，它的根源可以追溯到 ALGOL 60。1960 年出现的 ALGOL 60 是一种面向问题的高级语言，它离硬件比较远，不宜用来编写系统程序。1963 年英国剑桥大学推出 CPL（Combined Programming Language），它在 ALGOL 60 的基础上更接近硬件一些，但是规模比较大，在编写系统软件时难以实现。1967 年英国剑桥大学的 Matin Richards 对 CPL 做了简化，推出 BCPL（Basic Combined Programming Language）。1970 年美国贝尔实验室的 Ken Thompson 以 BCPL 为基础，又做了进一步简化，使得 BCPL 能挤压在 8K 内存中运行。这个简单且很接近硬件的语言就是 B 语言（取 BCPL 的第一个字母），并用它写了第一个 UNIX 操作系统，在 DEC PDP-7 上实现。但 B 语言过于简单，并且功能有限，与 BCPL 一样都是“无类型”的语言。1972 年至 1973 年间，贝尔实验室的 D. M. Ritchie 在 B 语言的基础上设计出 C 语言（取 BCPL 的第二个字母）。C 语言既保持了 BCPL 和 B 语言的优点——精练而接近硬件，又克服了它们的缺点——过于简单且无数据类型等。最初的 C 语言只是为描述和实现 UNIX 操作系统提供一种工具语言而设计的。1973 年，K. Thompson 和 D.M. Ritchie 两人合作将 UNIX 的 90%以上的部分用 C 改写（UNIX 第 5 版）。经过改写的 UNIX 使分散的计算系统之间的大规模联网以及互联网成为可能。

后来，C 语言做了多次改进，但主要还是在贝尔实验室内部使用。直到 1975 年 UNIX 第 6 版公布后，C 语言突出的优点才引起人们普遍注意。1977 年出现了不依赖于具体机器的 C 语言编译文本《可移植 C 语言编译程序》，大大简化了 C 移植到其他机器时所需要做的工作，这也推动 UNIX 操作系统迅速地在各种机器上实现。例如，VAX、AT&T 等计算机系统都相继开发了 UNIX。随着 UNIX 日益广泛的使用，C 语言也得到迅速推广。C 语言和 UNIX 可以说是一对孪生兄弟，在发展过程中相辅相成。1978 年以后，C 语言先后被移植到大、中、小、微型机上，如 IBM System/370、Honeywell 6000 和 Interdata 8/32，已是独立于 UNIX 和 PDP 的小型机了。现在 C 语言已风靡全世界，成为世界上应用最广泛的几种计算机语言之一。

以 1978 年由美国电话电报公司（AT&T）贝尔实验室正式发表的 UNIX 第 7 版中的 C 编译程序为基础，Brian W. Kernighan（柯尼汉）和 Dennis M. Ritchie（里奇）合著了影响深远的名著 *The C Programming Language*，常被称为“K&R”，也有人称之为“K&R 标准”或“白皮书”（white book）。它成为后来广泛使用的 C 语言版本的基础，但在“K&R”中并没有定义一套完整的标准 C 语言。为此，1983 年，美国国家标准化协会（ANSI）委员会根据 C 语言问世以来各种版本对 C 的发展和扩充，制定了新的标准，称为 ANSI C。ANSI C 在原来的标准 C 基础上有了很大的发展。1987 年，ANSI 又公布了新标准——87 ANSI C。1988 年 K&R 在修改了他们的经典著作 *The C Programming Language*，按照 ANSI C 标准重新写了该书。当时广泛流行的各种版本 C 语言编译系统虽然基本部分是相同的，但也有一些不同，如在微型机上使用的有 Microsoft C（MS C）、Borland Turbo C、Quick C 和 AT&T C 等。之后的 Java、C++、C#都是以 C 语言为基础发展起来的。

附 1.2　C 的版本历程

（1）K&R C

C 不断从它的第一版本进行改进。在 1978 年，Kernighan 和 Ritchie 的 *The C Programming Language* 第一版出版。它介绍了 struct 数据类型、long int 数据类型、unsigned int 数据类型，把运算符=+改为+=，依此类推。在以后的几年里，*The C Programming Language* 一直被广泛作为 C 语言事实上的规范。

K&R C 通常作为 C 编译器所支持的最基本的 C 语言部分。虽然现在的编译器并不一定都完全遵循 ANSI 标准，但 K&R C 作为 C 语言的最低要求仍然需要编程人员掌握。无论怎样，现在广泛使用的 C 语言版本都已经与 K&R C 相距甚远，因为这些编译器都使用 ANSI C 标准。

（2）ANSI C 和 ISO C

在 K&R 出版后，一些新的特征被“非官方”地加到 C 语言中，如 void 函数、函数返回、struct 或 union 类型、void *数据类型等。在 ANSI 标准化 C 语言的过程中，这些新的特征被加了进去。1989 年，ANSI 制定并公布了 C 语言的新标准 ANSI X3.159-1989。ANSI 同时规范了 C 语言的函数库。

ANSI C 标准被 ISO（国际标准化组织）采纳成为 ISO9899。1990 年，ISO 的第一个版本文件出版。

（3）C99

在 ANSI 标准化后，C 语言的标准在一段相当长的时间内都保持不变。实际上，Normative Amendment1 在 1995 年已经开发了一个新的 C 语言版本，但是这个版本鲜为人知。ANSI 标准直到 20 世纪 90 年代才经历了改进，这就是 ISO9899:1999 规范，出版于 1999 年。这个版本就是通常提及的 C99。它被 ANSI 于 2000 年 3 月采用。C99 在原有的基础上做了很多的改进，使 C 语言更加灵活和完善。

附 2　C 语言编辑软件简介

“工欲善其事，必先利其器”。有一款好的 C 语言编辑软件可以使得读者学习或使用 C 语言完成工作更加得心应手。用 C 语言编写的代码被称为源程序，用任何文件编辑器都可进行编辑。编辑完成后，存为以.c 为文件扩展名的文件，如 HelloWorld.c。这个文件是不能运行的，需要经过编译→链接→生成可执行文件（Windows 操作系统的文件扩展名为.exe）等几个步骤。有一些很优秀的 C 语言编辑软件可以帮助程序员轻松完成这些工作。在程序没有问题的情况下，这些软件通常可以一次完成上述三个步骤，直接生成可执行文件（单击〖编译〗按钮，然后再单击〖运行〗按钮观察运行结果）。当出现错误时，也会给出说明和较为准确的定位。下面介绍三款当前较为流行的 C 语言编辑软件。

附 2.1 Code::Blocks

Code::Blocks（简写为 CodeBlocks）是一个开放源码的、全功能的跨平台 C/C++集成开发环境。它由纯粹的 C++语言开发完成，使用了著名的图形界面库 wxWidgets，使其在 1.0 发布时就成为跨越平台的 C/C++IDE，支持 Windows 和 GNU/Linux。凭借其开放源码的特点，Windows 用户可以不依赖于 VS.NET，使用 CodeBlocks 编写跨平台 C++应用。

（1）安装

CodeBlocks 是一款免费软件，可登录官方网站，下载与自己计算机上操作系统相匹配的 Code::Blocks 版本。如 Windows XP/Vista/7/8.x/10，可下载 codeblocks-16.01mingw-setup.exe 文件。这个版本包含来自 TDM-GCC 的 GCC/G++编译器和 GDB 调试器，不再需要安装其他插件。

双击 codeblocks-16.01mingw-setup.exe 进入安装界面。在“Welcome to CodeBlocks Setup”对话框中单击〖Next〗按钮、在“License Agreement”对话框中单击〖I Agree〗按钮、在“Choose Components”对话框中单击〖Next〗按钮、在“Choose Install Location”对话框中填写安装目录（可用默认目录安装）后单击〖Install〗按钮。总之，一路“默认”便可安装成功。

（2）编辑、编译与运行

✧ 运行 CodeBlocks

〖开始〗→〖所有程序〗→〖CodeBlocks〗→〖CodeBlocks(Launcher)〗。

✧ 建立工程项目

在大型项目的软件研发中，通常会包含多个文件。为了方便管理与组织，软件开发平台会依据用户需求建立项目管理目录及文件。所以，在编写 C 语言程序时，应该先建立工程项目。CodeBlocks 里有两种方法建立工程项目：菜单〖File〗→〖new〗→〖Project...〗和编辑区域“Start here”中的“Create a new project”，两者都可以打开对话框“New from template”。然后进行如下一系列步骤：①单击“Console application”图标，再单击〖Go〗按钮；②在打开的对话框中单击〖Next〗按钮；③在打开的对话框中选择“C”，单击〖Next〗按钮；④在打开的对话框中填写“Project title”和“Project file name”，单击〖Next〗按钮；⑤在打开的对话框中单击〖Finish〗按钮，项目创建完成。

✧ 建立/编辑 C 源程序

项目创建完成后，系统会自动生成一个 main.c 文件。双击 CodeBlocks 左边“Projects”Tab 标签页面中的“Workspace”→“addtion2_1”（项目名称）下面的“Sources”标签。双击“Sources”下的 main.c 文件，可进入 C 语言程序编辑界面，如附图 2-1 所示。

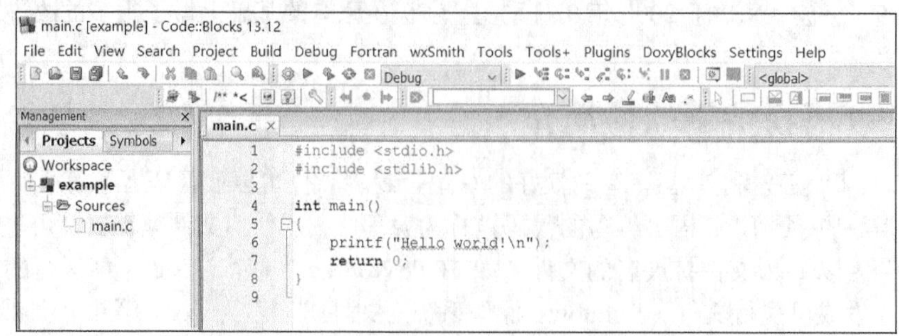

附图 2-1 CodeBlocks 程序编辑界面

✧　编译及运行

在附图 2-1 的快捷菜单中，单击“齿轮”按钮进行编译（Ctrl+F9），将 C 语言代码转化为计算机可执行的机器码（01 代码）和所调用的其他机器码进行链接并最终生成可执行文件，该过程会检查程序中出现的语法错误。单击“绿色三角”按钮运行（Ctrl+F10）可执行文件。运行前一定会经过编译。单击“齿轮+绿色三角”按钮为编译+运行一起执行。如果没有任何错误，屏幕会输出运行结果。

（3）调试

包括拼写在内的语法错误，都会在编译阶段被系统发现，提示程序员去改正。而当没有任何语法错误、却发现程序执行结果与预期结果不符时，我们就可以通过开发平台的调试功能，即 debug，对程序分步执行，逐步找到问题所在。

✧　设置/取消断点

将光标停留在疑似问题行——用鼠标单击此行，按 F5 或者单击菜单〖Debug〗→〖Toggle breakpoint〗。对同一行重复执行上述操作，则取消断点。

✧　开始/结束调试

按 F8 或红色三角，或单击〖Debug〗→〖Debug/continue〗。程序进入调试模式，此时应该打开 Watchs（new）来观察变量在程序执行过程中的变量，以确定错误所在之处。方法为点击菜单〖Debug〗→〖Debug windows〗→〖Watches〗。单步调试（Next line）按 F7。进入函数调试（Step into）按 Shift+F7 组合键，跳出函数（Step out）按 Ctrl+F7 组合键，结束调试（Stop debugger）按 Shift+F8 组合键。每种操作除了组合键外，在菜单上也可找到相应的功能，如结束调试为〖Debug〗→〖Stop debug〗。整个过程如附图 2-2 所示。

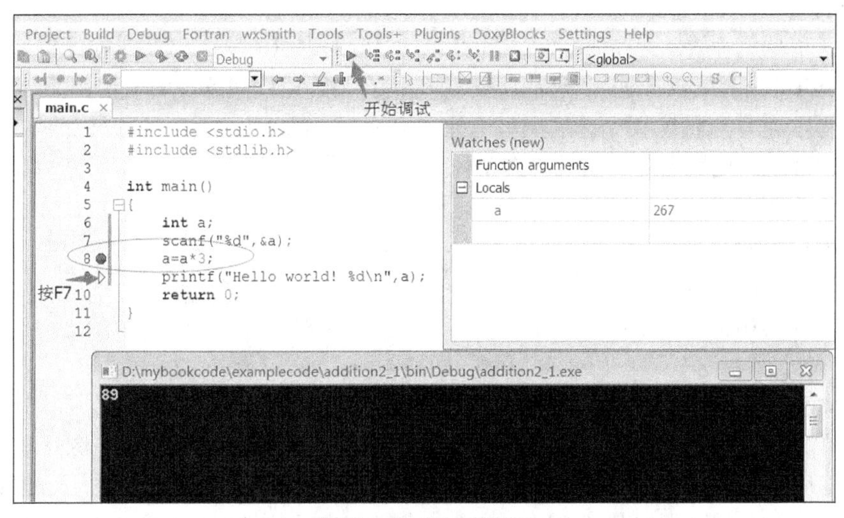

附图 2-2　调试示意图

（4）注意事项

初学者在使用 CodeBlocks 时，经常会遇到以下两个问题。

✧　程序明明修改了，运行程序，结果却没有任何改变。这是因为修改后的程序没有经过编译，点的按钮是“绿色三角”。这个按钮是运行已经编译形成的可执行文件，并非把修改过后的程序编译一遍再运行。所以，对初学者来说，最后是按“齿轮+绿色三角”，即“编译+运行”。

✧　找不到 main.c 文件。这是因为初学者不小心点击了“Management” Tab 页面右边的三角，如附图 2-3（a）所示，使得 Tab 页面发生了转移。只要再点击左边的三角，使 Tab 页面移回 Projects 就可以找到源文件 main.c，如附图 2-3（b）所示。

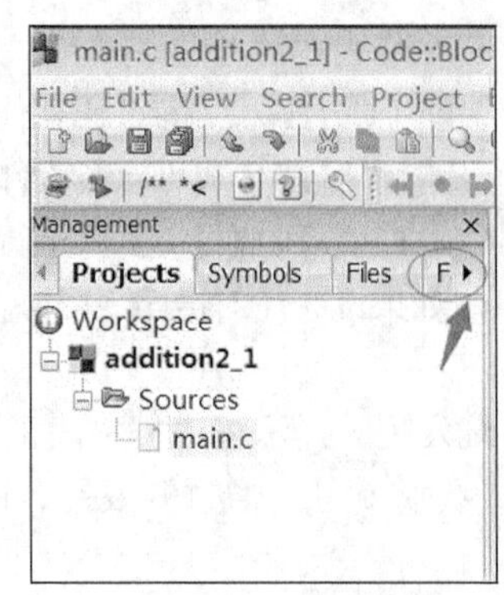

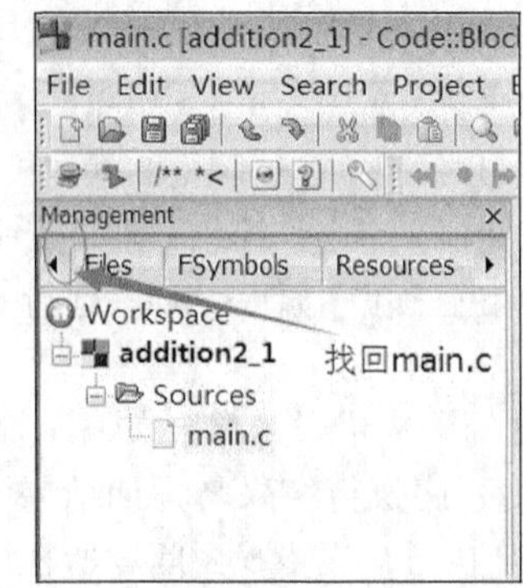

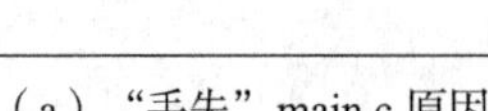

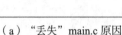

（a）“丢失”main.c 原因　　（b）找回 main.c

附图 2-3　找不到 main.c 文件

附 2.2　Visual Studio 2013

微软推出多个版本的 C/C++语言集成开发环境。其中，Visual C++6.0 作为经典版本，对于初学者来说，易学易用，但是因为版本过老，难以满足当前流行软件的开发需求，微软已经停止对它的维护和升级。因此，它在主流的 Windows 操作系统上存在很多兼容性问题。若读者仍对其感兴趣，参见本书第 1 章。

目前，微软发行的 Visual Studio 2013（简称 VS 2013）性能稳定，许多人使用它作为开发工具。现在介绍一下如何使用 VS 2013。

（1）安装

VS 2013 不是免费软件，在安装时，需要购买相应的许可。它的安装非常简单，找到安装文件（如 vs_ultimate.exe），双击进入安装过程：①选择安装路径并同意许可条款；②安装可选功能，因为我们只用于编写 C 语言程序，这里只选择“用于 C++的 Microsoft 基础类”即可；③安装成功后设置默认环境，使用系统默认或选择 Visual C++均可。

因为软件比较大，所以会花较长的时间安装。安装结束后，不用“登录”，选择“以后再说”，然后，开始使用 VS2013。

（2）编辑、编译与运行

✧　运行 VS 2013

〖开始〗→〖所有程序〗→〖visual studio 2013〗→〖visual studio 2013〗。

✧　建立新项目

选择菜单左上角的〖文件〗→→〖新建〗→〖项目〗。在打开的对话框左侧列表中选择“模板→Visual C++”，在右侧列表中选择“Win32 控制台应用程序”。在对话框的下方给新项目起名称，并选择项目及相关文件的存储位置。单击〖确定〗按钮，进入下一个对话框。在打开的对话框中点击〖下一步〗，进入到应用程序设置对话框。选择“控制台应用程序”“空项目”两个选项，去掉“安全开发生命周期（SDL）检查”选项，单击〖完成〗按钮，建立项目。

✧　建立编辑 C 源程序

在主窗体右侧（或左侧）的解决方案资源管理器的树形列表中，选择“源文件”，右键点击它，在弹出的对话框中选择〖添加〗→〖新建项〗。在打开的对话框中选择“Visual C++”“C++文件（.cpp）”，下面的名称**必须写成 .c 形式**，如 hello.c，单击〖添加〗按钮，VS 2013 会添加并打开一个空的 C 语言文件，将光标停留在打开文件的左上角，等待输入。

✧　编译及运行

在打开的源文件（编辑区域）内，输入 C 语言程序代码。选择菜单项〖调试〗→〖开始执行

（不调试）〗或按 Ctrl+F5 组合键，在打开的对话框中选择〖是〗。如果没有任何编译错误，将会显示程序的运行结果。

（3）调试

包括拼写在内的语法错误，编译器在编译过程中都会检查出来，停止程序的继续执行，等待程序员去改正。但是，如果是设计上有缺陷或者实现逻辑上存在问题，而没有语法错误，编译器就发现不了，即程序编译没任何问题，但却得不到预期的结果。这种错误往往危害更大，花费在寻找和改正错误上的时间更长。为此，设置断点、进行调试就非常有用了。调试的方法如下。

✧ 设置/取消断点

将光标移至疑有问题的代码行（用鼠标点击此行），单击鼠标右键，在弹出的对话框中选择〖断点〗→〖插入断点〗（F9），会看到在该行的最左侧出现一个红点，则断点设置成功。取消断点为点击鼠标右键，在弹出的对话框中选择〖断点〗→〖删除断点〗（F9）。

✧ 运行调试

调试→启动调试（F5）。程序运行到断点就会停止，程序员就可以观察到变量的改变情况。进入调试状态后，要注意工具条上以下一些按钮，如附图 2-4 所示。从左往右，依次为逐语句（F11）、逐过程（F10）、跳出（Shitf+F11）调试。它们的含义是逐语句调试：如果遇到调用函数，则进入调用函数内部逐语句执行；逐过程调试，不进入调用函数内部；跳出调试是执行当前执行点所在函数的剩下所有行。

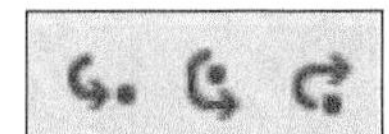

附图 2-4 调试快捷按钮

调试过程中要注意观察变量的变化过程，以便发现问题，如附图 2-5 所示。自动窗口中显示的变量为当前有效的变量。如果有自己感兴趣的变量未在自动窗口中显示，可以切换到监视 1 中，在“名称”一栏下方，输入变量名称便可观察该变量在程序执行时的变化。

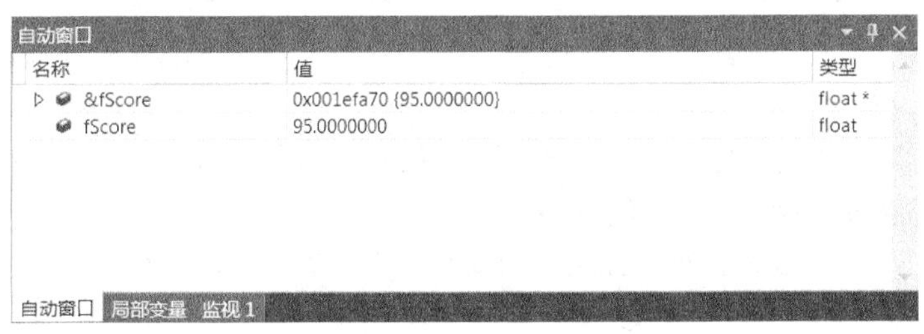

附图 2-5 自动变量观察窗口

（4）注意事项

在新项目时，选择“安全开发生命周期（SDL）检查”选项会有什么后果？有些 C 语言的“老”函数将不能被使用，如 scanf()。这些函数因为存在一定的不安全因素，而在高版本的编译器中被替换，如在 VS 2013 中改为 scanf_s()，但是这一修改使得 C 语言开发的程序可移植性变差，所以，我们在编程时，仍然延用 scanf()。有两种方法可以延用这些老函数：一种是不选择“安全开发生命周期（SDL）检查”选项，另一种是在文件一开头加上宏定义：**#define _CRT_SECURE_NO_DEPRECATE**。

附 2.3 C4droid

C4droid 是一款 Android 设备上的 C/C++程序编译器，默认以 tcc（tiny c compiler）为编译器，可以选择安装 gcc 插件（约 20 MB）。

（1）安装

安装时要确保手机内存有 70 MB 左右的空间。通过手机搜索 C4droid.pc6.apk 文件（或以 C4droid 开头的 apk 文件）下载，直接安装即可。安装过程全部用默认选项（〖安装〗→〖安装〗→…）。通常在安装过程中会提示安装 gcc 的选项，单击〖安装〗按钮。安装过程中，软件不会向系统索要任何特权。

（2）编辑、编译与运行

安装成功后，会在手机屏幕上显示附图 2-6（a）所示的图标。打开后，会显示附图 2-6（b）所示的界面。读者在此进行 C 语言程序编辑。其功能按键一目了然，依需求点击应用按钮即可。

本书提到 C 语言的程序通常都非常小，对于当前的手机来说，读者一般不用担心存储不够的问题。手机编程不如计算机编程方便，所以，更应该注意随时保存，以确保成果不会丢失。保存时，要特别注意路径的选择，在保存界面的第二行有一个名为“+new folder”的“文件夹”，它有新建目录的功能。选择“+new folder”，会弹出一个输入文本条，等待输入目录名。如果输入的目录名已存在，则进入该目录，否则新建一个目录。这一功能非常重要，可以帮助用户找到所需要的文件继续编辑或者编译运行。

（a）图标

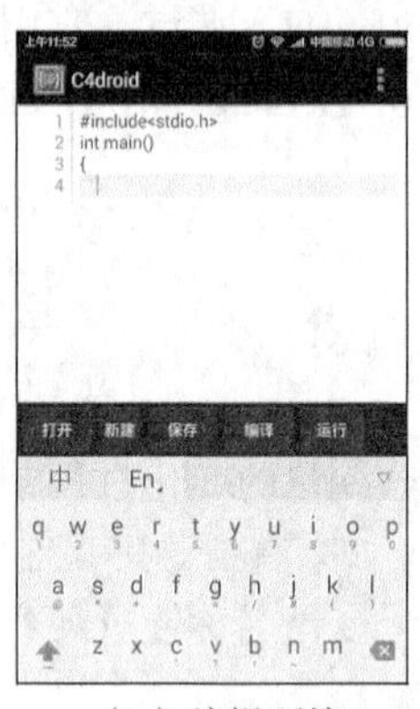

（b）编辑环境

附图 2-6　C4droid

C4droid 没有调试功能。但读者可以通过编程技术达到调试的目的，比如对疑似有问题的变量语句后面加一个 printf()函数输出这个变量等。

上述对三款 C/C++集成编辑软件介绍较为简单，想要更好地使用相关工具，可以参看该软件的帮助手册。

附 3　C 语言关键字

关键字（Keyword）又称保留字，是 C 语言预定义的单词，它们在程序中有不同的使用目的。在定义标识符的时候，不能与这些“关键字”相重，否则在编译时会产生许多莫明其妙的错误。由 ANSI 标准定义的关键字共 32 个。其中，expr 表示表达式。

附表 3-1　ANSI 标准定义的关键字

分类	名称	含义及用途
数据类型关键字（12 个）	**char**	声明字符型变量或函数
	double	声明双精度变量或函数
	enum	声明枚举类型
	float	声明浮点型变量或函数

续表

分类	名称	含义及用途
数据类型关键字（12个）	**int**	声明整型变量或函数
	long	声明长整型变量或函数
	short	声明短整型变量或函数
	signed	声明有符号类型变量或函数
	struct	声明结构体变量或函数
	union	声明联合数据类型
	unsigned	声明无符号类型变量或函数
	void	无类型指针、函数；无返回值或无参数
控制语句关键字（12个）	**break**	跳出 switch 结构或当前循环
	case	开关语句分支，switch(expression){**case** exp:…;default: …}
	continue	结束当前循环，开始下一轮循环
	default	开关语句中的“其他”分支，switch(expr){**case** expr: …;default: …}
	do	循环语句的循环体开始，**do**{…}while(expr);
	else	条件语句否定分支，if(expr){…}**else**{…},
	for	循环语句，for(expression1; expression2;expression3){…}
	goto	无条件跳转语句
	if	条件判断，**if**(expr){…} , **if**(expr){…}else{…}, **if**(expr){…}else **if**{…}…
	return	子程序返回语句（可以带参数，也可不带参数）
	switch	用于开关语句，**switch**(expr){case exp:…;default:}
	while	循环语句，**while**(expr){…}，do{…}**while**(expr);
存储类型关键字（4个）	**auto**	自动变量，默认声明变量的形式
	extern	声明变量是在其他文件中声明（也可以看作引用变量）
	register	声明寄存器变量
	static	声明静态变量
其他关键字(4个）	**const**	声明只读变量
	sizeof	计算数据类型长度
	typedef	用以给数据类型取别名
	volatile	说明变量在程序执行中可被隐含地改变

附 4 标识符的命名方法

本节将介绍几种常用的标识符命名方法供读者参考。

（1）骆驼式（Camel）命名法

该命名法又被称为小驼峰式命名规则，指混合使用大小写字母来构成变量和函数的名字，第一个单词的第一个字母小写，接下来的每一个逻辑断点都由一个大写字母来标记，看起来像一个骆驼峰。例如，

```
printEmployeePaychecks();
```

近年来骆驼式命名法越来越流行，在许多新的函数库和 Microsoft Windows 环境中，使用得当相多。

（2）帕斯卡（Pascal）命名法

该命名法与骆驼式命名法类似，只不过骆驼式命名法是首字母小写，而帕斯卡命名法是首字母大写，所以它又被称为大驼峰式命名规则。例如：

```
DisplayInfo();
char UserName[20];
```

（3）匈牙利（Hungarian）命名法

据说这种命名法是一位叫 Charles Simonyi 的匈牙利程序员发明的，他曾就职于微软，于是这种命名法就通过微软的各种产品和文档资料在全世界传播开来。大部分程序员不管自己使用什么软件进行开发，或多或少都使用了这种命名法。这种命名法是把变量名或函数名按“属性+类型+对象描述”的顺序组合起来，使程序员对标识符所代表的含义有相对直观的了解。其中，对象描述要求有明确的含义，可以取对象名字的全称或一部分，要基于容易记忆、容易理解的原则，并保证名字的连贯性。例如：

```
static int  s_nAddend;          //静态整数加数
```

匈牙利命名法（HN）规范如附表 4-1 所示，其中，描述部分为程序员对最常用的对象的习惯性缩写。在命名时，如果没有属性，通常认为该标识符被限制为局部有效。

附表 4-1　　匈牙利命名法规范

属性名称	属性标识	类型名称	类型标识	描述名称	描述标识
全局变量	g_	字符	ch（通常用 c）	最大	Max
常量	c_	短整型	n	最小	Min
静态变量	s_	整型	i/ n	初始化	Init
		长整型	l	临时变量	T（或 Temp）
		无符号	u	源对象	Src
		单精度浮点型	f	目的对象	Dest
		双精度浮点型	d		
		字符串	sz		
		数组	a		
		指针	p		
		函数	fn		

（4）三种命名方法比较

myData 是一个骆驼式命名法的示例。

MyData 是一个帕斯卡命名法的示例。

iMyData 是一个匈牙利命名法的示例，小写的 i 说明它的型态，后面和帕斯卡命名法相同，指示了该变量的用途。

附 5　ASCII 表

附表 5-1　　常用 ASCII 值

字符 Char	Dec（十进制）	Oct（八进制）	Hex（十六进制）	字符 Char	Dec（十进制）	Oct（八进制）	Hex（十六进制）
（nul）	0	0000	0x00	@	64	0100	0x40
（soh）	1	0001	0x01	A	65	0101	0x41
（stx）	2	0002	0x02	B	66	0102	0x42

续表

字符 Char	Dec（十进制）	Oct（八进制）	Hex（十六进制）	字符 Char	Dec（十进制）	Oct（八进制）	Hex（十六进制）
（etx）	3	0003	0x03	C	67	0103	0x43
（eot）	4	0004	0x04	D	68	0104	0x44
（enq）	5	0005	0x05	E	69	0105	0x45
（ack）	6	0006	0x06	F	70	0106	0x46
（bel）	7	0007	0x07	G	71	0107	0x47
（bs）	8	0010	0x08	H	72	0110	0x48
（ht）	9	0011	0x09	I	73	0111	0x49
（nl）	10	0012	0x0a	J	74	0112	0x4a
（vt）	11	0013	0x0b	K	75	0113	0x4b
（np）	12	0014	0x0c	L	76	0114	0x4c
（cr）	13	0015	0x0d	M	77	0115	0x4d
（so）	14	0016	0x0e	N	78	0116	0x4e
（si）	15	0017	0x0f	O	79	0117	0x4f
（dle）	16	0020	0x10	P	80	0120	0x50
（dc1）	17	0021	0x11	Q	81	0121	0x51
（dc2）	18	0022	0x12	R	82	0122	0x52
（dc3）	19	0023	0x13	S	83	0123	0x53
（dc4）	20	0024	0x14	T	84	0124	0x54
（nak）	21	0025	0x15	U	85	0125	0x55
（syn）	22	0026	0x16	V	86	0126	0x56
（etb）	23	0027	0x17	W	87	0127	0x57
（can）	24	0030	0x18	X	88	0130	0x58
（em）	25	0031	0x19	Y	89	0131	0x59
（sub）	26	0032	0x1a	Z	90	0132	0x5a
（esc）	27	0033	0x1b	[	91	0133	0x5b
（fs）	28	0034	x1c	\	92	0134	0x5c
（gs）	29	0035	0x1d	]	93	0135	0x5d
（rs）	30	0036	0x1e	^	94	0136	0x5e
（us）	31	0037	0x1f	_	95	0137	0x5f
（sp）	32	0040	0x20	`	96	0140	0x60
!	33	0041	0x21	a	97	0141	0x61
"	34	0042	0x22	b	98	0142	0x62
#	35	0043	0x23	c	99	0143	0x63
$	36	0044	0x24	d	100	0144	0x64
%	37	0045	0x25	e	101	0145	0x65

续表

字符 Char	Dec（十进制）	Oct（八进制）	Hex（十六进制）	字符 Char	Dec（十进制）	Oct（八进制）	Hex（十六进制）
&	38	0046	0x26	f	102	0146	0x66
	39	0047	0x27	g	103	0147	0x67
(	40	0050	0x28	h	104	0150	0x68
)	41	0051	0x29	i	105	0151	0x69
*	42	0052	0x2a	j	106	0152	0x6a
+	43	0053	0x2b	k	107	0153	0x6b
,	44	0054	0x2c	l	108	0154	0x6c
-	45	0055	0x2d	m	109	0155	0x6d
.	46	0056	0x2e	n	110	0156	0x6e
/	47	0057	0x2f	o	111	0157	0x6f
0	48	0060	0x30	p	112	0160	0x70
1	49	0061	0x31	q	113	0161	0x71
2	50	0062	0x32	r	114	0162	0x72
3	51	0063	0x33	s	115	0163	0x73
4	52	0064	0x34	t	116	0164	0x74
5	53	0065	0x35	u	117	0165	0x75
6	54	0066	0x36	v	118	0166	0x76
7	55	0067	0x37	w	119	0167	0x77
8	56	0070	0x38	x	120	0170	0x78
9	57	0071	0x39	y	121	0171	0x79
:	58	0072	0x3a	z	122	0172	0x7a
;	59	0073	0x3b	{	123	0173	0x7b
<	60	0074	0x3c	|	124	0174	0x7c
=	61	0075	0x3d	}	125	0175	0x7d
>	62	0076	0x3e	～	126	0176	0x7e
?	63	0077	0x3f	（del）	127	0177	0x7f

附表 5-2　　C 语言常用的转义字符

字符常量形式	ASCII 码（十六进制）	含义
'\f'	'\X0C'	换页
'\r'	'\X0D'	回车
'\t'	'\X09'	横向制表符
'\v'	'\X0B'	垂直制表符
'\b'	'\X08'	退格
'\n'	'\X0A'	换行
'\\'	'\X5C'	字符“\”
'\''	'\X27'	字符“'”
'\"'	'\X22'	字符“"”

附 6　VC++各数据类型所占字节数和取值范围

附表 6-1　　Visual C++各数据类型所占字节数和取值范围

数据类型	所占字节数（bytes）	取值范围
char	1	−128～127
signed char	1	−128～127
signed short int	2	−32768～32767
signed int	4	−2147483648～2147483647
signed long int	4	−2147483648～2147483647
unsigned char	1	0～255
unsigned short int	2	0～65535
unsigned int	4	0～4294967295
short int	2	−32768～32767
int	4	−2147483648～2147483647
long int	4	−2147483648～2147483647
float	4	-3.4×10^{38}～3.4×10^{38}
double	8	-1.7×10^{308}～1.7×10^{308}
long double	8	-1.7×10^{308}～1.7×10^{308}

说明：signed 表示有符号数，unsigned 表示无符号数。有符号数在计算机内是以二进制补码形式存储的，其最高位是符号位，“0”表示“正”，“1”表示“负”。例如，

0	1	1	1	1	1	1	1	表示 127

1	0	0	0	0	0	0	0	表示−128

附 7　C 语言运算符及优先级

附表 7-1　　运算符及优先级

优先级	运算符	含义	运算对象个数	结合方向	分类
1	( ) [ ] -> .	圆括号 下标运算符 指向结构体成员运算符 结构体成员运算符		自左向右	表示符
2	! ～ ++ − − − （类型） * & sizeof	逻辑非运算符 按位取反运算符 自增运算符 自减运算符 负号运算符 类型转换运算符 指针运算符 地址运算符 长度运算符	1	自右向左	单目类

续表

优先级	运算符	含义	运算对象个数	结合方向	分类
3	* / %	乘法运算符 除法运算符 求余运算符	2	自左向右	算术运算符
4	+ –	加法运算符 减法运算符	2	自左向右	
5	<< >>	左移运算符 右移运算符	2	自左向右	位操作
6	<<=　>>=	关系运算符	2	自左向右	关系运算符
7	= = ! =	等于运算符 不等于运算符	2	自左向右	
8	&	按位与运算符	2	自左向右	位操作
9	∧	按位异或运算符	2	自左向右	
10	|	按位或运算符	2	自左向右	
11	&&	逻辑与运算符	2	自左向右	逻辑运算符
12	||	逻辑或运算符	2	自左向右	
13	? :	条件运算符	3	自左向右	条件运算符
14	=、+=、– =、*=、/=、%=、>>=、<<=、&=、∧=、|=	赋值运算符 复合赋值运算符	2	自右向左	赋值运算符
15	,	逗号运算符	2	自左向右	逗号运算符

说明：

（1）同一优先级的运算符，运算次序由结合方向决定。

（2）通过添加括号，能改变或调整运算顺序。

（3）运算对象个数中的数字表示操作数的个数，如 2 表示两个操作数，即双目。

（4）C99 标准中，并没有结合方向的规定，但在实际运算时是有结合方向的。

附 8　格式化输入/输出控制

函数 printf()和 scanf()都可以在 stdio.h 文件中找到它们的原型声明。出于对知识产权的保护，它们的定义（源代码）被以动态链接库（*.dll）及函数库（*.lib）的方式封装。这两种库文件是二进制文件，一般情况下，无法以文本方式阅读。下面分别对这两个函数的含义及应用进行介绍。

（1）函数 printf()

```
原型：int __cdecl printf(const char *format, ...);
头文件：#include <stdio.h>
说明：输出成功后返回输出字符的个数
参数：format 指示输出的字符串及格式；"..."代表形参的数量可以扩展
功能：按 format 所指定格式向标准输出设备输出数据
_cdecl 是指当函数执行完毕时，由函数自身控制资源(如内存区及变量空间)的清理工作。
```

const char* format 代表指定输出格式字符串，其内容及意义如附表 8-1 和附表 8-2 所示。

附表 8-1　　printf()函数格式字符串及其意义

格式说明	功能
%c	以字符形式输出，只输出一个字符
%d 或%i	以带符号的十进制形式输出整数
%o	以八进制无符号形式输出整数（不带前导 0）
%x 或%X	以十六进制无符号形式输出整数（不带前导 0x 或 0X）
%u	以无符号的十进制形式输出整数
%f	以小数形式输出单、双精度实数（加修饰符 1），默认为 6 位小数
%e 或%E	以指数形式输出单、双精度实数（加修饰符 1），输出 6 位有效数字，1 位非 0 整数
%g 或%G	由系统自动选用%f 或%e 格式，不输出无意义的 0，以使输出宽度最小
%s	输出字符串中的字符，直至遇到“\0”
%p	输出变量的内存地址
%%	输出一个%

格式说明中可以使用格式修饰符，它的位置在“%”和格式控制符之间。格式修饰符及其意义如附表 8-2 所示。

附表 8-2　　printf()函数格式修饰符及其意义

格式修饰符	意义
字母 l 或 L	长整型数据的输出，可用在格式字符 d、i、o、x、X、u 的前面
m（正整数）	数据输出的最小宽度。当数据实际宽度超过 m 时，按实际宽度输出；当实际宽度短于 m 时，输出时前面补 0 或空格
n（正整数）	对于实数，表示输出 n 位小数；对于字符串，表示从左截取的字符个数
-	输出的字符或数字在域内向左对齐
+	输出的数字前带有正负号
0	在数据前多余的空格处加前导 0
#	用在格式字符 o 或 x 前，使输出八进制或十六进制数时输出前缀 0 或 0x

“m”和“n”可以联合使用，形式为“%m.nf”或“%m.nlf”，表示用来修饰单精度浮点类型或双精度浮点类型的实数。其中，“m”表示数据整体输出宽度，“n”表示小数所占位数（包括小数点在内），如

```
printf("%5.2f",34.56789);
```

结果为：

```
34.57
```

其他格式字符串及其修饰符，读者可以自行设计程序进行测试。

（2）函数 scanf()

```
原型：int __cdecl scanf(const char *format, ...);
头文件：#include <stdio.h>
参数：format 指定输入格式；"..."代表形参的数量可以扩展
功能：按 format 指定格式从标准输入设备读入数据
说明：输入成功后返回输出字符的个数，否则返回 EOF（-1）
  _cdecl 是指当函数执行完毕时，由函数自身控制资源（如内存区及变量空间）的清理工作。
```

const char* format 代表指定输入格式字符串，其内容如附表 8-3 和附表 8-4 所示。

附表 8-3　　scanf()函数的格式化说明符

序号	格式字符	说明	序号	格式字符	说明
1	%d	输入十进制整数	4	%c	输入一个字符
2	%o	输入八进制整数	5	%s	输入一个字符串
3	%x	输入十六进制整数	6	%f	输入一个单精度浮点数

附表 8-4　　scanf()函数的附加格式说明字符

序号	字符	说明	序号	字符	说明
1	l 或 L	输入“长”数据	3	m（正整数）	指定输入数据所占宽度
2	h 或 H	输入“短”数据	4	*	抑制符，空读一个数据

在使用 scanf 时，要注意以下几方面。

- 非格式控制串的处理

非格式控制串必须由用户原样输入。有些读者想提醒使用者注意输入的整数是赋给某个变量的（如 nNum），而使用了下面的语句：

```
scanf("nNum=%d", &nNum); //输入一个整数给 nNum 变量
```

则在输入时必须写为：

```
nNum=5
```

这里的“nNum=”是由使用者输入，而非系统自动给出。如果只输入 5，那将是错误的！这可能与程序员设计的初衷相违背。其实，“nNum=”不是需要输入的数据，只是作为提示，显示给使用者的。因此，用 printf()输出到屏幕即可，代码如下所示。

```
printf("number=");
scanf("%d", &nNum);
```

- 默认输入结束符和自定义输入结束符

函数 scanf()的默认输入结束符只有换行符（回车）、空格符和制表符（TAB 键）。有些读者为了突出多个变量的输入，而人为地加入一些符号，如

```
scanf("%d;%d  %f\n", &nNum1,&nNum2,&fNum);
```

这里的分号“;”、空格及换行符“\n”都是非格式控制符。结合上述内容，不难推出正确的输入方式（如输入：25；8　24.6，要加两次回车方能结束输入）。然而，这些输入方式并不能起到提示用户的作用，反而增加了用户的输入负担。因此，需要合理使用非格式控制符。另外，当遇到这样的非格式控制符时，本次变量的输入就会结束，所以又称之为自定义输入结束符，例如：

```
scanf("%d-%d-%d", &nYear,&nMonth,&nDay);
```

输入：

```
2017-01-26
```

则有 nYear=2017、nMonth=1、nDay=26。

- 合理利用长度结束输入

可以利用修饰符“m”指定录入的宽度，从而结束输入，如

```
scanf("%4d%2d%2d", &nYear,&nMonth,&nDay);
```

输入：

```
20170126
```

则有 nYear=2017、nMonth=1、nDay=26。

- 输入错误结束输入

```
int nNum;
float fNum;
char cCh;
scanf("%4d%f%c", &nNum, &fNum, &cCh);
```

输入：

```
12345678.9kc
```

则有 nNum=1234、fNum=5678.9、cCh=k。nNum 取 4 个长度的数字，fNum 遇到非法输入“k”结束输入，cCh 只能取一个字符“k”，而“c”没有被任何变量捕获。

- 连续输入字符遭遇的“尴尬”

输入默认结束符是换行符（回车）、空格及制表符（TAB 键），但这几个结束符本身也属于字符，在连续输入遇到字符时，系统不能区分所输入的数据是结束符还是转义字符（换行符、空格及制表符），就会发生“误会”。如

```
int nNum;
float fNum;
char cCh;
scanf("%d%f%c", &nNum, &fNum, &cCh);
printf("nNum=%d; fNume=%5.2f; cCh=%d\n",nNum, fNum, cCh);
```

输入：

```
1234
5678.9 //这后面接着输入回车作为浮点数输入的结束
```

运行结果如附图 8-1 所示。

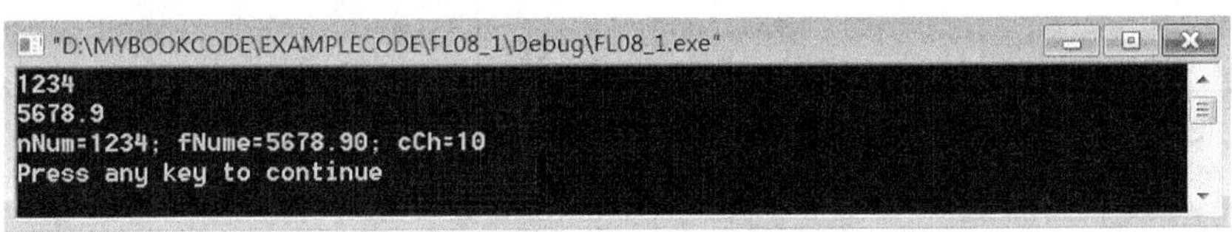

附图 8-1　运行结果

由结果可以看出，在输入完“5678.9”并键入回车后，系统不再等待用户输入字符，而直接输出结果。其中，cCh 为 10，查附录 5 可知，换行符的 ASCII 为 10，这说明换行符被当作字符赋给了 cCh。为了确定 cCh 是否接收到字符，这里没有使用“%c”，而是用“%d”，因为转义字符通过它的 ASCII 值观察更为直观。那么，如果想让 cCh 获得其他输入字符，该使用什么样的方法呢？下面介绍 3 种方法。

① 使用空格：因为空格和换行符都被看作空白符，它们在逻辑上具有等价性，所以可以使用它“吃掉”换行符。具体操作就是在 scanf()函数里的“%f”和“%c”之间加一个空格，即

```
scanf("%d%f %c", &nNum, &fNum, &cCh)
```

② 使用抑制符：根据附表 8-4 对抑制符“*”的说明可知，它可以空读一个数据，这意味着所输入的数据不会赋给任何变量，从而消耗掉换行符。如

```
scanf("%d%f%*c%c", &nNum, &fNum, &cCh)
```

③ 使用 getchar()：使用这个方法时，变量必须分开输入，即每次只能输入一个变量，以确保可以有机会在适当的位置插入 getchar()函数。例如：

```
scanf("%d", &nNum);
scanf("%f", &fNum);
getchar();                    //消耗回车（换行符）
scanf("%c", &cCh);
```

上述 3 种方法实际上用了同一种原理，就是想办法“消耗”掉换行符。也就是说，如果有其他方法可以消耗掉这个换行符也是可行的。

（3）输入输出的一致性

要保证数据使用的正确性，就必须注意变量定义、输入、运算（如浮点型不能用于求余运算）及输出数据类型的一致性。例如：

```
void main()
{
    long lNum1,lNum2,lResult;          //定义长整型变量
    scanf("%ld", &lNum1);              //输入长整型变量
    scanf("%ld", &lNum2);
    lResult=lNum1%lNum2;               //符合整型运算规则——求余
    printf("结果: %ld\n",lResult);     //输出长整型变量
}
```

附 9　程序流程图

程序流程图常简称为流程图，是一种传统的程序设计表示法，是人们对解决问题的方法、思路或算法的一种描述。它利用图形化的符号框来表示各种不同性质的操作，并用流程线将这些操作连接起来。在程序的设计（编码之前）阶段，画流程图可以帮助我们理清程序的设计思路。流程图包含了一套标准框图符号。绘制时，通常按照从上到下、从左到右的顺序来画。除判断框和改进的 for 循环外，其他程序框图只有一个进入点和一个退出点。

附 9.1　流程图的基本符号（附表 9-1）

附表 9-1　流程图的基本符号

图形	名称	意义
	起止框	程序开始或结束
	输入输出框	数据的输入输出
	条件判断框	程序将根据条件选择执行路径
	处理框	对数据进行处理
	流程线	表示程序执行的顺序
	连接点	程序分段时用于表示两个程序段之间的连接
	注释	用于对某段程序进行说明，注释内容写在框内
	改进的 for 循环符号	表示 for 循环的取值范围，通常与连接点配套使用
	子流程	用于表示子函数或子过程

附 9.2　三种基本结构的绘制

（1）顺序结构

算法的各个步骤按照顺序执行，每个步骤都有一个确定的前驱步骤和一个确定的后继步骤，语句执行顺序为 A→B→C，如附图 9-1 所示。

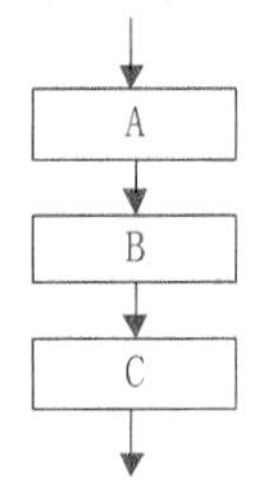

附图 9-1　顺序结构流程图

（2）选择（分支）结构

对某个给定表达式的值进行判断，值为真或假时分别执行不同的程序块，流程线上需要标明“真/假”或“T/F”或“Y/N”。选择结构分为 if 结构和 switch 结构两类。其中 if 结构有三种类型，分别为 if 语句、if-else 语句和 if-else-if 语句三种，如附图 9-2 所示。switch 结构与 if-else-if 相类似，也是属于多条件分支语句，因此，也可以用 if-else-if 流程图来描述。但是有一种更为简洁的表示方法，如附图 9-3 所示。

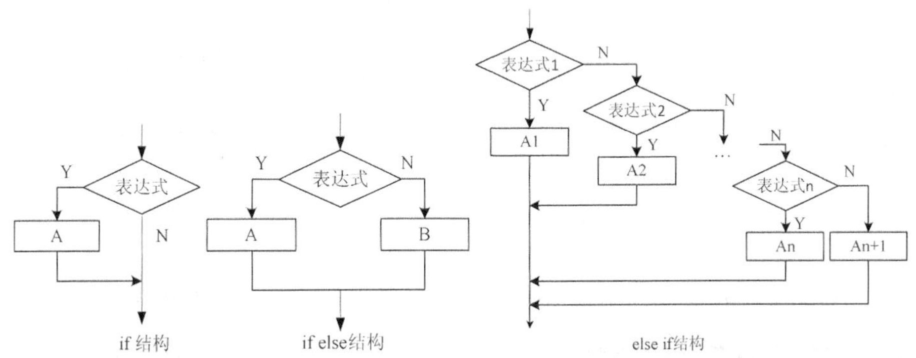

附图 9-2　if 结构的三种流程图

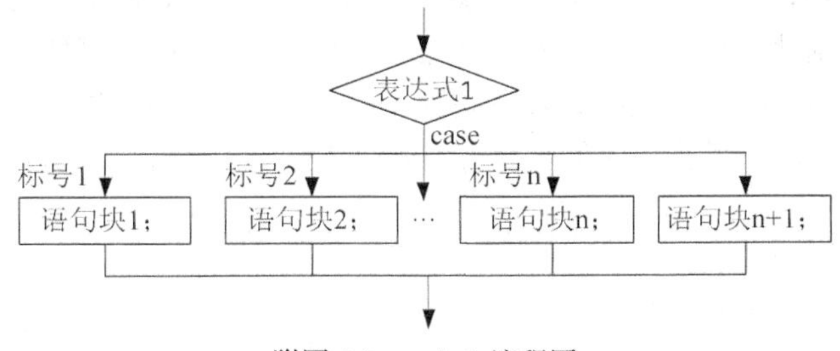

附图 9-3　switch 流程图

（3）循环结构

循环有三种结构：for、while 和 do-while。这三种结构虽然都是循环，但执行的过程是不同的，因此，它们的流程图描述也是不同的。

✧　for 型循环：for(表达式 1;表达式 2;表达式 3){……}。通常，表达式 1 用来设置循环控制变量的初始值，表达式 2 是循环控制变量应满足的条件，表达式 3 用来改变循环控制变量。如附图 9-4（1）所示，先执行表达式 1，再计算表达式 2 的值，如其为真，执行语句块 A，然后计算表达式 3 的值，继续判断表达式 2 的值是否为真，重复这一过程，直到表达式 2 的值为假，退出循环。如果循环控制变量是在表达式 1 的值到表达式 2 的值之间，且递增或递减规律与表达式 3 相符合，则可以简化流程图，如附图 9-4（2）所示。若超出范围，将不再执行循环中的语句块，沿连接点向下执行。

✧　while 型循环：while(表达式){……}，首先计算表达式的值，当值为真时，反复执行语句块 A，一旦值为假，则跳出循环，执行语句块 A 后的语句，如附图 9-5 所示。

✧ do-while 型循环：do{……}while(表达式);，首先执行语句块 A，再判断计算表达式的值。值为真时，循环执行语句块 A，一旦值为假，则跳出循环，执行语句块 A 后的语句，如附图 9-6 所示。

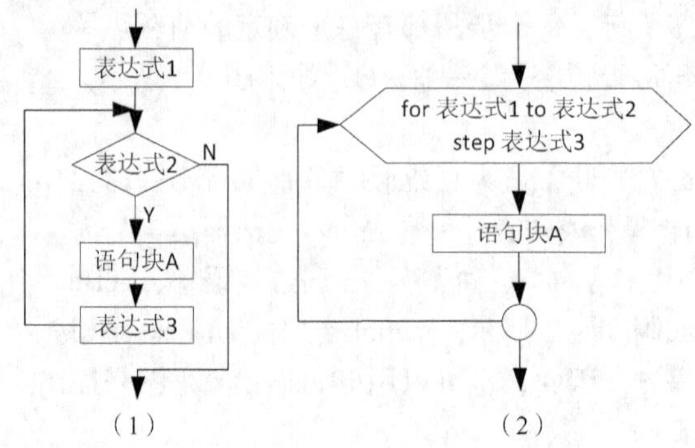

附图 9-4 for 型循环流程图

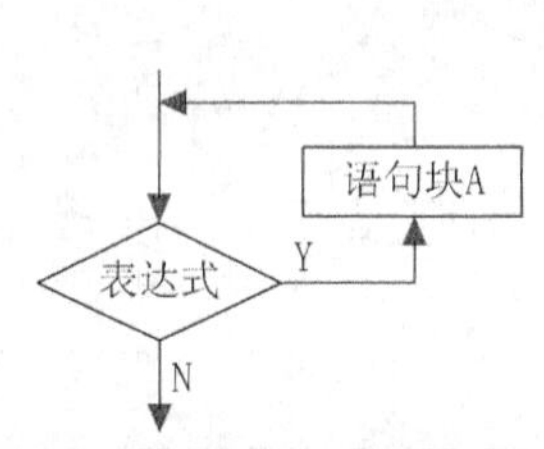

附图 9-5 while 型循环流程图

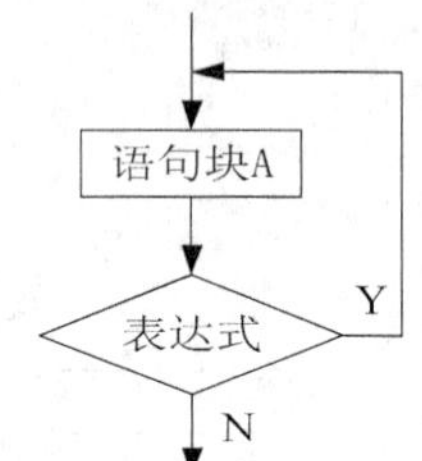

附图 9-6 do-while 型循环流程图

附 9.3 有函数调用的流程图

利用函数能够让我们以更加“有序”的思维想问题。在有函数调用的流程图中，将函数作为一条语句在主调函数流程中调用，也可用子流程符号表示。如果函数较复杂，再辅以该函数的流程图。如附图 9-7 所示，（1）为主调函数的简单示意，（2）为被调函数的简单示意，读者可根据自己的设计需求进行拓展。其实，主调函数与被调函数在流程图绘制上基本没有区别。

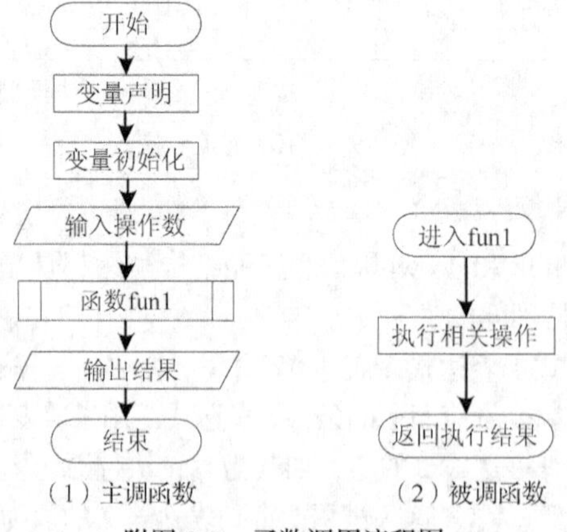

附图 9-7 函数调用流程图

附 9.4 难点及注意点

（1）不可在输入框内直接定义变量，且变量应先声明，再使用。

（2）变量的初始化也是一个重要步骤，可以直接赋值，如 i=1，也可通过同类型变量进行初始化。

（3）在程序中不是必须有输入，且输入不是必须在程序的开头，如附图 9-8 所示。

（4）同一条路径的指示箭头应该只有一个。若有多条语句指向这条路径，只能用不带箭头的直线连接，表示路径的汇合，如附图 9-9 所示。

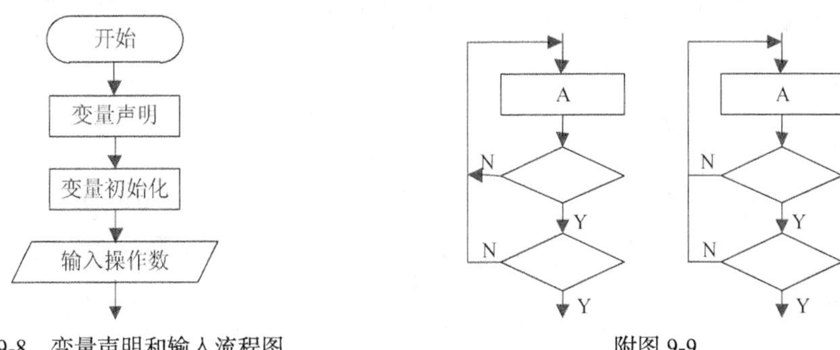

附图 9-8　变量声明和输入流程图

附图 9-9

附 9.5　例子

今有鸡翁一，值钱五；鸡母一，值钱三；鸡雏三，值钱一。凡百钱买鸡百只，问鸡翁、母、雏各几何？——选自张丘建的《算经》

✧　问题分析

设公鸡、母鸡、小鸡各有 x、y、z 只，依题意有下列方程成立。

$$\begin{cases} x+y+z=100 & (1) \\ 5*x+3*y+\dfrac{z}{3}=100 & (2) \end{cases}$$

其中，$x\in[0, 20]$，$y\in[0, 33]$，$z\in[0, 100]$。显然，这是一个三元一次不定方程组，存在多个解，可采用穷举法，逐一测试，选出满足条件的所有解。将上述方程转换为程序，可用循环完成穷举测试，找出所有解。可设置两重循环，最外层为 x 选值，第二层为 y 选值。由式（1）可得 z=100－x－y，代入式（2）可得确定 x、y、z 值的判定条件：5*x+3*y+(100−x−y)/3==100，将符合这一条件的值全部找出来并输出。注意 x、y、z 都为正整数。

✧　程序设计描述

具体求解流程图如附图 9-10 所示。

✧　程序实现

附程序清单　9-1

```
/*  purpose:百钱买百鸡
    author : Xi Xiang
    created: 2017/01/30 15:58:22
*/
#include<stdio.h>
void main() {
     int x;       // 公鸡
     int y;       // 母鸡
     for(x=0;x<=100/5;++x){
          for(y=0;y<=33;++y){
               if(5*x+3*y+(100-x-y)/3==100&&(100-x-y)%3==0){
                    printf("公鸡 : %2d, 母鸡 : %2d, 小鸡 : %2d\n",x,y,100-x-y);
                  }
               }
     }
}
```

运行结果如下。

```
公鸡 :  0, 母鸡 : 25, 小鸡 : 75
公鸡 :  4, 母鸡 : 18, 小鸡 : 78
公鸡 :  8, 母鸡 : 11, 小鸡 : 81
公鸡 : 12, 母鸡 :  4, 小鸡 : 84
```

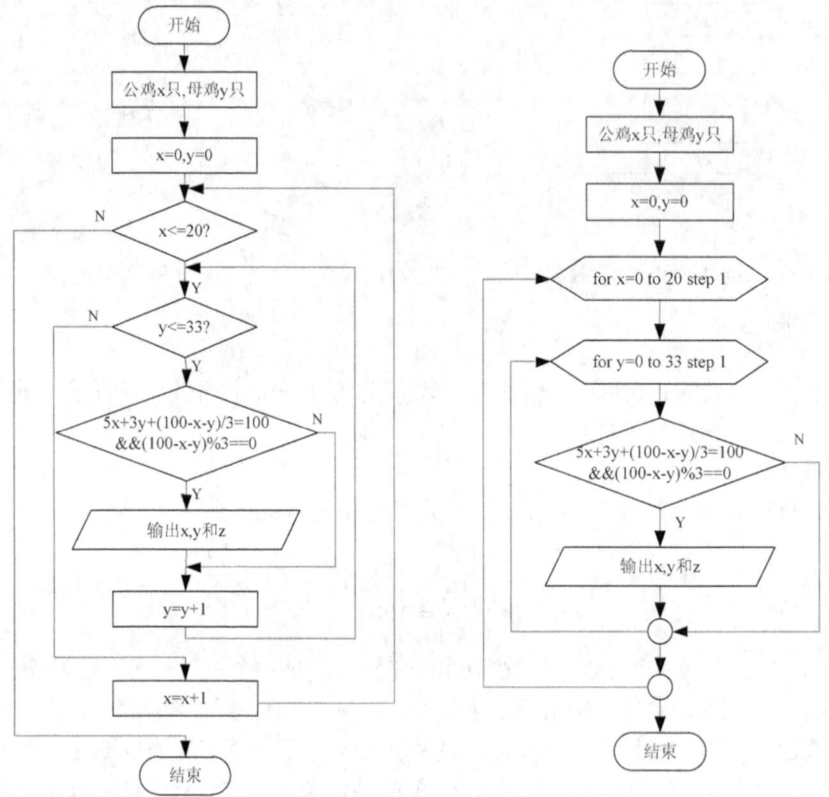

附图 9-10　百钱买百鸡流程图

✧　程序解读

最里层的条件判断中加入了表达式“**(100−x−y)%3==0**”，它是数学方程中所没有的。这是为了判断 100 – x – y 的值是否为 3 的整数倍，因为不可能卖出小数只的小鸡。在选择 x、y 的值的过程中，（100 – x – y）不一定是 3 的整数倍，如只有“**5*x+3*y+(100−x−y)/3==100**”表达式，可能会引入错误的解，如“公鸡:3, 母鸡:20, 小鸡:77”。

附 9.6　小结

总体来说，流程图表示出程序内部各语句块的执行内容以及它们的关系和执行顺序，说明程序的逻辑结构，以简洁直观的方式表达出程序的设计思想，并可在一定程度上避免程序设计的二义性，还可以在调试过程中帮助检查程序的正确性。除此之外，流程图还可作为程序设计说明的一部分提供给其他程序员阅读，以便帮助他们理解程序的思路和结构。

附 10　ANSI C 常用标准库函数

附 10.1　数学函数

所在头文件<math.h>

附表 10-1 数学函数

函数名	原型	功能	返回值
abs	int abs(int x)	求整数 x 的绝对值	当 x 不为负时返回 x，否则返回-x
acos	double acos(double x)	求 x（弧度表示）的反余弦值	x 的定义域为[-1.0, 1.0]，值域为[0, π]
asin	double asin(double x)	求 x（弧度表示）的反正弦值	x 的定义域为[-1.0, 1.0]，值域为[-π/2, π/2]
atan	double atan(double x)	求 x（弧度表示）的反正切值	值域为（-π/2，π/2)
atan2	double atan2(double y, double x)	求 y/x（弧度表示）的反正切值	值域为（-π/2，π/2）
cos	double cos(doublex)	求 x（弧度表示）的余弦值	返回值在[-1.0， 1.0]之间
cosh	double cosh(doublex)	求 x 的双曲余弦值	cosh(x)=(e^x+e^(-x))/2
exp	double exp(double x)	求 e 的 x 次幂	e=2.718281828
fabs	double fabs(double x)	求浮点数 x 的绝对值	计算|x|, 当 x 不为负时返回 x，否则返回-x
floor	double floor(double x)	求不大于 x 的最大整数	返回 x 的下限，如 74.12 的下限为 74，-74.12 的下限为-75。返回值为 double 类型
fmod	double fmod(double x, double y)	计算 x/y 的余数	返回 x-n*y，符号同 y。n=[x/y]（向离开零的方向取整）
frexp	double frexp(double x, int *exp)	把浮点数 x 分解成尾数和指数	x=m*2^exp，m 为规格化小数。返回尾数 m，并将指数存入 exp 中
log	double log(double x)	计算 x 的自然对数	x 的值应大于零
log10	double log10(double x)	计算 x 的常用对数	x 的值应大于零
modf	double modf(double val, double *iptr)	将浮点数 num 分解成整数部分和小数部分	返回小数部分，将整数部分存入*iptr 所指内存中
sin	double sin(double x)	计算 x（弧度表示）的正弦值	x 的值域为[-1.0，1.0]
sinh	double sinh(double x)	计算 x（弧度表示）的双曲正弦值	sinh(x)=(e^x-e^(-x))/2
sqrt	double sqrt(double x)	计算 x 的平方根	x 应大于等于零
tanh	double tanh(double x)	求 x 的双曲正切值	tanh(x)=(e^x-e^(-x))/(e^2+e^(-x))

附 10.2 字符处理函数

所在头文件<ctype.h>

附表 10-2 字符处理函数

函数名	原型	功能	返回值
isalnum	int (int c)	判断字符 c 是否为字母	当 c 为数字 0~9 或字母 a~z 及 A~Z 时，返回非零值，否则返回零
isalpha	int (int c)	判断字符 c 是否为英文字母	当 c 为英文字母 a~z 或 A~Z 时，返回非零值，否则返回零
iscntrl	int iscntrl (int c)	判断字符 c 是否为控制字符	当 c 在 0x00~0x1F 之间或等于 0x7F（DEL）时，返回非零值，否则返回零
isdigit	int (int c)	判断字符 c 是否为数字	当 c 为数字 0~9 时，返回非零值，否则返回零
isgraph	int isgraph(int c)	判断字符 c 是否为除空格外的可打印字符	当 c 为可打印字符（0x21~0x7e）时，返回非零值，否则返回零
islower	int islower(int c)	判断字符 c 是否为小写英文字母	当 c 为小写英文字母（a~z）时，返回非零值，否则返回零
isprint	int isprint(int c)	判断字符c是否为可打印字符(含空格）	当 c 为可打印字符（0x20~0x7e）时，返回非零值，否则返回零

续表

函数名	原型	功能	返回值
ispunct	int ispunct(int c)	判断字符 c 是否为标点符号	当 c 为标点符号时，返回非零值，否则返回零。标点符号指那些既不是字母、数字也不是空格的可打印字符
isspace	int isspace(int c)	判断字符 c 是否为空白符	当 c 为空白符时，返回非零值，否则返回零。空白符指空格、水平制表、垂直制表、换页、回车和换行符
isupper	int isupper(int c)	判断字符 c 是否为大写英文字母	当 c 为大写英文字母（A～Z）时，返回非零值，否则返回零
isxdigit	int isxdigit(int c)	判断字符 c 是否为十六进制数字	当 c 为 A～F，a～f 或 0～9 之间的十六进制数字时，返回非零值，否则返回零
tolower	int tolower(int c)	将字符 c 转换为小写英文字母	如果 c 为大写英文字母，则返回对应的小写字母；否则返回原来的值
toupper	int toupper(int c)	将字符 c 转换为大写英文字母	如果 c 为小写英文字母，则返回对应的大写字母；否则返回原来的值

附 10.3 字符串处理函数

所在头文件<string.h>

附表 10-3 字符串处理函数

函数名	原型	功能	返回值
memcmp	int memcmp(const void *buf1, const void *buf2, unsigned int count)	比较内存区域 buf1 和 buf2 的前 count 个字节	当 buf1<buf2 时，返回值<0 当 buf1=buf2 时，返回值=0 当 buf1>buf2 时，返回值>0
memcpy	void *memcpy(void *dest, const void *src, unsigned int count)	由 src 所指内存区域复制 count 个字节到 dest 所指内存区域	src 和 dest 所指内存区域不能重叠，函数返回指向 dest 的指针
memmove	void *memmove(void *dest, const void *src, unsigned int count)	由 src 所指内存区域复制 count 个字节到 dest 所指内存区域	src 和 dest 所指内存区域可以重叠，但复制后 src 内容会被更改。函数返回指向 dest 的指针
memset	void *memset(void *buffer, int c, unsigned int count)	把 buffer 所指内存区域的前 count 个字节设置成字符 c	返回指向 buffer 的指针
strcat	char *strcat(char *dest,const char *src)	把 src 所指字符串添加到 dest 结尾处（覆盖 dest 结尾处的'\0'）并添加'\0'	src 和 dest 所指内存区域不可以重叠且 dest 必须有足够的空间来容纳 src 的字符串。返回指向 dest 的指针
strcmp	int strcmp(const char *s1,const char * s2)	比较字符串 s1 和 s2	当 s1<s2 时，返回值<0 当 s1=s2 时，返回值=0 当 s1>s2 时，返回值>0
strcpy	char *strcpy(char *dest,const char *src)	把 src 所指由 NULL 结束的字符串复制到 dest 所指的数组中	src 和 dest 所指内存区域不可以重叠且 dest 必须有足够的空间来容纳 src 的字符串。返回指向 dest 的指针
strlen	unsigned int strlen (const char *s)	计算字符串 s 的长度	返回 s 的长度，不包括结束符 NULL
strncat	char *strncat(char *dest,const char *src,unsigned int n)	把 src 所指字符串的前 n 个字符添加到 dest 结尾处（覆盖 dest 结尾处的'\0'）并添加'\0'	src 和 dest 所指内存区域不可以重叠且 dest 必须有足够的空间来容纳 src 的字符串。返回指向 dest 的指针

续表

函数名	原型	功能	返回值
strncmp	int strncmp(const char *s1,const char * s2, unsigned int n)	比较字符串 s1 和 s2 的前 n 个字符	当 s1<s2 时，返回值<0 当 s1=s2 时，返回值=0 当 s1>s2 时，返回值>0
strncpy	char *strncpy(char *dest, const char *src,unsigned int n)	把 src 所指由 NULL 结束的字符串的前 n 个字节复制到 dest 所指的数组中	如果 src 的前 n 个字节不含 NULL 字符，则结果不会以 NULL 字符结束；如果 src 的长度小于 n 个字节，则以 NULL 填充 dest 直到复制完 n 个字节；src 和 dest 所指内存区域不可以重叠且 dest 必须有足够的空间来容纳 src 的字符串； 返回指向 dest 的指针
strstr	char *strstr(char *haystack, char *needle)	从字符串 haystack 中寻找 needle 第一次出现的位置（不比较结束符 NULL)	返回指向第一次出现 needle 位置的指针，如果没找到，则返回 NULL

附 10.4 缓冲文件系统的输入/输出函数

所在头文件<stdio.h>

附表 10-4 缓冲文件系统的输入/输出函数

函数名	原型	功能	返回值
clearerr	void clearerr(FILE *fp)	清除文件指针错误	无
fclose	int fclose(FILE *fp)	关闭 fp 所指的文件，释放文件缓冲区	成功返回 0，否则返回非 0
feof	int feof(FILE *fp)	检查文件是否结束	遇文件结束符返回非零值，否则返回 0
ferror	int ferror(FILE *fp)	检查 fp 指向的文件中的错误	无错时返回 0，有错时返回非零值
fflush	int fflush(FILE *fp)	如果 fp 所指向的文件是“写打开”的，则将输出缓冲区中的内容物理地址写入文件；若文件是“读打开”的，则清除输入缓冲区中的内容。在这两种情况下，文件维持打开不变	成功时，返回 0；出现写错误时，返回 EOF
fgetc	int fgetc(FILE *fp)	从 fp 所指定的文件中取得下一个字符	返回所得到的字符；若读入出错，返回 EOF
fgets	char *fgets(char *buf, int n , FILE *fp)	从 fp 所指定的文件中读取一个长度为（n-1）的字符串，存入起始地址为 buf 的空间	返回地址 buf;若遇到文件结束或出错，返回 NULL
fopen	FILE *fopen (const char *filename, const char *mode)	以 mode 指定的方式打开名为 filename 的文件	成功时，返回一个文件指针；失败时，返回 NULL 指针，错误的代码在 errno 中
fprintf	int fprintf(FILE *fp, const char *format, const char *args,…)	把 args 的值以 format 指定的格式输出到 fp 所指定的文件中	实际输出的字符数
fputc	int fputc(int ch, FILE *fp)	将字符 ch 输出到 fp 所指定的文件	成功，则返回该字符；否则返回 EOF
fputs	int fputs(const char *str, FILE *fp)	将 str 指向的字符串输出到 fp 所指定的文件	返回 0；若出错，返回非 0

续表

函数名	原型	功能	返回值
fread	unsigned int fread (void *pt, unsigned int size, unsigned int n, FILE *fp)	从 fp 所指定的文件中读取长度为 size 的 n 个数据项，存到 pt 所指向的内存区	返回所读数据项个数，若遇文件结束或出错，则返回 0
fscanf	int fscanf(FILE *pt, const char* format, const char* args…)	从 fp 指定的文件中按 format 给定的格式将输入数据送到 args 所指向的内存单元（args 是指针）	已输入数据的个数
fseek	int fseek(FILE *fp, Long int offset, int base)	将 fp 所指向的位置指针移到以 base 所指出的位置为基准，以 offset 为位移量的位置	返回当前位置；否则，返回 -1
ftell	long ftell(FILE *fp)	返回 fp 所指向的文件中读写位置	返回 fp 所指向的文件中的读写位置
fwrite	unsigned int fwrite(const void *prt, unsigned int size, unsigned int n, FILE *fp)	把 ptr 所指向的 n*size 个字节输出到 fp 所指向的文件中	写到 fp 文件中的数据项个数
getc	int getc(FILE *fp)	从 fp 所指向的文件中读入一个字符	返回所读字读；若文件结束或出错，则返回 EOF
getchar	int getchar(void)	从标准输入设备读取并返回下一个字符	返回所读字符；若文件结束或出错，则返回-1
gets	char *gets(char *str)	从标准输入设备读入字符串，放到 str 指向的字符数组中，一直读到接受新行符或 EOF 时为止，新行符不作读入串的内容，变成'\0'后作为该字符串的结束	成功，则返回 str 指针；否则返回 NULL 指针
perror	void perror(const char *str)	从标准错误输出字符串 str，并随后附上冒号以及全局变量 errno 代表的错误消息的文字说明	无
printf	int printf(const char *format ,args,…)	将输出列表 args 的值输出到标准输出设备	输出字符的个数；若出错，则返回 EOF
putc	int putc(int ch, FILE *fp)	把一个字符 ch 输出到 fp 所指的文件中	输入的字符 ch；若出错，则返回 EOF
putchar	int putchar (int ch)	把字符 ch 输出到标准输出设备	输出的字符 ch；若出错，则返回 EOF
puts	int puts(const char *str)	把 str 指向的字符串输出到标准输出设备，将'\0'转换为回车换行	返回换行符；如失败，则返回 EOF
rename	int rename(const char * oldname, const char* newname)	把 oldname 所指的文件名改为 newname 所指的文件名	成功，则返回 0；出错，则返回 1
rewind	void rewind (FILE*fp)	将 fp 指示的文件中位置指针置于文件开头位置，并清除文件结束标志	无
scanf	int scanf(const char *format, const char *args,…)	从标准输入设备按 format 指向的字符串规定的格式，输入数据给 args 所指向的单元	读入并赋给 args 的数据个数。遇到文件结束，则返回 EOF；出错，则返回 0

附 10.5　动态内存分配函数

所在头文件<malloc.h>

附表 10-5　　动态内存分配函数

函数名	原型	功能	返回值
calloc	void *calloc(unsigned int num_ elems, unsigned int elem_size)	为具有 num_elems 个长度为 elem_size 的元素的数组分配内存	如果分配成功,则返回指向被分配内存的指针，否则返回空指针 NULL; 当内存不再使用时，应使用 free()函数将内存块释放
free	void free(void *p)	释放指针 p 所指向的内存空间	p 所指向的内存空间必须是用 calloc，malloc，realloc 所分配的内存; 如果 p 为 NULL 或指向不存在的内存块，则不做任何操作
malloc	void *malloc(unsigned int num_bytes)	分配长度为num_bytes字节的内存块	如果分配成功,则返回指向被分配内存的指针，否则返回空指针 NULL; 当内存不再使用时，应使用 free()函数将内存块释放
realloc	void *realloc(void *mem_ address, unsigned int newsize)	改变 mem_address 所指内存区域的大小为 newsize 长度	如果重新分配成功,则返回指向被分配内存的指针，否则返回空指针 NULL; 当内存不再使用时，应使用 free()函数将内存块释放

附 10.6　其他常用函数

附表 10-6　　非缓冲文件系统的输入/输出函数

函数名	原型	所在头文件	功能	返回值
getch	int getch(void)	conio.h	当用户按下某个字符时，函数自动读取，无需按回车，但不显示在屏幕上	读取的字符的 ASCII 值
system	int system(char *cmd)	stdlib.h	发出一个 DOS 命令,如 **system("pause");** 实现冻结屏幕，便于观察程序的执行结果；**system("cls");**可以实现清屏操作	根据调用指令执行的情况,返回不同的值
flushall	int flushall(void)	stdio.h	清除所有缓冲区。有很多输入输出函数会将数据先放入缓冲区，再进行处理。在这种情况下，新录入的数据会被历史数据干扰，用此函数可清除干扰	返回打开的流(输入和输出)的数量

参考文献

[1] Kernighan, Ritchie. The C programming Language [M]. Englewood: Prentice-Hall, 1988.
[2] McConnell. Code Complete[M]. 北京：电子工业出版社，2006.
[3] 谭浩强. C 语言程序设计[M]. 北京：清华大学出版社，2006.
[4] 苏小红，陈惠鹏. C 语言大学实用教程[M]. 北京：电子工业出版社，2007.
[5] 林建秋，韩静萍，等. C 语言程序设计[M]. 北京：机械工业出版社，2004.
[6] 王晓东. 计算机算法设计与分析[M]. 北京：电子工业出版社，2004.
[7] Koenig. C Traps and Pitfalls [M]. 北京：人民邮电出版社，2002.